职业教育国家在线精品课程配套活页式教材

高等职业教育装备制造类技能型人才培养新形态教材

通用机械设备检修

主　编　刘庆才

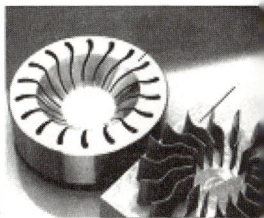

西南交通大学出版社

·成　都·

图书在版编目（CIP）数据

通用机械设备检修 / 刘庆才主编. -- 成都：西南
交通大学出版社，2024. 10. --（职业教育国家在线精品
课程配套活页式教材）（高等职业教育装备制造类技能型
人才培养新形态教材）. -- ISBN 978-7-5774-0113-3

Ⅰ. TH

中国国家版本馆 CIP 数据核字第 20244TL711 号

职业教育国家在线精品课程配套活页式教材
高等职业教育装备制造类技能型人才培养新形态教材

Tongyong Jixie Shebei Jianxiu
通用机械设备检修

主　编 / 刘庆才

策划编辑 / 罗在伟
责任编辑 / 雷　勇
封面设计 / 何东琳设计工作室

西南交通大学出版社出版发行

（四川省成都市金牛区二环路北一段 111 号西南交通大学创新大厦 21 楼　610031）
营销部电话：028-87600564　　028-87600533
网址：http://www.xnjdcbs.com
印刷：四川玖艺呈现印刷有限公司

成品尺寸　185 mm×260 mm
印张　16.75　　字数　441 千
版次　2024 年 10 月第 1 版　　印次　2024 年 10 月第 1 次

书号　ISBN 978-7-5774-0113-3
定价　49.80 元

前言
PREFACE

　　党的二十大报告指出，坚持把发展经济的着力点放在实体经济上，推进新型工业化，加快建设制造强国、质量强国、航天强国、交通强国、网络强国、数字中国。实施产业基础再造工程和重大技术装备攻关工程，支持专精特新企业发展，推动制造业高端化、智能化、绿色化发展。

　　"通用机械设备检修"是机电设备维修与管理、机电一体化和城市轨道交通机电技术应用的专业核心课程。编者根据国家和企业对通用机械设备检修的技术技能人才培养要求，结合多年教学经验，在通用机械设备检修国家在线精品课程迭代应用的基础上，编写了本书内容。

　　本教材采用项目式编写体例，各项目按照工作领域的不同，选取典型工作任务。每个任务按照以下顺序编写：任务引导→相关知识→任务实战→任务评价等。本教材特色体现在以下几个方面：

　　（1）本教材以城市轨道交通行业常用的通用机械设备包括天车、泵、风机、空压机等设备的原理、应用、检修为主线，在融合设备检修岗位要求的基础上，将通用机械设备检修划分为天车检修、泵检修、风机检修、空压机检修 4 个项目，每个项目再细分为若干个任务。教学内容对接企业岗位要求，教学设计贴近工作过程，引导学生在掌握基本理论知识的基础上学习设备故障处理的程序和方法。

　　（2）本教材对接最新国家标准、行业标准和岗位规范，紧贴岗位实际工作过程，调整课程结构，更新课程内容。把岗位所需要的思政、知识、技能和职业素养融入其中，每个项目均设置明确的知识、能力、素质目标。使学生在教材学习的过程中实质性地掌握通用机械设备检修岗位的核心要求，提升职业能力。

　　（3）校企合作共同编写本教材。校内教师承担教材体系的构建和内容的编写，并负责对新技术、新工艺以及新设备内容的修订。企业专业技术人员提供典型工作案例和经验分享。通过校企合作，及时共享行业最新技术、工艺，增强学习的时效性和有效性。

　　（4）为了适应信息化时代的学习和教育需要，本教材以通用机械设备检修国家在线精品课程为基础编制，对于结构原理等难点配套了动画资源。在线课程的学习内容和练习资源更加丰富，并且会适时增加和更新。学习者可以在国家职业教育智慧教育平台（https：//vocational.smartedu.cn/）搜索"通用机械设备检修"后加入课程学习，也可以在智慧职教平台（https：//mooc.icve.com.cn）搜索"通用机械设备检修"后加入课程学习，不受时空限制。

本教材可作为机电设备维修与管理、机电一体化和城市轨道交通机电技术等相关专业开设的通用机械设备检修课程教材，也可作为企业通用设备检修岗位培训教材。

　　本教材由广州铁路职业技术学院刘庆才担任主编。广日集团的陆国清，珠江钢管集团的敬思康，广州铁路职业技术学院的李助军、邹伟全、亓晓彬等对本教材的编写提出了宝贵意见和建议，在此表示感谢。

　　由于编者水平有限，书中难免存在疏漏和不完善之处，恳请读者批评指正，以便再版时完善。

编　者
2024 年 4 月于广州

二维码目录
SEMACODE CONTENTS

目 录
CONTENTS

项目一　天车检修

项目描述

天车是轨道交通车辆行业的基础设备，也可广泛应用于物流、钢铁、化工、机械制造、码头等行业。天车可以高效转运工件和物料，实现物料转运的机械化。本项目主要介绍起重机械和天车的工作原理及主要组成部分。学生通过学习认识什么是起重机械，什么是天车，天车由哪些机构构成，天车是如何工作的，天车的典型故障如何处理，为毕业顶岗实习和未来的岗位工作奠定扎实的基础。

教学目标

知识目标	能力目标	素质目标
（1）了解常见起重机械； （2）了解常见的天车； （3）掌握天车大车的结构； （4）掌握天车小车的结构； （5）掌握卷绕装置和吊钩的工作原理； （6）掌握天车安全防护装置的工作原理； （7）掌握天车制动系统的工作原理	（1）能说明起重机械的功能、类型； （2）能确定起重机械的工作级别； （3）能根据型号规则识别天车的型号； （4）能根据天车典型故障的现象判断故障原因并制定方案和组织排除故障	（1）培养家国情怀、科学精神和责任担当意识； （2）树立设备检修作业"安全第一"的观念； （3）具备良好的团队协作精神、严谨求实的工作态度； （4）具有节能环保和可持续发展的意识

任务导航

任务一　认识起重机械

任务二　认识天车

任务三　大车检修

任务四　小车检修

任务五　卷绕装置和吊钩检修

任务六　车轮和轨道检修

任务七　天车的安全防护装置检修

任务八　天车制动装置检修

任务引导

引导问题 1：起重机械包括哪些功能？

_____

_____

_____

_____

引导问题 2：起重机械包括哪些类型？

_____

_____

_____

_____

引导问题 3：起重机械包括哪些主要参数？

_____

_____

_____

_____

引导问题 4：起重机_____的划分，有利于制造厂进行系列生产，降低生产成本，保证起重机的寿命。

_____

_____

_____

_____

引导问题 5：起重机的_____，是指预设的该起重机从开始使用到最终报废能完成的总工作循环数。

相关知识

知识点一、起重机械的功能

起重机械是一种以间歇、循环方式，通过吊钩或其他吊具的起升、水平移动来搬移重物的机械设备。起重机械的作用是把物品从一个地点运送到另一个地点，它一般由一个能完成上下运动的起升机构和一个或几个能完成水平运动的机构如运行机构（即行走机构）、变幅机构和绕垂直轴旋转的旋转机构组成。

起重机械通常由卷绕装置、取物装置、制动装置、运行支承装置、驱动装置和金属构架等装置中的几种组成。

起重机械对物料作起重、运输、装卸和安装等作业，是实现企业生产过程机械化和自动化、提高劳动生产率、减轻繁重体力劳动的重要工具和设备，在工厂、矿山、车站、码头、仓库、水电站、建筑工地和大型船舶等都有着广泛的应用。图 1-1 所示为几种不同类型的起重机械。

图 1-1（a）是手动葫芦，使用方便，成本低，可以起吊 3.2 t 以下的重物。图 1-1（b）是建筑起重机，俗称塔吊，用于高层建筑工地调运材料。图 1-1（c）是码头起重机，用于码头装船卸货。图 1-1（d）是龙门式起重机，俗称龙门吊，用于货场或露天车间调运货物或零件。图 1-1（e）是汽车起重机，可以随车辆移动，灵活变更起重地点。另外还有在轨道上行驶的铁路起重机，安装在船上的船用起重机。

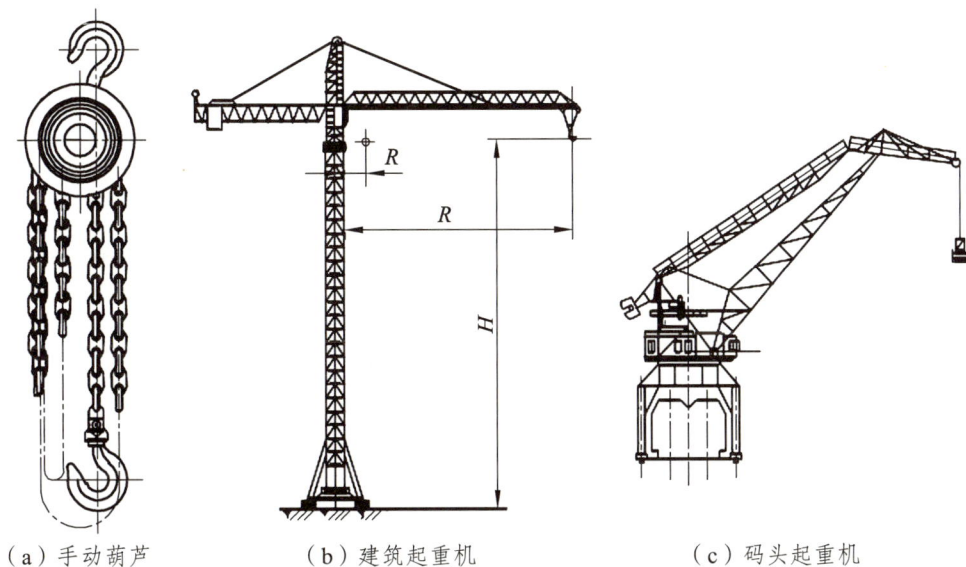

（a）手动葫芦　　　　（b）建筑起重机　　　　（c）码头起重机

（d）龙门式起重机

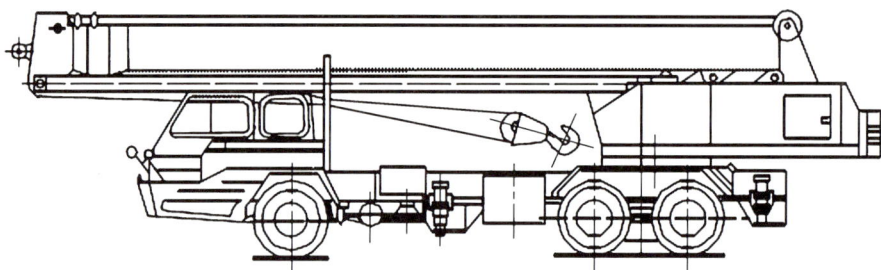

（e）汽车起重机

图 1-1　不同类型的起重机械

知识点二、起重机械的类型

根据起重机械所具有的运动机构，可以把起重机械分为单动作和复杂动作的起重机械。单动作的起重机械只有一个升降机构。复杂动作的起重机械除了升降机构外，还有一个或几个水平移动机构。起重机械的类型如图 1-2 所示。

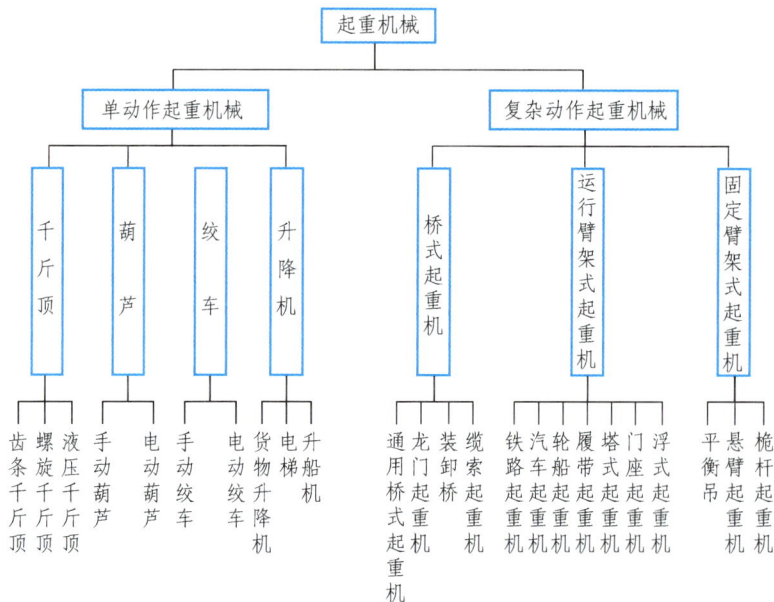

图 1-2　起重机械的类型

知识点三、起重机械的主要参数

起重机械的主要参数是设计和选用起重机械的主要依据。

1. 额定起重量 G_n

额定起重量是指起重机械允许吊起的物品连同抓斗和电磁吸盘等取物装置的最大质量（单位为 t），但吊钩起重机械的额定起重量不包括吊钩和动滑轮组的自重。额定起重量表明了起重机械的起重能力，是选择起重机的重要指标。

2. 跨度 S 和幅度 R

跨度是桥式类型起重机械的一个重要参数，指起重机械主梁两端支承中心线或轨道中心线之间的水平距离（单位为 m）。跨度关系到起重机械能否与厂房跨度匹配。

幅度是臂架类型或旋转类型起重机械的一个重要参数，指起重机械的旋转轴线至取物装置中心线的最大水平距离（单位为 m）。

3. 起升范围 D 和起升高度 H

起升范围是指取物装置上下极限位置间的垂直距离（单位为 m）。起升高度是指地面至吊具允许最高位置的垂直距离（单位为 m）。

4. 工作速度

工作速度包括起重机械的运行速度（单位为 m/min）、起升速度（单位为 m/min）、变幅速度（单位为 m/min）、旋转速度（单位为 r/min）。

5. 生产率

生产率是指起重机械单位时间内吊运物品的总质量（单位为 t/h）。

6. 质量和外形尺寸

质量和外形尺寸分别指起重机本身的质量（单位为 t）和长、宽、高尺寸（单位为 m）。

知识点四、起重机械工作级别

起重机械通过起升和移动所吊运物品完成搬运作业，为适应起重机械不同的使用情况和工作要求，在设计和选用起重机械及其零部件时，应对起重机械及其组成部分进行工作级别的划分，包括起重机械整机的分级、机构的分级、结构件或机械零件的分级。

划分工作级别的目的是在设计、制造和用户之间提供一套合理、统一的技术基础和参考标准。起重机械工作级别的划分与起重机械的使用等级和起升载荷状态级别有关。

起重机械工作级别的划分，有利于制造厂进行系列生产，降低生产成本，保证起重机械的寿命。对用户来说，除根据起重量、跨度、起升高度、工作速度等主要性能参数选用起重机械外，还要根据实际情况提出对起重机械工作级别的要求。

1. 起重机械使用等级

起重机械的设计预期寿命是指设计预设的该起重机械从开始使用到最终报废期间能完成的总工作循环数。起重机械的一个工作循环是指从开始吊起一个物品到开始吊起下一个物品之间的整个过程，包括起重机械运行及正常的停歇在内的一个完整的过程。

按照《起重机设计规范》（GB/T 3811—2008）规定，起重机械的使用等级是将起重机械可能完成的总工作循环数划分成 10 个等级，用 U_0、U_1、U_2、$\cdots$、U_9 表示，见表 1-1。

表 1-1　起重机械的使用等级

使用等级	起重机械总工作循环数 C_T	直升机械使用频繁程度
U_0	$C_T \leqslant 1.60 \times 10^4$	
U_1	$1.60 \times 10^4 < C_T \leqslant 3.20 \times 10^4$	很少使用
U_2	$3.20 \times 10^4 < C_T \leqslant 6.30 \times 10^4$	
U_3	$6.30 \times 10^4 < C_T \leqslant 1.25 \times 10^5$	
U_4	$1.25 \times 10^5 < C_T \leqslant 2.50 \times 10^5$	不频繁使用
U_4	$2.50 \times 10^5 < C_T \leqslant 5.00 \times 10^5$	中等频繁使用
U_6	$5.00 \times 10^5 < C_T \leqslant 1.00 \times 10^6$	较频繁使用
U_7	$1.00 \times 10^6 < C_T \leqslant 2.00 \times 10^6$	频繁使用
U_8	$2.00 \times 10^6 < C_T \leqslant 4.00 \times 10^6$	特别频繁使用
U_9	$4.00 \times 10^6 < C_T$	

2. 起重机械的起升载荷状态级别

起重机械的起升载荷是指起重机械在实际的起吊作业中每一次吊运的物品质量（有效起重量）与吊具及属具质量总和（即起升质量）的重力；起重机械的额定起升载荷是指起重机械起吊额定起重量时能够吊运的物品最大质量与吊具及属具质量总和（即总起升质量）的重力。其单位为牛顿（N）或千牛（kN）。

起重机械的起升载荷状态级别是指在该起重机械的设计预期寿命期限内，它的各个有代表性的起升载荷值的大小及各相对应的起吊次数，与起重机械的额定起升载荷值的大小及总的起吊次数的比值情况。表 1-2 列出了起重机械载荷谱系数 K_P 的 4 个范围值，分别代表了起重机械一个相对应的载荷状态级别。

表 1-2　起重机械载荷状态

载荷状态级别	起重机械的载荷谱系数 K_P	说　明
Q1	$K_P \leqslant 0.125$	很少吊运额定载荷，经常吊运较轻载荷
Q2	$0.125 < K_P \leqslant 0.250$	较少吊运额定载荷，经常吊运中等载荷
Q3	$0.250 < K_P \leqslant 0.500$	有时吊运额定载荷，较多吊运较重载荷
Q4	$0.500 < K_P \leqslant 1.000$	经常吊运额定载荷

如果已知起重机械各个起升载荷值的大小及相应的起吊次数的资料，则可用式（1-1）计算出该起重机械的载荷谱系数。

$$K_P = \sum \left[\frac{C_i}{C_T} \left(\frac{P_{Qi}}{P_{Qmax}} \right)^m \right]$$ （1-1）

式中　C_P——起重机械的载荷谱系数；

C_i——与起重机械各个有代表性的起升载荷相应的工作循环数，$C_i = C_1, C_2, C_3, \cdots, C_n$；

C_T——起重机械总工作循环数，$C_T = \sum\limits_{i=1}^{n} C_i 1 + C_2 + C_3 + \cdots + C_n$；

P_{Qi}——表征起重机械在预期寿命期内工作任务的各个有代表性的起升载荷，$P_{Qi} = P_{Q1}$，P_{Q2}，P_{Q3}，$\cdots\cdots P_{Qn}$；

P_{Qmax}——起重机械的额定起升载荷；

m——幂指数，为了便于划分级别，约定取 $m = 3$。

式（1-1）展开后变为

$$K_P = \frac{C_1}{C_T} \left(\frac{P_{Q1}}{P_{Qmax}} \right)^3 + \frac{C_2}{C_T} \left(\frac{P_{Q2}}{P_{Qmax}} \right)^3 + \frac{C_3}{C_T} \left(\frac{P_{Q3}}{P_{Qmax}} \right)^3 \cdots + \frac{C_i}{C_T} \left(\frac{P_{Qi}}{P_{Qmax}} \right)^m \cdots$$ （1-2）

由式（1-2）计算起重机械载荷谱系数后，即可按表 1-2 确定该起重机械相应的载荷状态级别。如果不能获得起重机械设计预期寿命期内起吊的各个有代表性的起升载荷值的大小及相应的起吊次数，因而无法通过上述计算得到它的载荷谱系数及确定它的载荷状态级别，则可以由制造商和用户协商选出适合于该起重机械的载荷状态级别并确定相应的载荷谱系数。

3. 起重机械工作级别的划分

根据起重机械的 10 个使用等级和 4 个载荷状态级别，起重机械整机的工作级别划分为 A1～A8 共 8 个级别，见表 1-3。

桥式和门式起重机械整机工作级别应用见表 1-4，其他起重机械整机工作级别可以查阅 GB/T 3811—2008。

表 1-3　起重机械整机的工作级别

载荷状态级别	起重机械的载荷谱系数 K_P	起重机械的使用等级									
		U_0	U_1	U_2	U_3	U_4	U_5	U_6	U_7	U_8	U_9
Q1	$K_P \leqslant 0.125$	A1	A1	A1	A2	A3	A4	A5	A6	A7	A8
Q2	$0.125 < K_P \leqslant 0.250$	A1	A1	A2	A3	A4	A5	A6	A7	A8	A8
Q3	$0.250 < K_P \leqslant 0.500$	A1	A2	A3	A4	A5	A6	A7	A8	A8	A8
Q4	$0.500 < K_P \leqslant 1.000$	A2	A3	A4	A5	A6	A7	A8	A8	A8	A8

表 1-4　桥式和门式起重机械工作级别应用

序号	起重机械的类别	起重机械的使用情况	使用等级	载荷状态	整机工作级别
1	人力驱动起重机械（含手动葫芦起重机械）	很少使用	U_2	Q1	A1
2	车间装配用起重机械	较少使用	U_3	Q2	A3
3（a）	电站用起重机械	很少使用	U_2	Q2	A2
3（b）	维修用起重机械	较少使用	U_2	Q3	A3
4（a）	车间用起重机械（含车间用电动葫芦起重机械）	经常轻载地使用	U_3	Q1	A2
4（b）	车间用起重机械（含车间用电动葫芦起重机械）	经常中等载荷地使用	U_3	Q2	A3
4（c）	较繁忙车间用起重机械（含车间用电动葫芦起重机械）	频繁中等载荷使用	U_4	Q2	A4
5（a）	货场用吊钩起重机械（含货场电动葫芦起重机械）	经常轻载地使用	U_4	Q1	A3
5（b）	货场用抓斗或电磁盘起重机械	较频繁中等载荷使用	U_5	Q3	A6
6（a）	废料场吊钩起重机械	较少使用	U_4	Q1	A3
6（b）	废料场抓斗或电磁盘起重机械	较频繁中等载荷使用	U_5	Q3	A6
7	桥式抓斗卸船机	频繁重载使用	U_7	Q3	A8
8（a）	集装箱搬运起重机械	较频繁中等载荷使用	U_5	Q3	A6
8（b）	岸边集装箱起重机械	较频繁重载使用	U_6	Q3	A7
9	冶金用起重机械				
9（a）	换轧辊起重机械	经常使用	U_3	Q1	A2
9（b）	料箱起重机械	频繁重载使用	U_7	Q3	A8
9（c）	平炉加料起重机械	频繁重载使用	U_7	Q3	A8
9（d）	炉前兑铁水铸造起重机械	较频繁重载使用	$U_6 \sim U_7$	Q3 ~ Q4	A7 ~ A8
9（e）	炉后出钢水铸造起重机械	较频繁重载使用	$U_4 \sim U_5$	Q4	A6 ~ A7
9（f）	板坯搬运起重机械	较频繁重载使用	U_6	Q3	A7
9（g）	冶金流程线上的专用起重机械	频繁重载使用	U_7	Q3	A8
9（h）	冶金流程线外用的起重机械	较频繁中等载荷使用	U_6	Q2	A6
10	铸工车间用起重机械	不频繁中等载荷使用	U_4	Q3	A5
11	锻造起重机械	较频繁重载使用	U_6	Q3	A7
12	淬火起重机械	较频繁中等载荷使用	U_5	Q3	A6
13	装卸桥	较频繁重载使用	U_5	Q4	A7

知识点五、起重机械机构工作级别

1. 机构使用等级

机构的设计预期寿命是指设计预设的该机构从开始使用起到预期更换或最终报废为止的总运转时间，它只是该机构实际运转小时数累计之和，而不包括工作中此机构的停歇时间。机构的使用等级是将该机构的总运转时间分成 10 个等级，以 T_0、T_1、T_2、…，T9 表示，见表 1-5。

表 1-5　机构使用等级

使用等级	总使用时间 t_T/h	机构运转频繁情况
T_0	$t_T \leq 200$	很少使用
T_1	$200 < t_T \leq 400$	
T_2	$400 < t_T \leq 800$	清闲地使用
T_3	$800 < t_T \leq 1\ 600$	
T_4	$1\ 600 < t_T \leq 3\ 200$	不频繁使用
T_5	$3\ 200 < t_T \leq 6\ 300$	中等频繁使用
T_6	$6\ 300 < t_T \leq 12\ 500$	较频繁使用
T_7	$12\ 500 < t_T \leq 25\ 000$	
T_8	$25\ 000 < t_T \leq 50\ 000$	频繁使用
T_9	$50\ 000 < t_T$	

同一起重机械中不同机构在工作时的情况各不相同，因此，把各机构的工作也划分成若干个工作级别，称为机构工作级别，这与起重机械工作级别类似，它是按机构的使用等级和载荷状态进行划分的。

2. 机构的载荷状态级别

机构的载荷状态级别表明了机构所受载荷的轻重情况。表 1-6 列出了机构载荷谱系数 K_m 的四个范围值，它们各代表了机构一个相对应的载荷状态级别。

表 1-6　机构的载荷状态级别

载荷状态级别	机构载荷谱系数 K_m	说　　明
L1	$K_m \leq 0.125$	机构很少承受最大载荷，一般承受轻小载荷
L2	$0.125 < K_m \leq 0.250$	机构较少承受最大载荷，一般承受中等载荷
L3	$0.250 < K_m \leq 0.500$	机构有时承受最大载荷，一般承受较大载荷
L4	$0.500 < K_m \leq 1.000$	机构经常承受最大载荷

机构的载荷谱系数 K_m 可表示为：

$$K_{m} = \sum_{i=1}^{n}\left[\frac{tC_i}{t_T}\left(\frac{P_i}{P_{max}}\right)^m\right] \qquad (1\text{-}3)$$

式中　K_m——起重机械的机构载荷谱系数；

　　　t_i——与机构承受各个大小不同等级载荷的相应持续时间，$t_i = t_1$，t_2，t_3，$\cdots$，t_n；

　　　t_T——机构承受所有大小不同等级载荷的时间总和，$t_T = \sum\limits_{i=1}^{n} t_i = t_1 + t_2 + t_3 + \cdots + t_n$；

　　　P_i——表征机构在服务期内工作特征的各个大小不同等级的载荷，$P_i = P_1$，P_2，P_3，$\cdots$，P_n；

　　　P_{max}——起重机械的额定起升载荷；

　　　m——幂指数，为了便于级别的划分，约定取 $m = 3$。

展开后，式（1-3）可表示为

$$K_m = \frac{t_1}{t_T}\left(\frac{P_1}{P_{max}}\right)^3 + \frac{t_2}{t_T}\left(\frac{P_2}{P_{max}}\right)^3 + \frac{t_3}{t_T}\left(\frac{P_3}{P_{max}}\right)^3 \cdots + \frac{t_n}{t_T}\left(\frac{P_n}{P_{max}}\right)^3 \cdots \qquad (1\text{-}4)$$

由式（1-4）计算出机构载荷谱系数的值后，即可按表 1-6 确定该机构相应的载荷状态级别。

3. 机构的工作级别

机构工作级别的划分是将各单个机构分别作为一个整体进行的关于其载荷大小程度及运转频繁情况总的评价，它并不表示该机构中所有的零部件都有与此相同的受载及运转情况。

根据机构的 10 个使用等级和 4 个载荷状态级别，机构单独作为一个整体进行分级的工作级别划分为 M1~M8 共 8 级，见表 1-7。电动葫芦往往是作为桥式起重机械的起升机构和小车运行机构使用的，所以它的工作级别是按起重机械的机构工作级别划分。

表 1-7　机构工作级别

载荷状态级别	机构载荷谱系数 K_m	机构的使用等级									
		T_0	T_1	T_2	T_3	T_4	T_5	T_6	T_7	T_8	T_9
L1	$K_m \leqslant 0.125$	M1	M1	M1	M2	M3	M4	M5	M6	M7	M8
L2	$0.125 < K_m \leqslant 0.250$	M1	M1	M2	M3	M4	M5	M6	M7	M8	M8
L3	$0.250 < K_m \leqslant 0.500$	M1	M2	M3	M4	M5	M6	M7	M8	M8	M8
L4	$0.500 < K_m \leqslant 1.000$	M2	M3	M4	M5	M6	M7	M8	M8	M8	M8

注：各类起重机械的机构分级举例参见 GB/T 3811—2008 附录 B。

此外 GB/T 3811—2008 还规定了结构件或机械零件的工作级别、结构件或机械零件的使用等级、应力状态等级。具体分级情况可以查阅 GB/T 3811—2008。

知识点六、中国古代的起重机械——辘轳

辘轳是提水设施，流行于北方地区，由辘轳头、支架、井绳、水斗等构成，是一种利用轮轴原理制成的井上汲水起重装置。井上竖立井架，上装可用手柄摇转的轴，轴上绕绳索，绳索

一端系水桶。摇转手柄，使水桶一起一落，提取井水。

辘轳是从杠杆演变来的汲水工具。据《物原》记载："史佚始作辘轳。"史佚是周代初期的史官，表明辘轳始于商末周初，我国在公元前 1120 年前已经发明了辘轳。到春秋时期，辘轳已经流行。

辘轳的制造和应用，在古代是和农业的发展紧密结合的，它广泛地应用于农业灌溉。辘轳的应用在我国时间较长，虽经改进，但大体保持了原形。

1949 年以前，在我国北方缺水地区，仍在使用辘轳提水灌溉土地。

如今一些地下水很深的山区，仍然使用辘轳从深井中提水，以供人们饮用。有使用或其他动物带动辘轳，再装上其他工具用来凿井或汲卤的。

辘轳在春秋战国时代已用于从竖井中提升铜矿石。1974 年在湖北铜绿山春秋战国古铜矿遗址发掘过程中发现木制辘轳轴两根，其中一根全长 2 500 mm，直径 260 mm，经判定为用于提升铜矿石的起重辘轳的残件。起重辘轳的早期记载见于《四体书势》注《世说新语·巧艺》，书中记述了三国魏明帝（公元 204 年～239 年）在建造凌霄观时，误将尚未题字的匾先钉在高处，"乃笼盛韦诞，辘轳长绠（geng，粗绳）引上"，使他能在离地 25 丈的匾上写字。

绞车一词，最早见于《晋书》，石季龙在东晋永和三年（公元 347 年）发掘赵简子墓时挖及泉水，"作绞车以皮囊汲之"。北宋曾公亮著《武经总要》（成书于公元 1044 年）载绞车图，并说"绞车，合大木为床，……力可挽二千斤"。

井辘轳应用的较早记载见于南唐李璟（公元 916～961）《应天长》词："柳堤芳草径，梦断辘轳金井。"元代王桢著《农书》（成书于公元 1313 年）和明代宋应星著《天工开物》（成书于 1634 年）都有井辘轳图。

《农书》还记述了一种复式辘轳：绕在轴筒上的绳子两端各系一个容器，"顺逆交转，所悬之器虚者下，盈者上，更相上下，次第不辍，见功甚速。"这就省去空容器的行程时间；同时，空容器的重量也起一定的平衡作用。

看似简陋的辘轳在中华文明发展过程中起到了重要作用。

任务实战

1. 请列举三种以上不同的起重机械。

_____

_____

_____

_____

2. 如果你负责采购一台起重机械，你应该做哪些调查？主要关注起重机械哪些参数？

_____

_____

_____

_____

完成本任务学习后，根据自身学习体会，结合任务评价表的内容进行评价。

任务评价表

姓 名		组 别		班 级				
日 期			综合评价等级					
评价指标	评 价 标 准		分值	评价方式				
				自我评价（30%）	小组评价（30%）	教师评价（40%）	单项得分	
课前预学	课前预习本任务相关知识，查找相关资料		5					
	完成任务引导题目		5					
课堂参与	认真听讲和练习		10					
	积极参与小组讨论，并有详细笔记		10					
课堂互动	积极回答教师问题		5					
	和小组成员有效合作，尊重他人		5					
	小组活动中能围绕主题发表自己的观点		10					
自主探究	独立思考、自主学习，会发现问题		10					
	主动寻求解决问题的方法		10					
	善于观察、分析、思考，能提出创新观点		5					
综合素养	具有一定的安全意识、责任意识、规范意识		5					
	具有吃苦耐劳的精神和严谨认真的学习态度		5					
学习成果	在规定时间内完成本人的分工任务		10					
	完成拓展任务		5					

任务二 认识天车

任务引导

引导问题1：什么是天车？

_____

_____

引导问题2：天车的大车由哪几部分组成？

_____

_____

引导问题 3：天车的小车由哪几部分组成？

_____

_____

_____

_____

　　引导问题 4：天车主要由_____、_____、_____和电气控制设备组成。

　　引导问题 5：天车即桥式起重机，分为_____桥式起重机、_____桥式起重机和_____起重机三大类。

相关知识

知识点一、什么是天车

　　桥式起重机，习惯上叫作"天车"或"行车"，是指横架在车间、仓库及露天料场固定跨间上方，可沿轨道移动，取物装置悬挂在可沿桥架运行的起重小车上，使取物装置上的重物实现垂直升降和水平移动，能够完成某些特殊工艺操作的起重机。其特点是构造简单、操作方便、易于维修、起重量大和不占地面作业区间。

　　在各种桥式起重机中，电动双梁桥式起重机在轨道交通行业最为常见。一般情况下，桥式起重机的取物装置采用吊钩，一般把普通用途的具有吊钩的电动双梁桥式起重机称为通用桥式起重机。

　　天车按驱动方式和桥架结构可分为小型手动单梁和双梁、大型电动单梁和电动双梁等，按用途和取物装置形式可分为吊钩式、电磁式（取物装置是电磁吸盘）和抓斗式以及两用或三用天车等。天车的结构如图 1-3 所示。

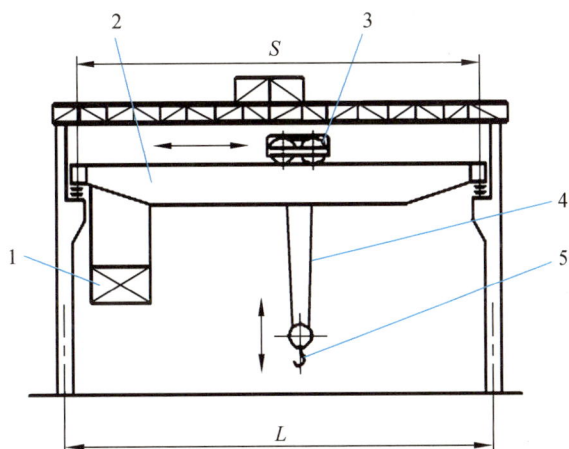

1—驾驶室；2—大车；3—起重小车；4—钢丝绳；5—吊钩组。

图 1-3　天车结构

　　手动天车，无论是单梁还是双梁，桥架结构都比较单薄，能够承受的载荷小，吊运能力有限，因此一般用于小型零部件或设备的吊运。现场一般多使用电动单梁或双梁的天车，电动双梁天车结构如图 1-4 所示。

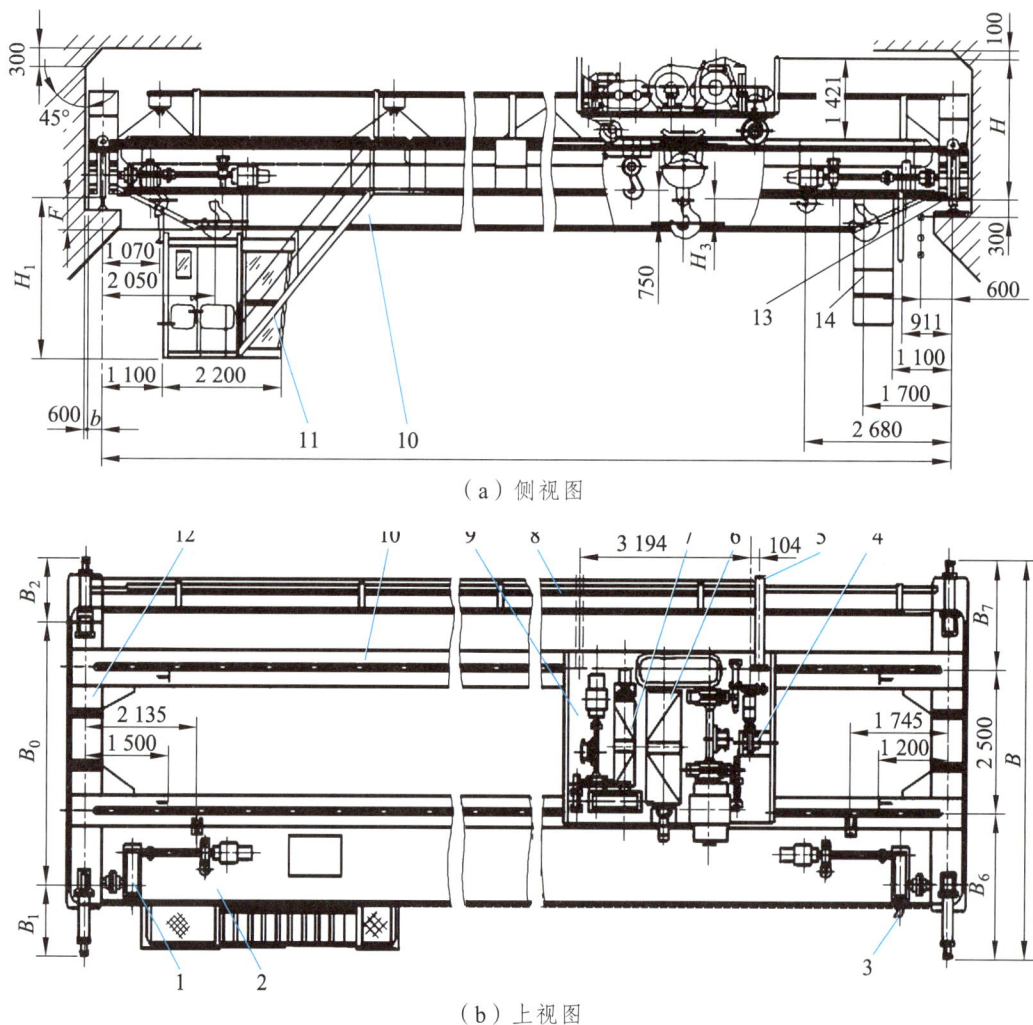

（a）侧视图

（b）上视图

1—大车运行机构；2—走台；3—大车导电架；4—小车运行机构；5—小车导电架；6—主起升机构；7—副起升机构；
8—电缆；9—起重小车；10—主梁；11—驾驶室；12—端梁；13—大车车轮；14—大车导电维修平台。

图 1-4　电动双梁天车结构

知识点二、天车总体结构

电动双梁天车

天车主要由大车、小车、轨道、电气控制设备构成，主要包括：

（1）大车的框架叫作桥架。桥架与安装在它上面的桥架行走机构构成"大车"，如图 1-5 所示。桥架是组成大车的金属焊接框架，由主梁和端梁构成，主要用于安装机械和电气设备，承受吊重、自重、风力以及大小车制动停止时产生的惯性力等载荷。大车行走机构即桥架行走机构，使被提升的物品在大车轨道方向做水平往返运动。大车沿着厂房或料场长度方向的运动称为纵向运动，其目的是将零件或物料运送到车间长度方向的任意位置。

图 1-5　天车的大车

（2）小车行走机构、小车架、安装在小车架上的起升机构构成起重小车，如图 1-6 所示。小车架是金属结构焊接框架，承受起吊载荷。小车架上安装卷筒、卷筒减速机、小车行走减速机、起升电动机、行走电动机、立式减速机、传动轴、吊钩起升制动器、小车行走制动器、车轮组件、轴承座、定滑轮等传动部件。

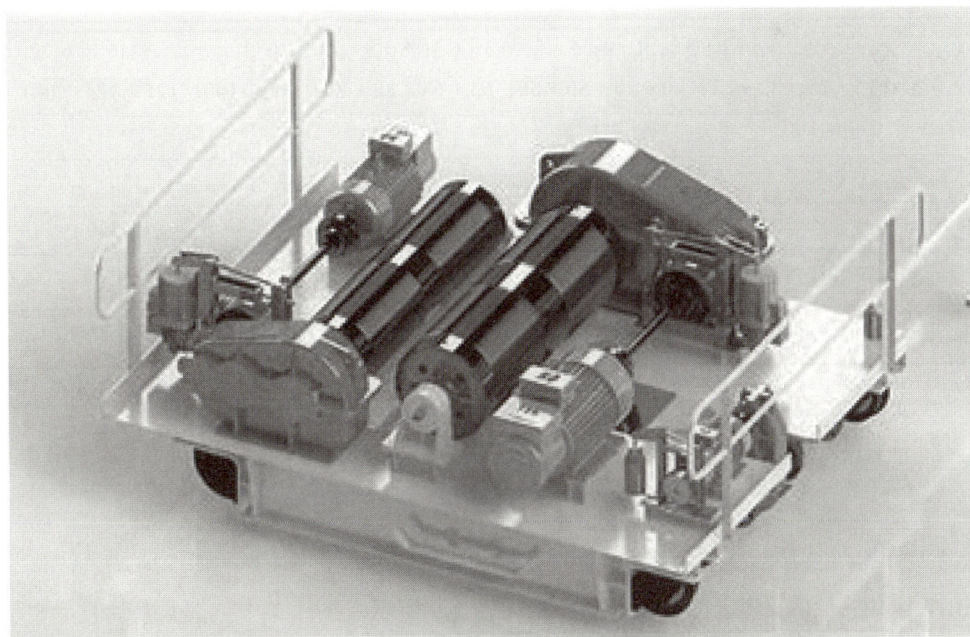

图 1-6　天车的小车

小车行走机构的任务是使被起升的物品沿主梁方向做水平往返运动。小车沿厂房或料场宽度方向的运动称为横向运动，其目的是将物料或零件运送到达车间宽度范围内的任何位置。起升机构的作用是驱动卷筒通过卷绕钢丝绳实现吊钩的升降来提升和下降物品。

天车的大车和小车都是通过钢制车轮的旋转实现在钢制轨道上行走。大车的两条轨道安装在厂房上端，跨度大。小车轨道安装在大车主梁上面，跨度小。图 1-5 中大车主梁上的轨道就是小车轨道。

（3）天车电气设备包括大车和小车继电器、控制器、电阻器、电动机、照明、线路及各种安全保护装置（如大车和小车行程开关、"舱口"开关、起升高度限制器、地线和室外起重机用的避雷器）。各种控制器一般安装在大车的电控柜里，天车调速用的电阻器安装在大车的电阻柜里。

知识点三、天车的基本性能参数

1. 起重量和工作级别

《通用桥式起重机》（GB/T 14405—2011）对天车的工作级别和起重量有专门规定，天车的工作级别见表 1-3，起重量见表 1-8。表 1-8 中 16 t 以上的天车有主副两套起升机构，副钩起重量一般为主钩起重量的 1/5 ~ 1/3。起重量用分数形式表示，分子为主钩起重量，分母为副钩起重量。

表 1-8 桥式起重机起重量

取物装置			起重机的起重量系列
吊钩	单小车/t		3.2；5；6.3；8；10；12.5；16；20；25；32；40；50；63；80；100；125；140；160；200；250；280；320
	双小车	等量/t	2.5 + 2.5；3.2 + 3.2；4 + 4；5 + 5；6.3 + 6.3；8 + 8；10 + 10；12.5 + 12.5；16 + 16；20 + 20；25 + 25；32 + 32；40 + 40；50 + 50；63 + 63；80 + 80；100 + 100；125 + 125；140 + 140；160 + 160
		不等量	小车的起重量应符合单小车起重机起重量系列，总起重量不应超过 320 t
	多小车		各小车的起重量应符合单小车起重机起重量系列，总起重量不应超过 320 t
抓斗/t			3.2；5；6.3；8；10；12.5；16；20；25；32；40；50
电磁/t			3.2；5；6；3.8；10；12.5；16；20；25；32；40；50

注：① 当设有主、副起升机构时，起重量的匹配一般为 3：1 ~ 5：1，并用分子分母形式表示，如 80/20 t；50/10 t 等。
② 吊钩桥式起重机双小车、多小车的起重量限定方式应在合同中约定，总起重量应符合单小车的起重量系列。

2. 跨 度

GB/T 14405—2011 规定的跨度如图 1-7 和表 1-9 所示。图 1-7 中 L 是厂房跨度，S 是天车跨度。我国生产的桥式起重机标准跨度为 10 ~ 40.5 m（每 3 m 一个间距）。在选用时，要注意建筑物（厂房）跨度与起重机跨度符合表 1-9 的要求。

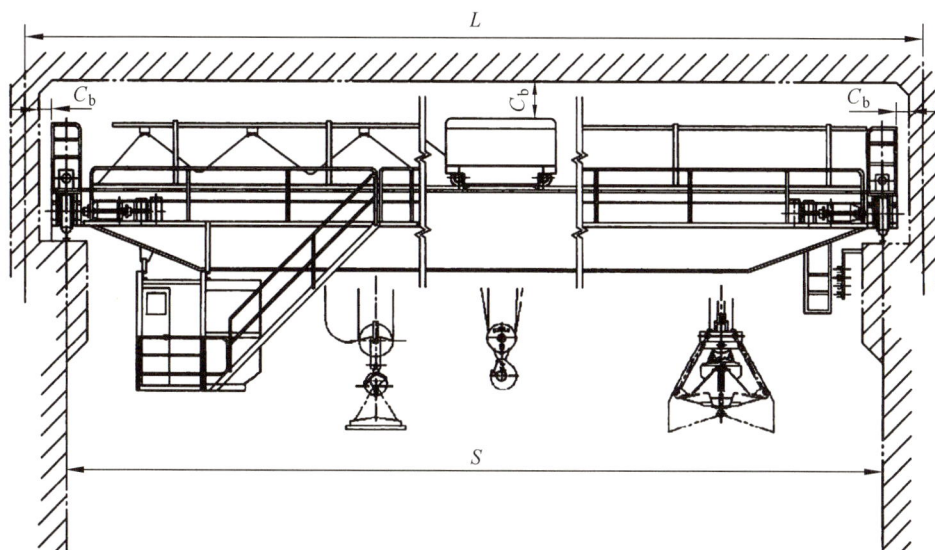

图 1-7　天车和厂房跨度

表 1-9　桥式起重机的标准跨度

起重量 G_n/t		建筑物跨度定位轴线间距 L/m										
		12	15	18	21	24	27	30	33	36	39	42
		跨度 S										
≤50	无通道	10.5	13.5	16.5	19.5	22.5	25.5	28.5	31.5	34.5	37.5	40.5
	有通道	10	13	16	19	22	25	28	31	34	37	40
>50~125		—	—	16	19	22	25	28	31	34	37	40
>125~320		—	—	15.5	18.5	21.5	24.5	27.5	30.5	33.5	36.5	39.5

注：① 有无通道是指建筑物上沿着起重机运行线路是否留有人行安全通道。
　　② 建筑物跨度定位轴线间距 L 和起重机跨度超过表中给定值时，按 3 m 一挡延伸。

3. 起升高度

GB/T 14405—2011 规定的高度见表 1-10。

表 1-10　起重机的起升高度

起重量 G_n/t	吊　钩				抓斗		电磁
	一般起升高度/m		加大起升高度/m		一般起升高度/m	加大起升高度/m	一般起升高度/m
	主钩	副钩	主钩	副钩			
≤50	12~16	14~18	24	26	18~26	30	16
>50~125	20	22	30	32	—	—	—
>125~320	22	24	32	34	—	—	—

注：① 有范围的起升高度，其具体值视起重机系列设计的通用方法而定，与起重量有关。
　　② 表中所列为起升高度常用值（必要时，经供需双方协商，也可超出此限），用户在订货时应提出实际需要的起升高度，其实际值通常从 6 m 时每增加 2 m 为一挡取偶数。

天车的工作速度可以查阅 GB/T 14405—2011。

知识点四、天车的种类

天车即桥式起重机，分为通用桥式起重机、冶金桥式起重机和门式起重机三大类。通用桥式起重机的应用最为广泛，主要用于一般生产与检修车间的物件装卸、吊运；冶金桥式起重机主要用于冶金生产中某些特殊的工艺操作；门式起重机主要用于露天堆场等的装卸运输工作。各类天车由于取物装置、专用功能和构造特点等的不同又分成各种形式。

1. 通用桥式起重机的分类

通用桥式起重机一般是电动双梁起重机。按照取物装置和构造的不同，通用桥式起重机有以下几种类型：

（1）吊钩桥式起重机。

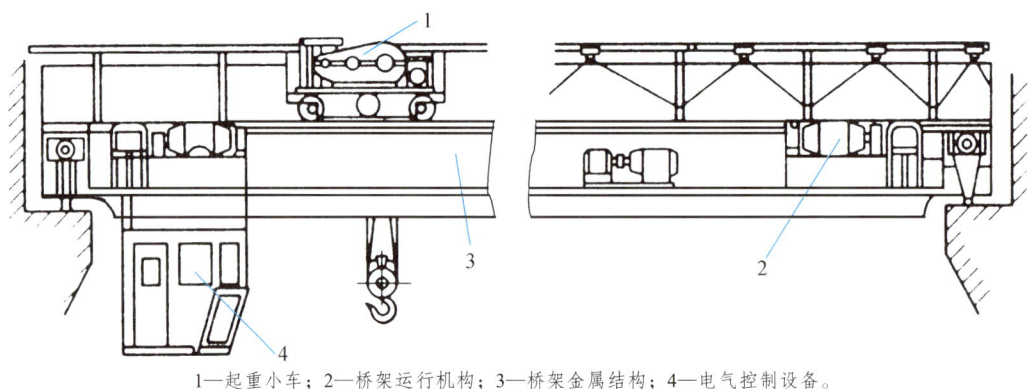

吊钩桥式起重机是以吊钩作为取物装置的桥式起重机，如图 1-8 所示，它由起重小车、桥架运行机构、桥架金属结构和电气控制设备等组成。天车工一般在司机室（电气控制设备包括在内）内操纵。

吊钩桥式起重机

1—起重小车；2—桥架运行机构；3—桥架金属结构；4—电气控制设备。

图 1-8　吊钩桥式起重机

起重量在 10 t 以下的桥式起重机，采用一个吊钩；起重量在 16 t 以上的桥式起重机，采用两个吊钩。其中起重量较大的吊钩称为主钩，起重量较小的吊钩称为副钩，副钩的起重量为主钩的 1/5 ~ 1/3。

副钩的起升速度较快，吊运效率高。主、副钩的起重量用分数表示，分子表示主钩的起重量，分母表示副钩的起重量，如 20/5 表示主钩的起重量为 20 t，副钩的起重量为 5 t。

吊钩桥式起重机是通用桥式起重机的最基本类型，也是应用最广泛的类型，后面的结构介绍也主要以通用桥式起重机为例。

（2）抓斗桥式起重机。

抓斗桥式起重机以抓斗作为抓取散碎物料的取物装置，其他部分与吊钩桥式起重机完全相同。抓斗桥式起重机是一种专用桥式起重机，其结构如图 1-9 所示。

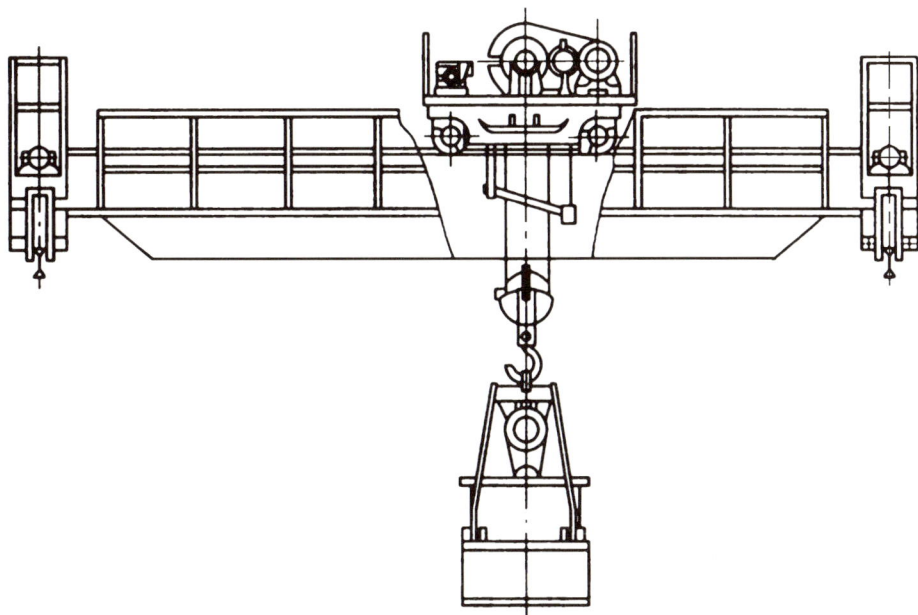

图 1-9　抓斗桥式起重机

（3）电磁桥式起重机。

电磁桥式起重机是用电磁盘（又称起重电磁铁）作为取物装置的一种桥式起重机，可用于吊运有导磁性的金属材料，如型钢、钢板和废钢铁等，这种桥式起重机如图 1-10 所示。

电磁盘使用的是直流电，它由单独的一套电气设备控制。

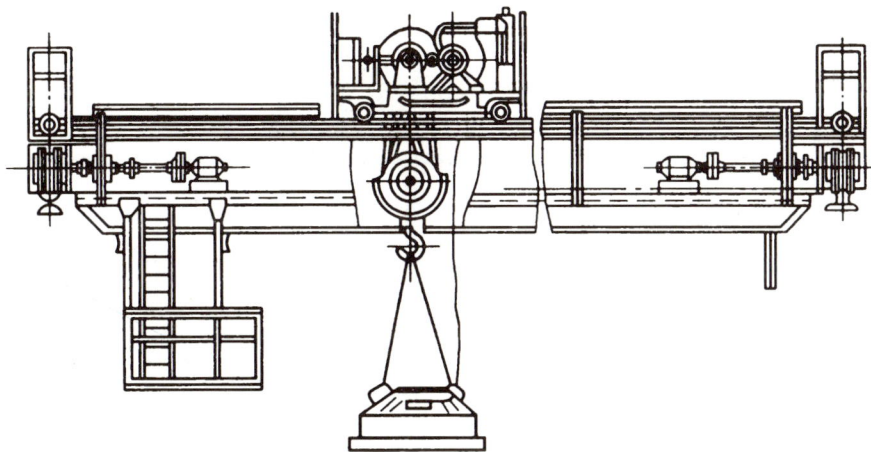

图 1-10　电磁桥式起重机

（4）两用桥式起重机。

两用桥式起重机是装有两种取物装置的起重机，分为吊钩抓斗和电磁抓斗两种类型，如图 1-11 所示。两种取物装置均在一台小车上，同时装有两套各自独立的起升机构。吊钩抓斗型的一套起升机构用于吊钩，另一套起升机构用于抓斗；电磁抓斗型的一套起升机构用于抓斗，另一套起升机构用于电磁盘。两套起升机构不能同时使用，但用其中一种吊具取物时，不必把另外一种吊具卸下来，可以根据工作需要随意选用其中的一种吊具，生产效率较高。

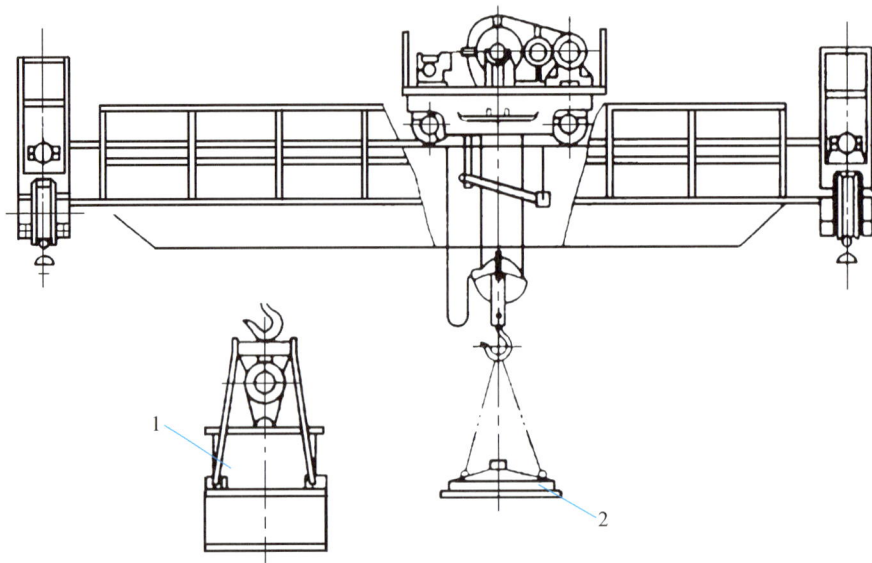

1—抓斗；2—电磁吸盘。

图 1-11　两用桥式起重机

（5）三用桥式起重机。

三用桥式起重机装有吊钩、电磁盘和电动抓斗三种取物装置，如图 1-12 所示。根据不同的需要，可以使用其中任意一种吊具。

电动抓斗使用交流电，而电磁盘使用直流电，使用时要通过转换开关来变更电源。这种桥式起重机适用于物料种类经常改变的情况。

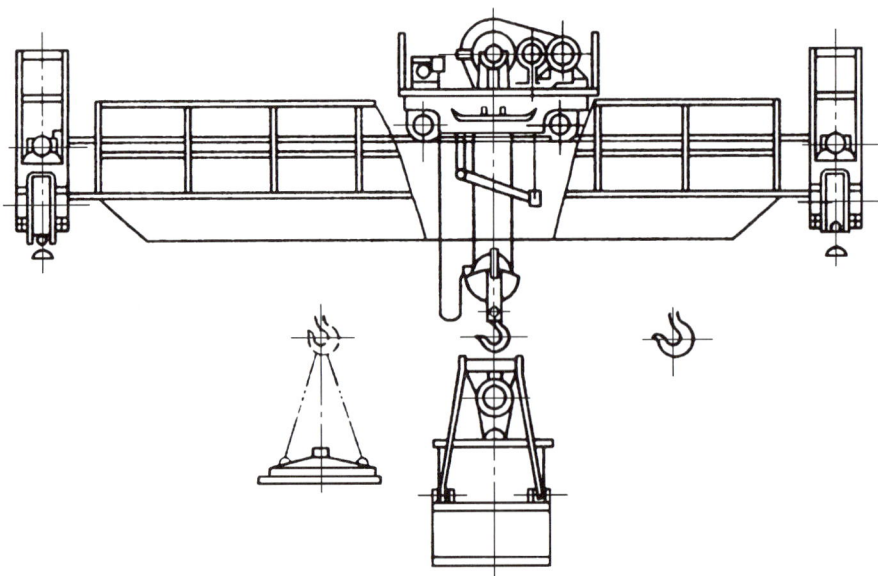

图 1-12　三用桥式起重机

（6）双小车桥式起重机。

双小车桥式起重机具有两台起重小车，如图 1-13 所示。两台小车的起重量相同，可以单独作业，也可以联合作业。在某些（如 2×50 t、2×75 t）双小车桥式起重机的两个小车上，装有可变速的起升机构，轻载时可以高速运行，重载时可以低速运行；在吊运较重物件时，两台小车可并车吊运。这种起重机的有效工作范围广，适用于吊运横放在跨度方向上的长形工件。

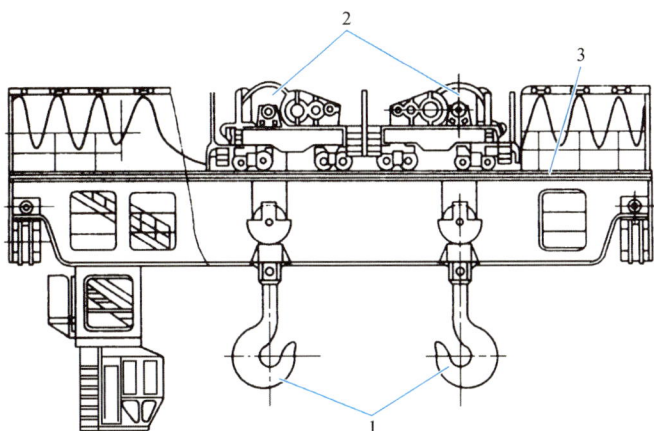

1—吊钩；2—小车；3—桥架。

图 1-13 双小车桥式起重机

2. 冶金桥式起重机的分类

冶金桥式起重机通常有主、副两台小车，每台小车在各自的轨道上行走。按照用途不同，常用的冶金桥式起重机有以下几种类型：

（1）加料起重机。

加料起重机用于炼钢车间平炉的加料，如图 1-14 所示。在主小车上装有加料机构，把料杆插入料斗，通过主小车的运行、起升以及回转机构和加料机构的上、下摆动和翻转，将炉料伸入并倾翻到炉内。副小车用于炉料的搬运及辅助性工作。主、副小车不能同时进行工作。

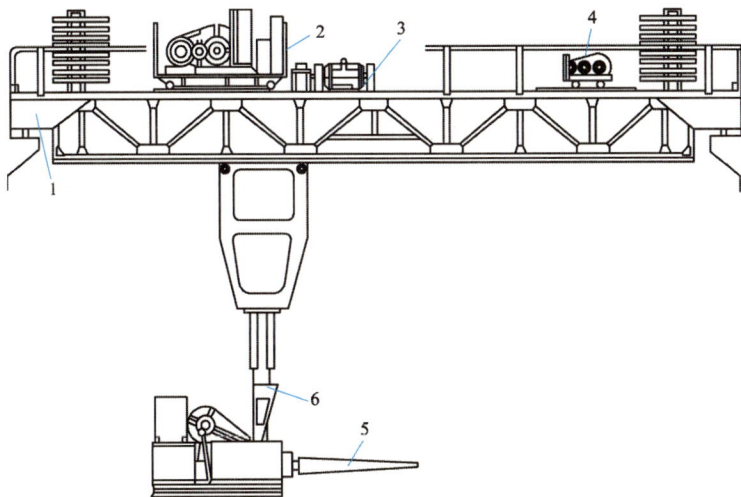

1—桥架；2—主小车；3—运行机构；4—副小车；5—装料杆；6—操纵室。

图 1-14 加料起重机

（2）铸造起重机。

铸造起重机是冶炼车间运送钢液和浇注钢锭用的起重机，如图 1-15 所示。主小车的起升机构用于吊运盛钢桶，副小车的起升机构用于翻倾盛钢桶和做一些辅助性工作。主小车在两根主梁的轨道上运行，副小车在两根副梁的轨道上运行，其轨道低于主小车轨道。主、副小车可以同时使用。有的副小车是双钩，但副小车的主、副钩是不能同时使用的。

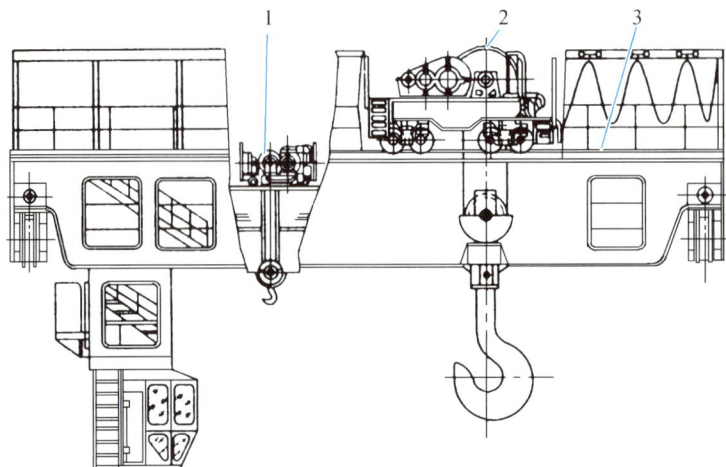

1—主小车；2—副小车；3—桥架。

图 1-15　铸造起重机

（3）锻造起重机。

锻造起重机是在水压机车间的锻造过程中进行吊运和翻转锻件的专用起重机，如图 1-16 所示，它的主、副两台小车在各自轨道上行走。在主小车上装有转料机，以翻转锻件或平衡杆。副钩用链条兜住平衡杆后端，配合主钩抬起平衡杆。

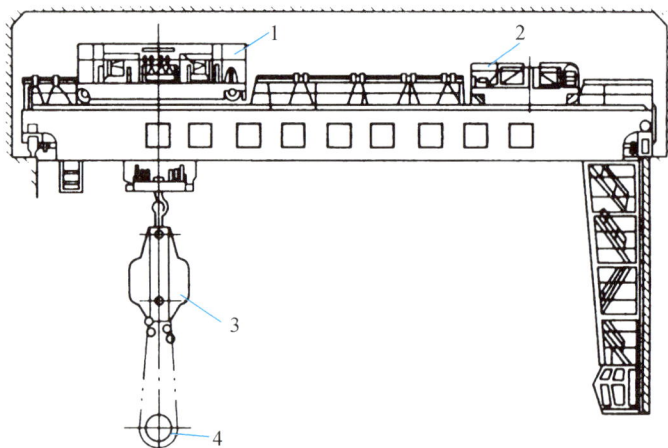

1—主小车；2—副小车；3—转料机；4—平衡杆。

图 1-16　锻造起重机

（4）淬火起重机。

淬火起重机是大型机械零件热处理中淬火及调质工序的专用起重机，与普通起重机大体相似，但需符合淬火和调质的工艺要求。淬火起重机与普通起重机的区别在于小车的起升机构不同。淬火起重机小车的起升机构较为复杂，根据淬火及调质工艺要求，小车能快速下降，下降速度在 45 ~ 80 m/min。

（5）夹钳起重机。

夹钳起重机是以夹钳作为取物装置，用于轧钢车间把钢锭装入加热炉或从炉中取出，以及用于炼钢车间将钢锭从钢锭模中脱出。

此外，冶金起重机还包括料耙起重机、揭盖起重机、料箱起重机等。

3. 门式起重机

门式起重机是带腿的桥式起重机，与桥式起重机的最大区别是依靠支腿在地面轨道上运行，主要用于露天场所物料的吊运。

门式起重机按门架形式可分为全门式起重机、双悬臂门式起重机和单悬臂门式起重机，如图 1-17 所示。

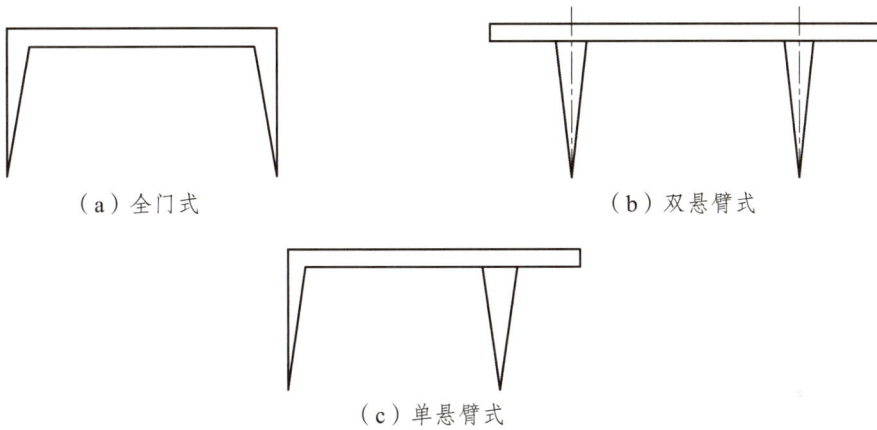

（a）全门式　　　　　　　　　　　（b）双悬臂式

（c）单悬臂式

图 1-17　门式起重机的门架

门式起重机按主梁形式可分为单梁门式起重机（见图 1-18）、双梁门式起重机（见图 1-19）。双梁门式起重机承载能力强、跨度大、整体稳定性好、整体刚度大，但整体自重较大，成本高。

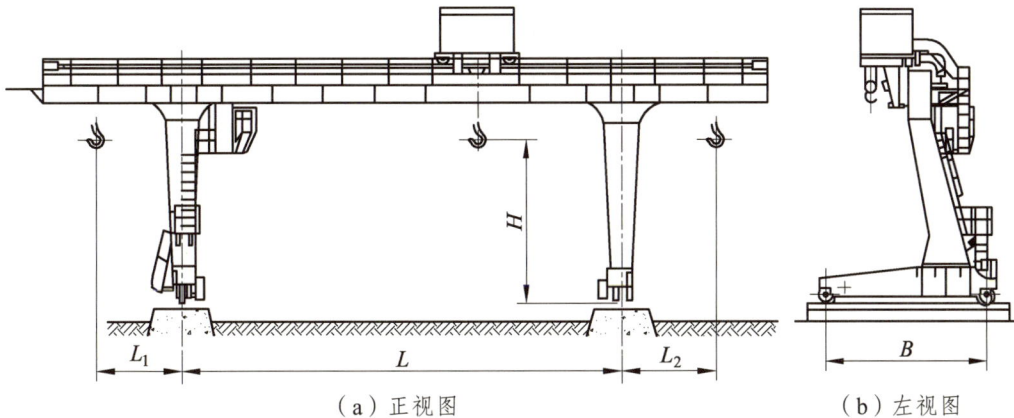

（a）正视图　　　　　　　　　　　（b）左视图

图 1-18　单梁门式起重机

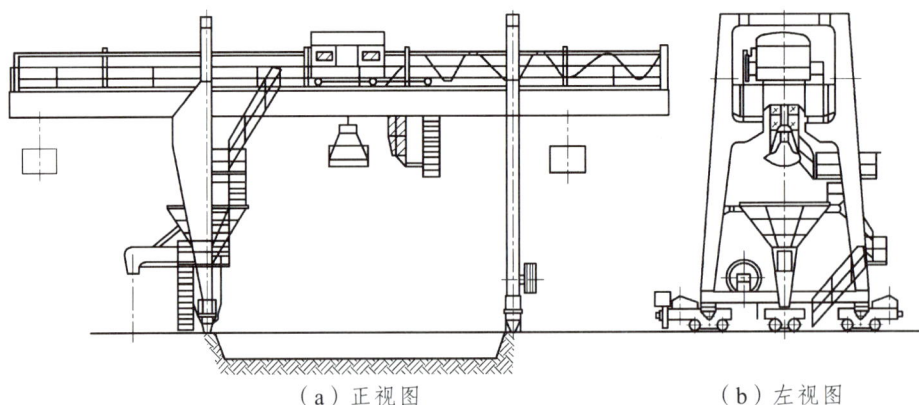

（a）正视图   （b）左视图

图 1-19 双梁门式起重机

门式起重机按结构形式又可分为：

（1）箱形结构双梁门式起重机。

箱形结构双梁门式起重机，主梁一般为偏轨箱形梁，支腿多设上拱架，使支腿形成一个框架，便于吊运的物料通过。箱形结构双梁门式起重机的支腿如图 1-20 所示。

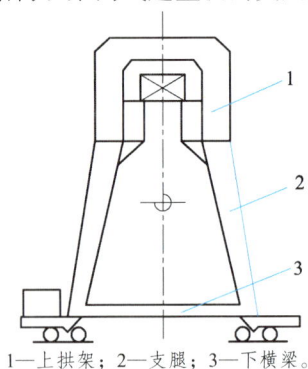

1—上拱架；2—支腿；3—下横梁。

图 1-20 箱形结构双梁门式起重机的支腿

（2）桁架结构双梁门式起重机。

桁架结构双梁门式起重机，主梁和支腿为桁架结构。桁架结构双梁门式起重机的支腿如图 1-21 所示。

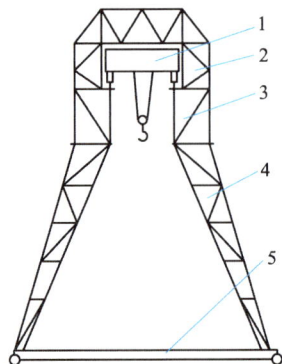

1—小车；2—马鞍；3—主梁；4—支腿；5—下端梁。

图 1-21 桁架结构双梁门式起重机的支腿

（3）装卸桥。

装卸桥是双梁门式起重机的特例，如图 1-22 所示，它的特点是跨度大（一般不小于 40 m）、外伸臂长（一般不小于 16 m）、小车运行速度快（一般可达 200 m/min），所以生产效率高，主要用于定点装卸物料，多用于露天煤场和矿石场。

门式起重机按照吊具及用途可分为吊钩门式起重机、抓斗门式起重机、电磁门式起重机、两用门式起重机、三用门式起重机及双小车门式起重机等。

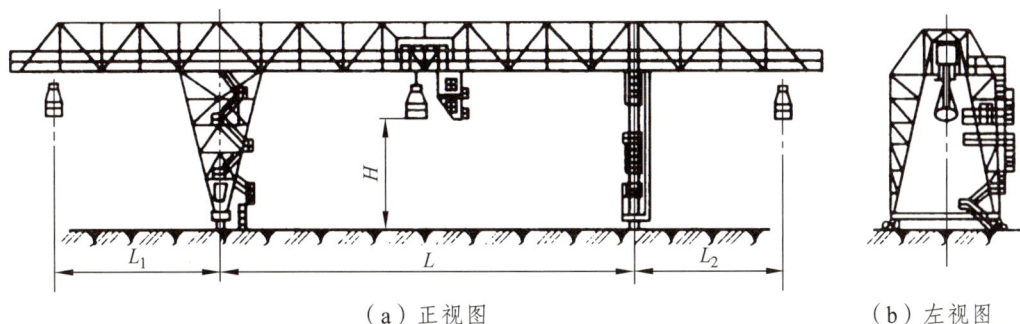

（a）正视图　　　　　　　　（b）左视图

图 1-22　装卸桥

知识点五、天车的型号

1. 天车的型号命名规则

天车的型号是表示起重机名称、结构形式及主参数的代号。桥架型起重机的型号一般由起重机的类、组、型的代号与主参数代号两部分组成。桥架型起重机型号的表示方法如下：

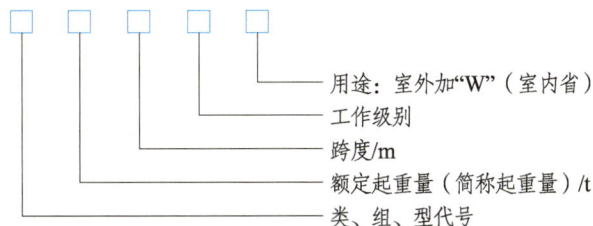

用途：室外加"W"（室内省）
工作级别
跨度/m
额定起重量（简称起重量）/t
类、组、型代号

类、组、型的代号均用大写印刷体汉语拼音字母表示。该字母应是类、组、型中有代表性的汉语拼音字头，如该字母与其他代号的字母有重复时也可采用其他字母。主参数代号用阿拉伯数字表示。桥架型起重机的型号见表 1-11。

表 1-11　桥架型起重机的型号

类	组	型		类、组、型代号
		名　称	代　号	
桥式起重机	手动梁式起重机 L（梁）	手动单梁起重机	S（手）	LS
		手动单梁悬挂起重机	SX（手悬）	LSX
		手动双梁起重机	SS（手双）	LSS

类	组	型		类、组、型代号
		名称	代号	
桥式起重机	电动梁式起重机 L（梁）	电动单梁起重机	D（单）	LD
		电动单梁悬挂起重机	X（悬）	LX
		抓斗电动单梁起重机	Z（抓）	LZ
		吊钩抓斗电动单梁起重机	L	LL
		防爆电动单梁起重机	B（爆）	LB
		防爆电动单梁悬挂起重机	XB（爆）	LXB
		防腐电动梁式起重机	F（腐）	LF
		电盈电动梁式起重机	C（磁）	LC
		冶金梁式起重机	Y（冶）	LY
		电动葫芦双梁起承机	H（葫）	LH
	电动桥式起重机 Q（桥）	吊钩桥式起重机	D（吊）	QD
		超卷扬桥式起重机	J（卷）	QJ
		挂梁桥式起重机	G（挂）	QG
		电磁挂梁桥式起重机	L	QL
		双小车桥式起重机	E	QE
		抓斗桥式起重机	Z（抓）	QZ
		电磁桥式起重机	C（磁）	QC
		电磁吊钩桥式起重机	A	QA
		抓斗吊钩桥式起重机	N	QN
		抓斗电磁桥式起重机	P	QP
		三用桥式起重机	S（三）	QS
		防爆桥式起重机	B（爆）	QB
		绝缘桥式起重机	Y（缘）	QY
		慢速桥式起重机	M（慢）	QM
		带悬臂旋转小车桥式起重机	X（旋）	QX
		料箱起重机	X（箱）	YX
		加料起重机	L（料）	YL
		有轨地上加料起重机	G（轨）	YG
		铸造起重机	Z（铸）	YZ
		脱锭起重机	T（脱）	YT
		揭盖起重机	J（揭）	TJ
		夹钳起重机	Q（钳）	YQ

类	组	型		类、组、型代号
		名称	代号	
冶金起重机 Y（冶）	轨钢用 起重机	刚性料把起重机	P（把）	YP
		挠性料把起重机	N（挠）	YN
		板坯夹钳起重机	B（板）	YB
		旋转电磁起重机	C（磁）	YC
	加热工用起重机	锻造起重机	D（锻）	YD
		淬火起重机	H（火）	YH
门式起重机 M（门）	双梁六式起重机	吊钩门式起重机	G（钩）	MG
		抓斗门式起重机	Z（抓）	MZ
		电磁门式起重机	C（磁）	MC
		抓斗吊钩门式起重机	N	MN
		抓斗电磁门式起重机	P	MP
		三用门式起重机	S（三）	MS
		双小车吊钩门式起重机	E	ME
	单梁门式起重机 D（单）	吊钩门式起重机	G（钩）	MDG
		抓斗门式起重机	Z（抓）	MDZ
		电磁门式起重机	C（磁）	MDC
		抓斗吊钩门式起重机	N	MDN
		抓斗电磁门式起重机	P	MDP
		三用门式起重机	S（三）	MDS
		双小车吊钩门式起重机	E	MDE
		装卸桥	Q（桥）	MQ

2. 天车型号示例

（1）起重机 QD20/5-19.5A5：表示起升机构具有主、副钩的起重量 20/5 t，跨度 19.5 m，工作级别 A5，室内用吊钩桥式起重机。

（2）起重机 QZ10-22.5A6W：表示起重量 10 t，跨度 22.5 m，工作级别 A6，室外用抓斗桥式起重机。

（3）起重机 QE50/10＋50/10-28.5A5：表示起重量 50/10 t＋50/10 t。跨度 28.5 m，工作级别 A5，室内用双小车吊钩桥式起重机。

（4）起重机 MDZ5-18A6：表示起重量 5 t，跨度 18 m，工作级别 A6 的单梁抓斗门式起重机。

（5）起重机 MS5-26A5：表示起重量 5 t，跨度 26 m，工作级别 A5 的双梁三用门式起重机。

任务实战

说明型号为QD32/5-22A8中字母和数字的含义。

_____

_____

_____

_____

任务评价

完成本任务学习后，根据自身学习体会，结合任务评价表的内容进行评价。

任务评价表

姓　名		组　别			班　级		
日　期		综合评价等级					
评价指标	评 价 标 准	分值	评价方式			
			自我评价（30%）	小组评价（30%）	教师评价（40%）	单项得分
课前预学	课前预习本任务相关知识,查找相关资料	5				
	完成任务引导题目	5				
课堂参与	认真听讲和练习	10				
	积极参与小组讨论，并有详细笔记	10				
课堂互动	积极回答教师问题	5				
	和小组成员有效合作，尊重他人	5				
	小组活动中能围绕主题发表自己的观点	10				
自主探究	独立思考、自主学习，会发现问题	10				
	主动寻求解决问题的方法	10				
	善于观察、分析、思考，能提出创新观点	5				
综合素养	具有一定的安全意识、责任意识、规范意识	5				
	具有吃苦耐劳的精神和严谨认真的学习态度	5				
学习成果	在规定时间内完成本人的分工任务	10				
	完成拓展任务	5				

引导问题1：天车桥架的功能是什么，有哪些类型？

_____

_____

_____

_____

引导问题2：大车行走机构由哪些部分组成？

_____

_____

_____

_____

引导问题3：大车为什么多采用分别驱动而少采用集中驱动？

_____

_____

_____

_____

引导问题4：主梁下挠的修复有_____、_____和_____三种。

引导问题5：天车的润滑点都有哪些？

相关知识

_____

知识点一、天车的桥架结构

天车的桥架是一种移动的金属结构，它承受起重小车的重量，并通过车轮支承在轨道上，因而是天车的主要承载结构。按照主梁的数目，桥架分为单梁和双梁桥架。

1. 单梁桥架

单梁桥架由一个主梁与固定在主梁端部的两个端梁组成。主梁是起重载荷的主要承载件，起重小车运行轨道就设在主梁上。两个端梁上各装有两个车轮，在电动机的驱动下，桥架可以纵向移动。起重量不大的桥式起重机，多采用这种桥架。这种桥式起重机又被称为梁式起重机，其主梁可由工字钢或桥架组成。当桥架跨度不大时，常用整段工字钢作主梁。工字钢梁的两端与用槽钢组成的端梁刚性地连接在一起。为了保证主梁在水平方向的刚度，当梁跨度超过 6~7 m 时，可在梁的一侧或两侧焊上斜撑，如图 1-23（a）所示。当梁跨度超过 8~10 m 时，则在整个梁的一侧加上一片水平桁架，如图 1-23（b）所示。

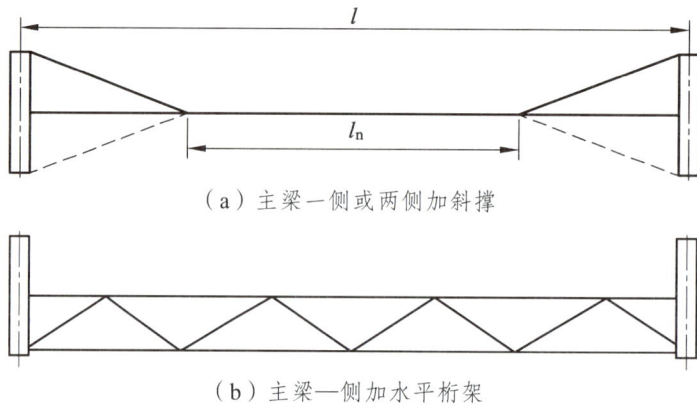

（a）主梁一侧或两侧加斜撑

（b）主梁一侧加水平桁架

图 1-23　强化的单梁桥架

随着跨度、起重量的增加，工字钢主梁截面面积相应地越选越大，自重也越来越大。为了减少工字钢主梁自重，可采用桁构式的单梁桥架。该单梁桥架以工字钢主梁 2 为主体，将型钢加强杆件焊接在钢梁腹板位置的上部，使工字钢主梁的承载能力得到增强。为了保证主梁在水平方向的刚度，在工字钢主梁的一侧加了一片水平桁架 5，它的上方可放置桥架运行装置的电动机、减速器、轴承座、轴、联轴器等驱动和传动零部件。水平桁架上如果铺上木板或钢板，则成为"走台"，方便维修人员在桥架上的作业又增强水平桁架在竖直方向的刚度。在水平桁架的外侧另加一片竖直放置的桁架 1，称为垂直辅助桁架，这片桁架实际上还起着走台栏杆的作用，保证上桥作业人员的安全。桁构式单梁桥架如图 1-24 所示。

电动单梁桥式起重机一般都采用电动葫芦作为起升机构。电动葫芦所带的运行小车车轮可沿工字钢主梁的下翼缘行走，这种小车的运动称为"下行式"。运行小车的运动使被电动葫芦提升的物品在车间或料场能做横向移动。

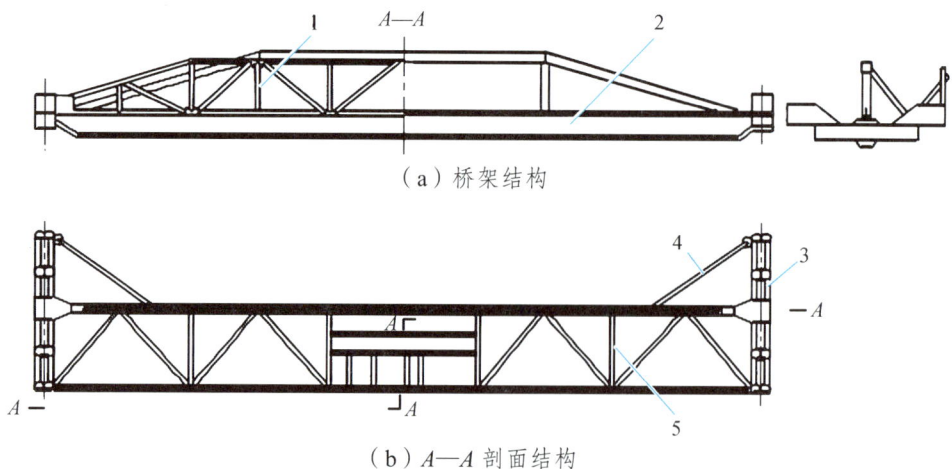

（a）桥架结构

（b）A—A 剖面结构

1—垂直辅助桁架；2—主梁；3—端梁；4—斜撑；5—水平桁架。

图 1-24　桁构式单梁桥架

2. 双梁桥架

大中型桥式起重机一般都采用双梁桥架，它由两个平行的主梁和固定在两端的两个端梁组成。端梁的作用是支承且连接两个主梁，以构成桥架。同时，大车车轮通过角型轴承箱或均衡车架（如超过 4 个轮子时）与端梁连接。主梁上有轨道供起重小车运行用。

双梁桥架的结构主要取决于主梁的形式。常见的双梁桥架有以下四种：

（1）桁构式桥架。

桁构式桥架如图 1-25 所示，这种桥架的两个主梁都是空间四桁架结构，位于桥架中间的两片竖直放置的主桁架 1 承受大部分垂直载荷。为保证主桁架在水平方向上的刚度，在每一主桁架的旁侧各有上、下两个水平桁架 3 和 4，以及将上、下水平桁架联系在一起的垂直辅助桁架 2。

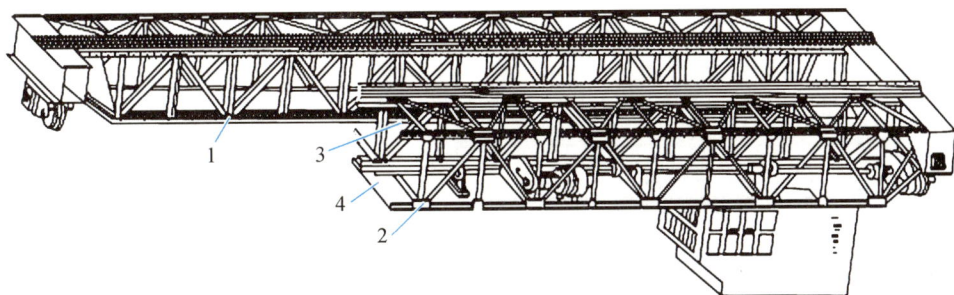

1—主桁架；2—垂直辅助桁架（副桁架）；3—上水平桁架；4—下水平桁架。

图 1-25　桁构式双梁桥架

水平桁架兼作走台，通常在一侧的水平桁架上放置桥架运行机构，在另一侧水平桁架上放置电气设备。辅助桁架平行于主桁架，兼作栏杆。在主桁架的上弦杆上铺设起重小车的轨道。每片桁架都由两根平行的弦杆和多根腹杆（如斜杆和竖杆）组成，一般采用焊接方式把它们连接在一起。主桁架的上弦杆承受压力，下弦杆承受拉力。为减少上弦杆受起重小车车轮集中载荷作用下的弯曲，可增加一些竖杆。常见的上、下弦杆由两根不等边角钢对拼在一起组成，腹杆多由两根等边角钢对拼组成。四桁架式双梁桥架如图 1-26 所示。

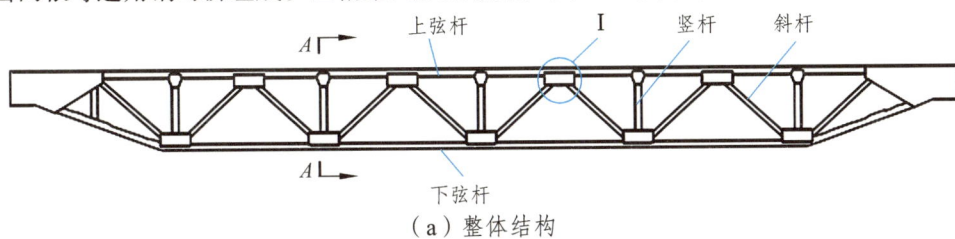

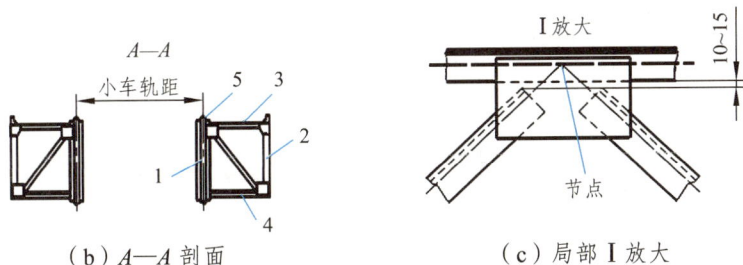

（a）整体结构

（b）A—A 剖面　　（c）局部 I 放大

1—主桁架；2—辅助桁架；3—上水平桁架；4—下水平桁架；5—钢轴。

图 1-26　四桁架式双梁桥架

各杆件的连接处是节点，为保证焊接强度，在节点处用钢板与杆件焊在一起的，在焊接时要求各杆件的中心线最好能交会于节点。由于对拼型钢组成弦杆或腹杆，型钢应对称地焊在节点钢板的两侧。

还有一种单腹板式桥架，这种桥架与空间四桁架式的桥架类似，不同之处在于它是用钢板焊接而成的工字钢主梁代替主桁架，而辅助桁架和上、下水平桁架则与四桁架式桥架相同。

（2）箱形桥架。

箱形桥架的箱形主梁结构如图1-27所示，这种桥架的两个主梁和两个端梁都是箱形结构，这种结构的梁断面是一个封闭的箱形，由上、下盖板和左、右腹板构成，它们之间采用焊接方式连在一起。主梁上盖板中央铺设小车轨道的称中轨主梁，而在箱形主梁的某一腹板上方铺设小车轨道的称偏轨主梁。

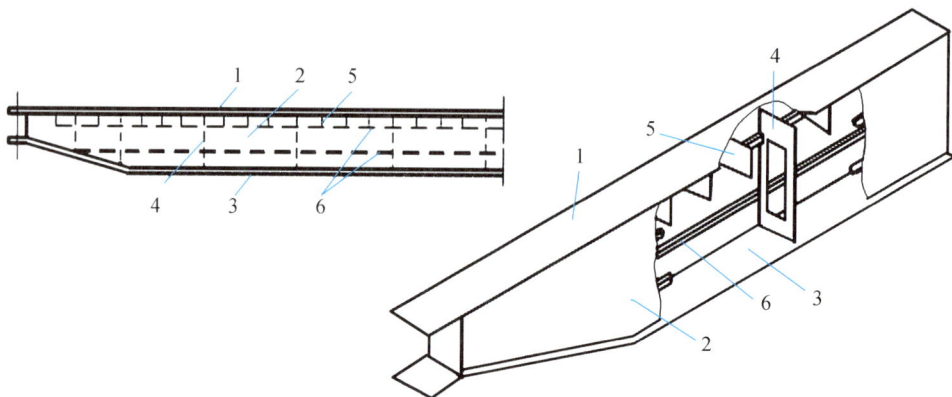

1—上盖板；2—腹板；3—下盖板；4—隔板；5—加强肋板；6—纵向加肋角钢。

图 1-27　箱形主梁结构

一般在上盖板中央位置铺设小车轨道。为了防止上盖板变形、保证上盖板和腹板的强度和稳定性，在箱形梁内间隔一定位置就焊上隔板和加强肋板，并沿纵向焊上加肋角钢。从受力方面来考虑，箱形主梁腹板的下缘应为抛物线形，但为了加工方便，主梁腹板靠两端的下缘做成斜线段、中部与上缘平行。

箱形桥架两主梁的外侧各焊有一个走台，一个走台上安装大车运行机构，另一个走台上安装电气设备。走台的高低位置取决于大车运行机构，一般要保证减速器的低速轴与端梁上的车轮轴线同心。端梁与主梁一样，断面也是箱形结构，由4片钢板组合焊接而成，端梁两头的下方用于安装角形轴承箱和大车车轮。端梁结构如图1-28所示。

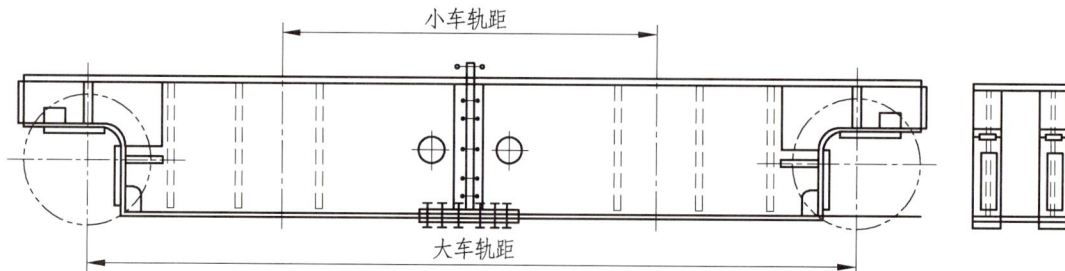

图 1-28　端梁结构

端梁与主梁的连接方式如图1-29所示。图1-29（a）是把箱形主梁的肩部放在端梁上，由焊接的水平连接板 2、3 和垂直连接板 4 将主梁和端梁连接在一起。图 1-29（b）是用箱形主梁上、下盖板的延伸段夹住端梁来连接的，并辅以垂直连接板 4 和角撑板 5 焊接而成。为便于桥架的运输，端梁通常都被分割成两半段，如图 1-28 所示，每半段与一个主梁焊接在一起，运抵使用场所后，再用精制螺栓把它们拼装起来。

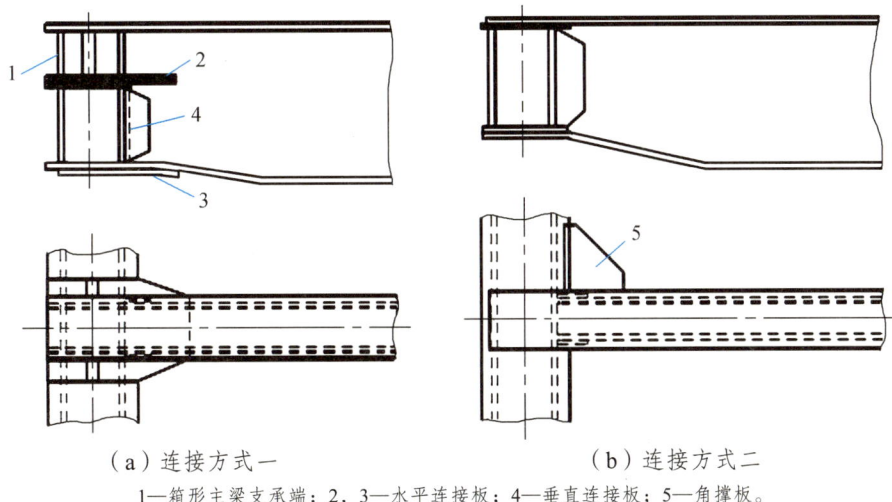

（a）连接方式一   （b）连接方式二

1—箱形主梁支承端；2，3—水平连接板；4—垂直连接板；5—角撑板。

图 1-29　主梁与端梁的连接

（3）空腹桁架桥架。

空腹桁架桥架结构如图 1-30 所示，它的主梁断面如图 1-30（b）所示的剖面 A—A，是钢板焊接组合而成的箱形，组成箱形主梁的 4 个面都可看作是一片桁架。这种桁架是在钢板"腹板"上开了一排带圆角的矩形孔而形成的，与型钢杆件焊成的桁架相比，一排矩形孔上下两边的材料形成了桁架的两个"弦杆"，两矩形孔之间的材料就是"竖杆"，矩形孔中间则无"斜杆"，所以称为无斜杆空腹桁架。每一片桁架的"弦杆"，应当认为是由本片和相邻片钢板上矩形孔边材料组成的"T 形钢"构成的。

为了增强刚性，在空腹桁架桥架的主桁架上的各矩形孔边都焊有板条制成的镶边，如图 1-30（c）所示的 B—B 剖面。

在双梁桥架中，桁架式桥架具有自重小、省钢材、迎风面积小、外形尺寸大的特点，要求厂房建筑高度大。另外，制作桁架相当费工。

箱形桥架外形小，高度尺寸小，由钢板组合而成的箱形梁适合自动焊接，加工方便。在桥架运行机构的布置和车轮的装配方面，箱形结构也有着明显的优势。尽管自重较大，且轮压超过桁架式轮压约 20%，但仍是桥式起重机的主要结构类型。单腹板式桥架的自重和高度介于桁架式和箱形结构之间。空腹桁架桥架的自重比一般箱形和桁架式桥架都轻，刚性也好，且外形美观，有的大起重量起重机上已采用这种结构，这是一种很有发展前景的桥架结构类型。

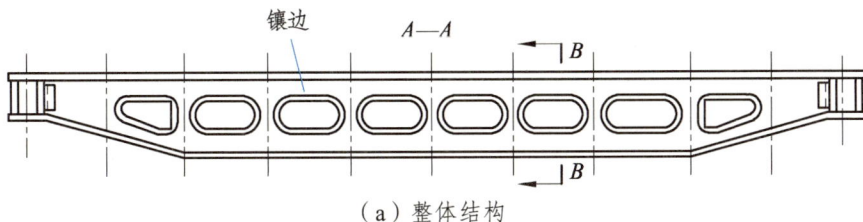

（a）整体结构

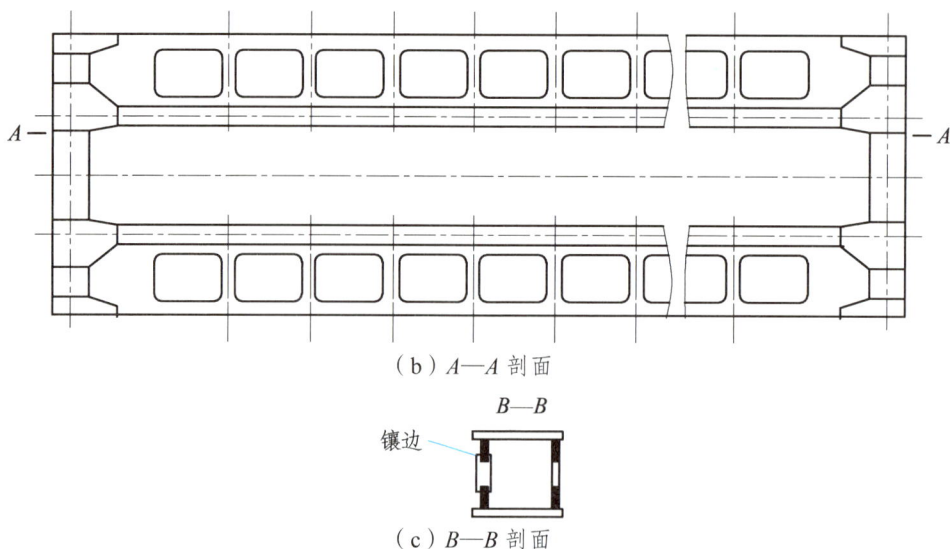

（b）A—A 剖面

B—B

镶边

（c）B—B 剖面

图 1-30　空腹桁架桥架结构

知识点二、门式和装卸桥式起重机的桥架

门式起重机属于桥架型起重机，其主梁的构造及传动机构与桥式起重机基本相同，只是金属结构部分多了两条支腿，该支腿按照结构形式可分为箱形结构和桁架结构。

主梁及支腿为箱形结构（见图 1-20）的门式起重机，制造工艺简单，运输和安装方便、可靠，整体刚性好，但自重较大。

主梁及支腿为桁架结构（见图 1-21）的门式起重机，具有结构自重轻、造价低的特点。但是，它的制造工艺性差，运输不方便，安装困难，整体刚度不好，多用于跨度较大情况及装卸桥。

起重量在 50 t 以下、跨度在 35 m 以下的普通门式起重机，其主梁与两个支腿做成刚性连接。跨度超过 35 m 的门式起重机，为了避免温度影响，以及改善卡轨现象，主梁和支腿的连接方式可采用一个为刚性连接、另一个为柔性连接。

装卸桥的大车是非工作性结构，只在调整工作位置时才开动，因而运行速度较低，一般为 20 ~ 30 m/min。装卸桥的跨度较大，其金属结构部分的主梁与支腿的连接，一边做成刚性，另一边做成柔性的结构。为减轻结构重量，主梁与支腿通常做成桁架结构。

知识点三、大车行走机构

天车的大车行走机构驱动大车的车轮沿轨道运行。大车行走机构由电动机、减速器、传动轴、联轴器、制动器、角型轴承箱和车轮等零部件组成，其车轮通过角型轴承箱固定在桥架的端梁上。大车行走机构分为集中驱动（见图 1-31）和分别驱动（见图 1-32）两种形式。集中驱动由一台电动机通过传动轴驱动两边的主动轮。分别驱动由两台电动机分别驱动两边的主动轮。目前大车因为跨度大，主要采用分别驱动；小车采用集中驱动，也可以采用分别驱动。

集中驱动的运行机构，大多数采用低速轴集中驱动，如图 1-31（a）所示，在跨度中央有电动机与减速器，减速器输出轴分两侧经低速传动轴带动车轮。图 1-31（b）所示为中速轴集中驱动，扭矩较小、直径较细，减小了传动机件的重量，但需采用三个减速器。图 1-31（c）所示为高速轴集中驱动，对传动轴的加工精度要求高、振动大，用得不多。

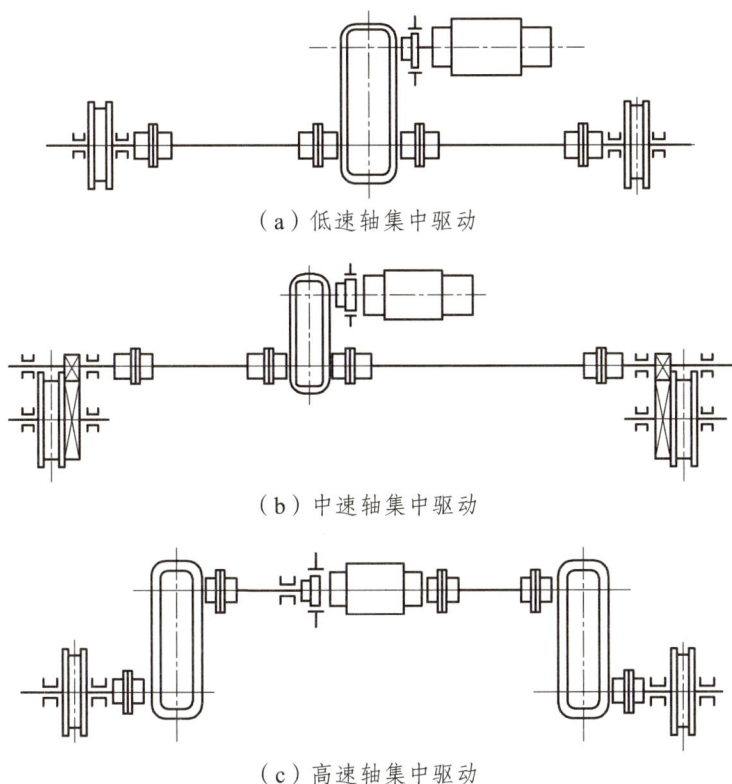

（a）低速轴集中驱动

（b）中速轴集中驱动

（c）高速轴集中驱动

图 1-31　大车集中驱动布置

大车集中驱动布置图

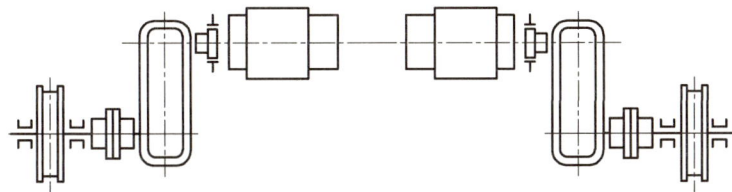

图 1-32　大车分别驱动装置

集中驱动的三类运行机构具有共同的缺点：一是大车传动机构的传动零部件不同程度地对主梁的受载产生不良影响；二是对传动零部件的安装要求高，并且维修困难。由于传动轴安装在主梁侧面的走台上，主梁的变形必然影响各段传动轴的同轴度。这种变形是随着载荷大小、载荷位置的变化而变化的，所以传动轴的安装很难得到满意的结果。

两种传动方式都需要把长传动轴分成若干个短轴段，由于增加了许多轴承支座（如调位轴承），某些轴段变成没有任何外部支承的"浮动轴"。分别驱动方式有时也采用浮动轴，如图 1-33 所示序号 4。

分别驱动方式省去了中间传动轴，减轻了大车运行机构的重量，不会因为主梁的变形而影响运行机构的传动性能。采用分别驱动方式的大车传动机构具有质量小、安装维护方便、安全可靠的特点，甚至在只有一侧电动机运行的情况下仍能短期维持起重机正常工作，因此应用广泛。分别驱动的大车传动机构布置方式如图 1-33 所示，其中图 1-33（a）和（b）采用了浮动轴，图 1-33（c）没有采用浮动轴，结构简单，成本低。传动机构主要包括电机、制动器、联轴器、浮动轴、减速器、车轮等零部件。

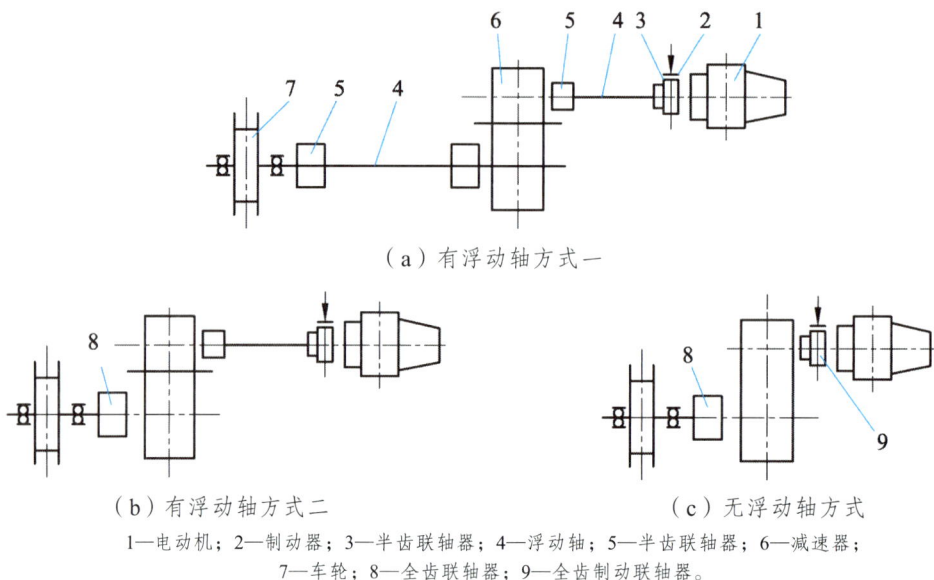

（a）有浮动轴方式一

（b）有浮动轴方式二　　　　　　　　　　（c）无浮动轴方式

1—电动机；2—制动器；3—半齿联轴器；4—浮动轴；5—半齿联轴器；6—减速器；
7—车轮；8—全齿联轴器；9—全齿制动联轴器。

图 1-33　分别驱动的大车传动机构布置方式

浮动轴结构允许径向和角度微量偏移及轴向的微量窜动，而联轴器则采用半齿联轴器或全齿联轴器，这样可降低对传动系统的安装要求。

由于桥架受载变形较大，传动轴的支承采用自定心轴承，各轴端之间的连接采用挠性联轴器，一般采用半齿轮联轴器。分别驱动的运行机构也设计了一段传动轴，两端用两个半齿轮联轴器连接，或采用两个万向联轴器连接。采用联轴器或万向轴连接的运动机构分别如图 1-34 和图 1-35 所示。

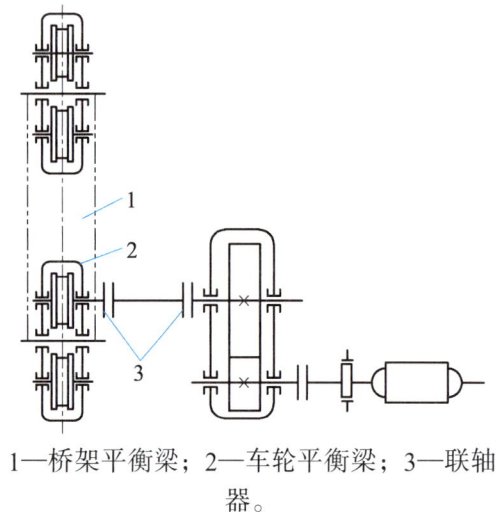

1—桥架平衡梁；2—车轮平衡梁；3—联轴器。

图 1-34　采用联轴器连接的运行机构简图

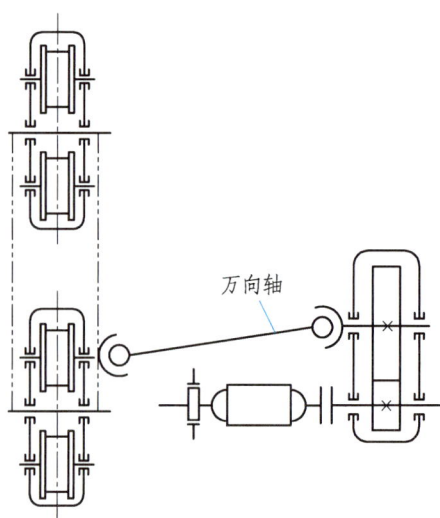

图 1-35　采用万向轴连接的运行机构简图

大起重量桥式起重机和冶金起重机的大车运行机构通常采用两个或四个电动机，各自通过一套传动机构分别驱动。

车轮直径的大小主要根据轮压来确定，轮压大的轮径大。由于受厂房和轨道承载能力的限制，轮压不宜过大，因此采用增加车轮数并使各车轮轮压相等的办法来降低轮压，即采用均衡车架装置。大起重量天车的自重大，起重量也大，为了降低轮压，通常采用8个或更多的车轮结构。桥架通过销轴与车轮组的平衡梁连接，使天车的载荷由桥架均匀地传到车轮上，常用的平衡梁车轮组连接形式如图1-36所示。均衡车架实际上是一个杠杆系统，把安装车轮的车架铰接在起重机机体上，铰接保证了各车轮轮压相等。

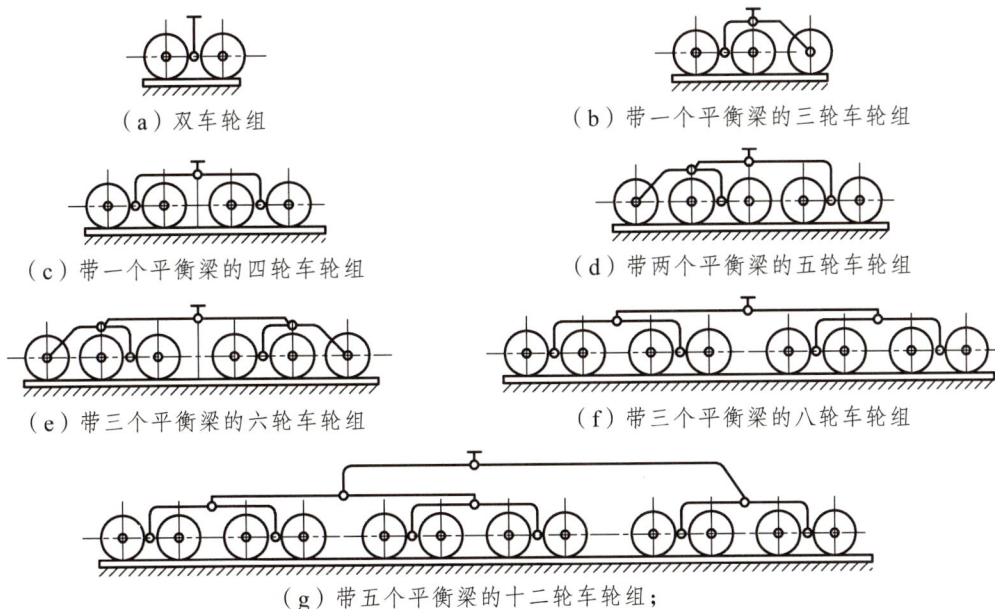

（a）双车轮组　　　　　　　　　　（b）带一个平衡梁的三轮车轮组

（c）带一个平衡梁的四轮车轮组　　　（d）带两个平衡梁的五轮车轮组

（e）带三个平衡梁的六轮车轮组　　　（f）带三个平衡梁的八轮车轮组

（g）带五个平衡梁的十二轮车轮组；

图1-36　带各种平衡梁的车轮组

对于分别驱动，有一种称为"三合一"的驱动装置，将带制动器的电动机与减速器组合在一起，成为一个模块化的单元（见图1-37），目前应用较多。还有的将车轮与这种"三合一"驱动装置组合在一起，形成一个驱动轮箱模块单元（见图1-38），这种驱动装置结构紧凑，便于维护更换。图1-39是把车轮、减速器、制动器、电机集成在一起组成的轮箱模块，维修时可以整体更换，减少停机时间。

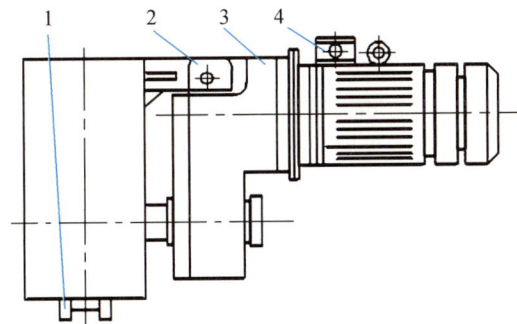

1—车轮；2—连接架；3—减速器；4—带制动器的电动机。

图1-37　"三合一"驱动装置大车传动机构

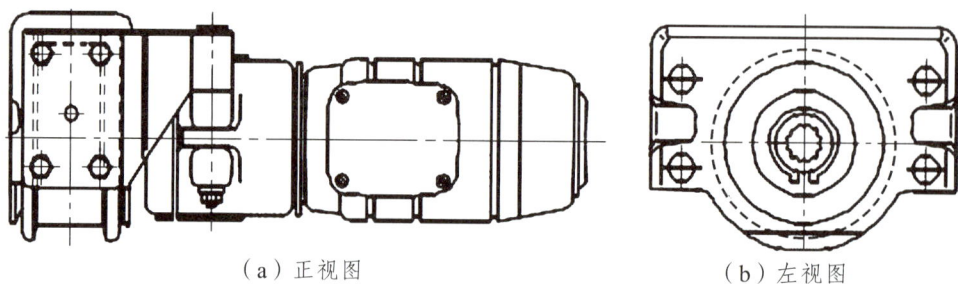

（a）正视图　　　　　　　　　　　（b）左视图

图 1-38　标准轮箱模块

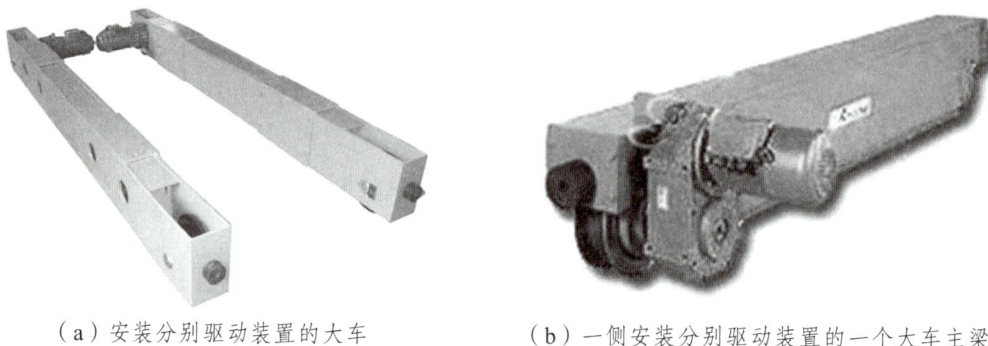

（a）安装分别驱动装置的大车　　　　（b）一侧安装分别驱动装置的一个大车主梁

图 1-39　"三合一"驱动装置案例

知识点四、天车桥架主梁上拱和静挠度

1. 主梁的上拱和下挠

天车主梁是一种弹性结构，在载荷作用下会产生变形，当载荷卸下后变形会消失，主梁又可以恢复原始状态。为了防止小车产生爬坡现象，增加运行阻力和引起结构振动，上拱可以补偿和消除主梁的下挠变形，一般当主梁跨度大于 13.5 m 时，就会将主梁制成上拱形，从主梁上表面水平线至跨度中点上拱曲线的距离就称作上拱度。天车主梁的上拱度可以减少主梁在带载荷时向下的变形值，使小车轨道的倾斜度最小，从而减少小车运行时的阻力，避免小车出现爬坡或溜车现象，从而改善小车的运行性能。上拱度可以增强主梁的承载能力，使主梁的受力状况得到改善。对于大车运行机构为集中驱动的桥式起重机，由于上拱度能抵消桥架向下变形的影响，可以改善天车的运行性能。

在起重机运行机构组装完成以后，跨中上拱应为（$0.9 \sim 1.4$）$S/1\,000$，且最大上拱应控制在梁的跨度中间部位 $S/10$ 范围内（S 为起重机跨度），即上拱必须位于主梁的中间部位或附近。

天车使用一段时间后，主梁的上拱度逐渐减小。随着使用时间的增加，主梁就会由上拱慢慢地过渡到下挠。所谓下挠，就是主梁的向下弯曲程度。一般来讲，主梁产生下挠就需要修复。要求起升额定载荷时，在跨中主梁的垂直静挠度应满足：对于 A1 ~ A3 级，不大于 $S/700$；对于 A4 ~ A6 级，不大于 $S/800$；对于 A7 级，不大于 $S/1\,000$。

主梁产生下挠的原因有以下三个方面的内容：

（1）制造时下料不准、焊接不当。

按规定腹板下料时的形状应与主梁的拱度要求一致。不能把腹板下成直料，然后靠烘烤或焊接来使主梁产生上拱形状。这种工艺加工方法虽然简单，但在实际应用中会很快使上拱消失而产生下挠。

（2）维修和使用不合理。

一般主梁上面不允许气焊和气割，但有时为了更换小车轨道等需要大面积地使用气焊和气割，这对主梁影响很大。另一方面不按照技术操作规定进行违章操作，如随意改变天车的工作类型、拉拽重物及拔地脚螺钉、超负荷使用等都将造成主梁下挠。

（3）高温的影响。

天车的设计参数是以常温条件下的参数为基准，因此经常在高温环境下使用天车会降低金属材料的屈服点和产生温度应力，从而增加主梁下挠的可能性。

2. 主梁下挠对天车使用性能的影响

主梁下挠对天车使用性能的影响主要体现在以下三个方面：

（1）对大车的影响。

主梁下挠将使大车运行机构的传动轴支架随结构一起下移，传动轴的同轴度、齿轮联轴器的连接状况变坏，阻力增大，严重时会发生切轴现象。

（2）对小车运行的影响。

主梁下挠会造成小车起动、运行、制动不灵的后果。小车由两端往中间运行时会产生下滑现象，再由中间往两端运行时又会产生爬坡现象。小车不能准确地停在轨道的任一位置上，会导致装配、浇注等要求准确而重要的工作无法进行。

（3）对金属结构的影响。

主梁产生严重下挠即已永久变形时，箱形的主梁下盖板和腹板下缘的拉应力已达到屈服点，有的甚至会在下盖板和腹板上出现裂纹。这时如果继续频繁工作，将使变形越来越大，疲劳裂纹逐步发展扩大，导致主梁被破坏。

3. 主梁下挠的修复

主梁下挠的修复方法包括火焰矫正法、预应力法和电焊法三种。

（1）火焰矫正法。

火焰矫正法是对金属的变形部位进行加热，利用金属加热后所具有的压缩塑性变形性质，达到矫正金属变形的目的。

火焰矫正法的特点是灵活性很强，可以矫正桥架结构等各种各样的复杂变形。缺点是需要把天车落到地面上，或立桅杆才能修理，所以修复工期较长。

（2）预应力法。

预应力法是在两端焊上两个支承座，穿上拉肋，然后旋转拉肋上的螺母，使拉肋受拉导致主梁产生上拱。此方法简单易行，上拱量容易检查、测量和控制。缺点是应用范围有局限性，较复杂的桥架变形不易矫正。

（3）电焊法。

电焊法是采用多台电焊机，利用大电流在两根主梁下部从两侧往中间焊接槽钢或角钢，利用加热、冷却的原理迫使主梁上拱。电焊法的特点是对焊接工艺要求比较严格，焊接电流和焊接速度要基本一致，不容易保证修理质量，焊接过程中也不容易及时测量，所以这种方法不常用。

知识点五、大车的检修

1. 啃 轨

对于有轮缘的车轮，当起重机走斜时，常会发生轮缘与轨道的强烈摩擦和严重磨损，这种现象称为啃轨或啃道。有时为了避免啃轨磨损、减少运行阻力而采用无轮缘车轮，但无轮缘车轮只在保证不脱轨的情况下才能使用，如在转盘式起重机的支承轮装置中，在有水平导向滚轮或中心轴旋转时才采用。

啃轨原因及处理方法主要包括以下内容：

（1）两个主动轮轮径不一致，误差过大。

这种情况需要车、磨工艺来修正主动轮的轮径或成对更换新的车轮。

（2）桥架金属结构变形，需要检修矫正。

桥架金属结构变形的校正方法主要包括预应力校正法和火焰校正法。

① 预应力矫正法。

预应力是指构件在工作之前引进的应力。产生预应力的预紧力应使结构工作之前获得与由外载产生的下挠度方向相反的上挠度，用以抵消一部分或全部下挠。

如图 1-40 所示，用预应力矫正法处理桥式起重机的具体做法是在主梁下部焊上支座，利用张拉螺母固定预应力钢筋，对钢筋的张拉造成预紧力，使主梁上拱。预紧力在主梁中产生的预应力正好与外载产生的应力相反，即起重机在原来工作时产生拉应力的区域（主梁中性层以下）先受到压应力，这个压应力将抵消外载产生的一部分或全部拉应力。原产生压应力的区域（中性层以上）受到拉应力，这个拉应力将抵消外载产生的一部分或全部压应力。主梁下部装设了预应力钢筋，等效于主梁增加断面积，因此提高了主梁的承载能力。

（a）预应力布置　　　　　　　　　　　（b）预应力施力位置和方向

1—主梁；2—中性线；3—支座；4—预应力钢筋；5—张拉螺母；P—预紧力。

图 1-40　预应力矫正法示意

② 火焰校正法。

在主梁中性层的下部选择若干加热区，用火焰（常用氧乙炔焰）加热至 800 ℃以上（此时低碳钢的屈服极限接近于 0）。由于加热区在加热时受到周围金属的限制，不能自由膨胀而被塑性压缩，这些热塑性变形区在随后的冷却过程中收缩，从而迫使主梁恢复上拱。

火焰校正的具体做法主要包括：

a. 检查测量下挠。为了制订矫正的工艺方案，必须测量主梁的下挠。为了全面恢复，还应检查主梁的旁弯、腹板波浪、两根小车轨道的平行性等。

b. 顶起主梁。使车轮脱离大车轨道约 20 mm。

c. 火焰矫正。加热部位必须在主梁中性层下部，因为加热区在冷却后存在较大的残余应力，加热区应避免在主梁受弯曲大的中部。如果主梁下挠均匀平滑，可对称于跨中布置加热区。如果主梁下挠变形不规则，可在下挠变形突出部分多布置几个局部小加热区。加热区的数量一般为 4~12。Q235A 钢加热温度一般为 700~800 ℃。火焰矫正的加热次序如图 1-41（a）所示。

d. 槽钢或钢板加固。用火焰加热恢复的上挠度，由于残余应力逐渐消失，上挠度也逐渐消失，所以必须采取措施防止下挠产生，其办法是将槽钢或钢板焊在下盖板上。火焰矫正采用槽钢或钢板加固示意如图 1-41（b）所示。

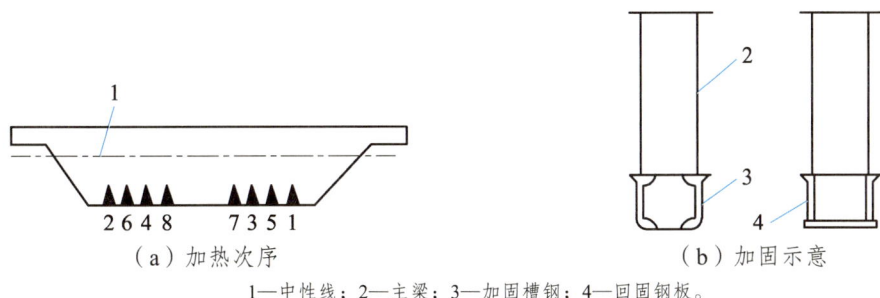

（a）加热次序　　　　　　　　（b）加固示意

1—中性线；2—主梁；3—加固槽钢；4—回固钢板。

图 1-41　火焰矫正电焊加固法

（3）轨道安装误差过大。

轨道安装误差过大时需要重新调整轨道，使其跨度、直线性、标高等均符合技术标准要求。

（4）轨道顶面有油污或冰霜。

轨道顶面有油污或冰霜时需要清除油污或冰霜。

2. 通用零部件的检修

（1）检修。

减速器是起重机关键部件之一。减速器经常性检查项目包括减速器各部位的螺栓是否松动，箱体内润滑油是否在油标或油针规定值范围内，空载时减速器运转是否正常，减速器是否有严重的渗漏油现象等。定期检查要根据使用情况确定检查周期，检查项目包括减速器中齿轮、轴的磨损情况，齿轮的啮合情况，轴承的润滑情况，润滑油的质量等。减速器除经常性检查外，还要定期润滑。减速器常见故障现象、产生原因及解决方法主要包括：

① 渗漏油。

减速器上下箱体的连接螺栓以及放油塞、视油盖的螺栓没有拧紧，通盖、闷盖与箱体连接处的密封件失效等，均可能造成渗漏油现象。如果装油量过多或箱体发生变形，也可能造成渗漏油现象。改善或解决渗漏现象的措施主要包括：

a. 拧紧各部位连接螺栓，更换失效的密封件。

b. 放油使装油量达到油标或油针的规定值。

c. 重新涂抹密封胶。消除上下箱的开合面失效的密封胶（用醋酸乙酯和汽油各 50% 溶液或丙酮、酒精清洗），再按要求均匀地涂抹密封胶，3~5 min 后合箱（对于非干性黏合型密封胶，可延长时间），把合各处螺栓，等 24 h 后拧紧螺栓即可投入使用。

d. 若箱体变形严重、接合面缝隙较大，只能采用油脂润滑。润滑前，将零部件用汽油洗干净并干燥后，再涂抹油脂。也可以根据实际情况选用别的方法解决渗漏油现象，但前提是必须保证减速器正常工作。

② 箱体振动。

减速器产生振动的原因很多，通常是由于螺栓未紧固，主动轴、被动轴与被连接部件（如电动机、卷筒、车轮等）轴心线不同心造成的，应及时检查调整。对于行星齿轮传动，应检查行星轮、行星架等是否有变形或不平衡现象，安装减速器的底座和支架是否刚度不够或存在松动现象，应设法消除。拧紧螺栓，在底座或支架上增加挡铁。

③ 噪声及撞击声。

减速器产生噪声及撞击声，主要取决于加工精度和装配精度。减速器在装配后加油空运转跑合时，可作如下观察和判断：

a. 断续而清脆的撞击声，主要是某个齿上存在严重的损伤或黏着物，需要在查找出原因后去掉黏着物或用细锉、油石打磨掉损伤部位。

b. 断续的嘶哑声，主要是缺少润滑油，装入润滑油即可消除。

c. 尖哨声和冲击声，主要是轴承内滚珠出现斑点或研沟掉皮，若冲击声很大，则需要更换轴承。

d. 噪声很响但均匀，主要是齿轮的齿尖哨齿根，一般将齿尖角用细锉倒钝即可。

e. 出现不均匀的噪声，主要是一对啮合齿轮的齿斜角超差或轴心线歪斜。这种故障不容易修复，需要更换齿轮。当圆锥滚子轴承的锥面未顶紧时，也会出现不均匀噪声，只需要将调整螺丝顶紧后即可。

f. 齿轮啮合时，接触带一定要在齿节圆附近。啮合虽然没有达到规定的接触长度或高度，但在节圆附近已形成一条或两条以上的均匀接触线，带负载跑合后会逐渐达到规定的接触精度。

④ 发热。

减速箱体发热（特别在轴承处），如果温升超过环境温度 40 ℃或者减速箱体绝对值超过 80 ℃时应停止使用，检查轴承是否损坏，齿轮或轴承是否缺少润滑剂，负载持续时间是否太长，旋转是否存在卡住情况。

也有可能是因为圆锥滚子轴承的调整螺钉扭得太紧造成锥面间没有游隙，圆锥滚子轴承减速器的端盖上设有调整螺钉，在安装和使用过程中应注意调整。调整方法是先把调整螺钉拧紧，再往回旋转，旋转角度应根据螺纹螺距而定，螺距为 2 mm 时可回旋 30°，螺距为 1 mm 时可回旋 60°，使调整螺钉在轴上移动 0.1～0.2 mm 为宜，调整好后再用止动垫片固定好。

⑤ 轮齿断裂。

轮齿断裂有两种形式。一种形式是强度破坏，即由于短时过载，使齿根部位危险断面的应力达到强度限值而折断。另一种形式是轮齿的弯曲疲劳断裂，即由于轮齿受到多次反复弯曲，最高应力点的应力超过疲劳限值，先在齿根部产生的裂纹逐渐发展直到断裂。对前一种断裂形式要防止齿轮淬火过硬或突然过载，对后一种断裂形式应经常检查齿根部是否出现裂纹，发现裂纹及时更换。

⑥ 齿面磨损。

齿面磨损有两种形式。一种形式是跑合磨损，每对新齿轮啮合时，较硬齿面的粗糙度大于油膜厚度，对较软的齿面具有切削刃的作用，在跑合过程中齿面逐渐平滑，相应的磨损也逐渐减小，因此这种磨损形式的解决方法就是降低较硬齿轮齿面的加工粗糙度值，以减少对较软齿的磨损。另一种形式是磨料磨损，是由于润滑油脂中含有磨料性质的杂质（如细砂、金属屑等），在组装时零件清洗不干净带进脏物，在箱体内锉齿时掉进了铁屑，跑合时磨损，点蚀时带来的机械杂质等，因此这种磨损形式的解决方法就是及时清理，否则磨损将迅速发展。

⑦ 齿面点蚀。

齿面点蚀是指齿面上出现麻点，这是一种常见的损坏现象。这种损坏分为局限性点蚀和发展性点蚀。局限性点蚀是指由于齿面局部不平，凸起部分接触应力集中，引起初期斑，随着齿轮跑合，点蚀并不增加，有时会逐步消失。发展性点蚀是指由于齿面硬脆，在承受反复过大接触应力作用的过程中，齿面发生疲劳裂纹，润滑油浸入其中，受力后裂纹中产生巨大的液压力，迫使裂纹扩大，最后形成碎片剥落，点蚀越来越大。发展性点蚀常发生在淬硬的脆性材料制成的齿面上，与淬硬层的深度有关，所以配制齿轮时对所用的材料和热处理要求应符合图样的规定。当点蚀的面积超过齿面工作面的30%以及点蚀深度超过齿厚的10%时，应更换齿轮。

⑧ 齿面胶合。

齿面胶合是指啮合的一对齿轮，齿面间产生了相互黏着的现象。产生的原因是齿面压力很大，润滑油不能形成连续油膜或缺少润滑油，使两啮合齿齿面金属直接接触，产生摩擦发热，迫使较软齿面材料黏附在另一个齿面上，有时因锥形轴承未顶紧、轴向串动过大等因素也会造成齿面局部接触产生胶合。一旦产生这种现象，如不能及时发现并采取措施修理刚出现的胶合齿面，就会造成迅速损坏，有的齿轮只工作几小时就达到报废的程度。因此，在使用减速器的过程中一定要按要求进行润滑和调整，已胶合的齿轮要报废。

⑨ 齿面塑性变形。

在低速重载的情况下，齿面局部接触应力过大，迫使低硬度的齿轮齿面上出现凸凹现象。解决此类问题的办法是及时锉平凸起部分，并改用高黏度的润滑油。重新更换新齿轮时，适当提高齿面硬度。

减速器中齿轮的润滑通常采用稀油，新减速器在使用初期每2～3个月更换一次润滑油，以后视情况每半年或一年更换一次润滑油。换油前必须用煤油清洗全部零部件，去掉箱体内杂质。加油量按油标或油针规定值确定，过多的润滑油易于引起渗漏。

润滑效果直接影响各机构的正常运转，对延长机器使用寿命和安全生产有着重要影响。因此，维修人员必须认真检查润滑情况，按规定及时补充和更换润滑油脂。

（2）轴承检修。

① 滚动轴承的故障诊断。

滚动轴承的故障现象一般表现：轴承安装部位温度过高；轴承运转中有噪声。

a. 轴承安装部位温度过高。

在机构运转时，轴承安装部位允许有一定的温度。当用手抚摸机构外壳时，感觉不烫手表明轴承温度正常，反之则表明轴承温度过高。

轴承温度过高的原因包括：缺油，润滑油质量不符合要求或变质，润滑油黏度过高；轴承装配过紧；轴承座圈在轴上或壳内转动；负荷过大；轴承保持架或滚动体碎裂等。采用润滑脂润滑的滚动轴承，充油量不应太满，只需充到满油量的1/3～1/2即可，否则高速运转时可能引起过热。

b. 轴承噪声。

滚动轴承在工作中允许有轻微的运转响声，如果响声过大或有不正常的噪声或撞击声，则表明轴承有故障。

滚动轴承产生噪声的原因比较复杂，其一是轴承内、外圈配合表面磨损，这种磨损容易破坏轴承与壳体、轴承与轴的配合关系，导致轴线偏离正确位置，导致轴承在高速运动过程中产生异响。当轴承疲劳时，其表面金属剥落，也会导致轴承径向间隙增大，产生异响。此外，轴承润滑不足形成的干摩擦，以及轴承破碎等都会产生异常声响。轴承磨损松垮后，保持架松动损坏，也会产生异响。安装的轴向间隙过大也会产生噪声。

② 滚动轴承的损伤诊断。

滚动轴承拆卸检查时，可根据轴承的损伤情况判断轴承的故障及损坏原因。

a. 滚道表面金属剥落。

轴承滚动体和内、外圈滚道工作面上均承受周期性脉动载荷的作用，从而产生周期变化的接触应力。当应力循环次数达到一定数值后，在滚动体或内、外圈滚道工作面上就产生疲劳剥落，即疲劳点蚀。如果轴承的负荷过大，会使这种疲劳加剧。另外，轴承安装不正、轴弯曲，也会产生滚道剥落现象。轴承滚道的疲劳剥落会降低轴承的运转精度，使机构发生振动和噪声的现象。

b. 轴承烧伤。

烧伤的轴承滚道、滚动体上有回火色。轴承烧伤的原因一般是润滑不足、润滑油质量不符合要求或变质以及轴承装配过紧等。

c. 塑性变形。

轴承的滚道与滚子接触面上出现不均匀的凹坑，说明轴承产生塑性变形。发生塑性变形的原因是轴承在很大的静载荷或冲击载荷作用下，工作表面的局部应力超过材料的屈服极限，这种情况一般发生在低速旋转的轴承上。

d. 轴承座圈裂纹。

轴承座圈产生裂纹的原因包括轴承配合过紧，轴承外圈或内圈松动，轴承的包容件变形，安装轴承的表面加工不良等。

f. 保持架碎裂。

保持架碎裂的原因包括润滑不足、滚动体破碎、座圈歪斜等。

g. 保持架的金属黏附在滚动体上。

保持架的金属黏附在滚动体上的原因是滚动体被卡在保持架内或润滑不足。

h. 座圈滚道严重磨损。

座圈滚道严重磨损的原因是座圈内落入异物，润滑油不足或润滑油牌号不合适。滚动轴承故障发生后若不能调整排除，则应更换新轴承。

（3）轴和键的检修。

① 轴的检修。

轴的损坏形式主要包括轴颈磨损、轴的弯曲变形、轴的断裂。

如果不想更换轴，则当轴颈的磨损量小于 0.2 mm 时用镀铬法修复。镀铬层厚度一般为 0.1～0.2 mm，留有 0.03～0.1 mm 的磨削余量以备加工至要求的精度。当轴颈磨损较严重时，可采用振动堆焊的方法，堆焊层厚度一般为 1～1.5 mm，堆焊后再机械加工至要求的精度。

② 键的检修。

键连接的损坏形式一般包括键侧面和键槽侧面磨损，键发生变形或被剪断。

键侧面或键槽侧面磨损使原来的配合变松，传递转矩时产生冲击并加剧磨损。对于键的磨损，由于成本较低一般更换新键，不作修复；对于键槽的磨损，常常采用修整键槽、更换大尺寸键的方法，也可以考虑更换位置加工新键槽、补焊后加工键槽等方法。

动连接的花键轴磨损后，可采用表面镀铬的方法进行修复。

拆卸键时先拆下紧固螺钉。如果不能直接用手取出，则可以用大力钳夹住再取出。如果键上有拆卸螺钉孔，则拧入螺钉把键从键槽顶出。拆卸楔键时，可以利用自制的钩子状杠杆把键撬出来。

（4）联轴器的检修。

联轴器传动机构的损坏形式表现为联轴器孔与轴的配合松动，连接件或连接部位的磨损、变形及连接件的损坏。

刚性联轴器与轴配合松动时，可对轴进行镀铬或刷镀，以增大轴径。松动严重或连接部位磨损严重、变形等，直接更换轴。

对于损坏的连接件，直接更换连接件。

（5）螺纹的检修。

有些贵重零件上的螺纹出现损坏，更换零件的成本较高，可以修复螺纹。

① 螺纹修复的注意事项。

首先要确定螺纹的种类是英制螺纹还是公制螺纹。采用英制螺纹的国家主要包括英国、美国和加拿大，其余国家多采用公制螺纹。管螺纹都是英制螺纹。

其次要分清螺距和牙型角。公制螺纹的螺距用毫米表示，英制螺纹的螺距用每英寸轴向长度有多少扣牙表示。公制紧固螺纹的牙型角为 60°，管螺纹的牙型角为 55°，英制紧固螺纹的牙型角为 60°（美标）。测量螺纹时采用游标卡尺测量螺纹外径或内螺纹内径，用螺纹规测量螺矩、牙型角、螺纹的公称尺寸。螺纹规如图 1-42 所示。

图 1-42　螺纹规

② 外螺纹的修复。

a. 选择规格相同的扳牙，切除外螺纹损坏处多余的金属。

b. 在外螺纹有局部损伤的情况下，可选择与要修复螺纹规格相匹配的螺纹锉刀，手工修复螺纹。注意一套螺纹锉刀包括公制、英制两种规格，一把螺纹锉刀上有 8 种不同螺纹尺寸。

c. 当外螺纹一端经锤击而膨胀，可用三角锉刀修复，再用扳牙套一次。

③ 内螺纹的修复。

a. 当内螺纹部分损坏、磨损不严重时，可用丝锥拧过螺纹孔。

b. 当内螺纹损坏严重时，在螺纹孔处重新钻孔、攻丝，使螺纹直径比原螺纹大，重新配置螺栓。

c. 当内螺纹损坏严重时可以钻去原螺纹，加螺纹镶套，如图 1-43 所示。

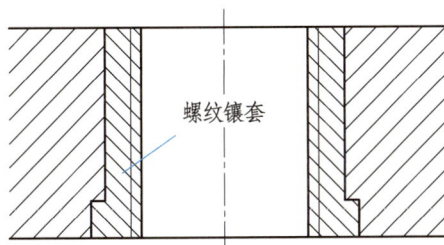

螺纹镶套

图 1-43　螺纹镶套

（6）天车润滑。

天车润滑是保证机器正常运转、延长使用寿命、提高效率及保证安全的重要措施之一，凡是有轴和运动配合的部位以及摩擦的机械部分，都要进行定期润滑。各种天车的工作制度不同，各部位的润滑方式也有所不同，具体的修复流程以天车的设备手册为准，润滑油也应定期更换。

润滑包括分散润滑和集中润滑。中小型天车一般采用分散润滑方式，润滑时用油枪或油杯向各润滑点注油；大型天车一般采用集中润滑方式，润滑时由加油泵通过主油管向各油路送油。

天车润滑点的分布情况主要包括：

① 各齿轮联轴器。

② 各减速机。

③ 各电动机轴承。

④ 各轴承箱、轴承座。

⑤ 制动器上的各个铰接点。

⑥ 长行程制动电磁铁及液压液压制动电磁铁的各活动部位。

⑦ 钢丝绳。

⑧ 固定滑轮轴两端在小车架上部分。

⑨ 电缆卷筒、电缆小车、悬挂式供电装置的轴承。

⑩ 吊钩滑轮轴两端及吊钩螺母下的推力轴承。

⑪ 龙门起重机夹轨器的齿轮、丝杆及铰接点。

⑫ 抓斗上、下滑轮轴，导向轮及各铰接轴孔。

天车润滑时的注意事项主要包括：

① 必须保持润滑材料的清洁。

② 经常检查润滑系统的密封情况。

③ 温度较高的润滑点增加润滑次数，装设隔温或冷却装置。

④ 按具体情况选用适宜的润滑材料，不同牌号的润滑脂不能混合使用。

⑤ 没有注油点的转动部位，应定期用稀释油壶点注转动缝隙。

⑥ 潮湿的地方不宜选用钠基润滑脂，因其吸水性强而易失效。

⑦ 润滑时，必须全车停电。

任务实战

一台天车发生啃轨现象，请分析啃轨的可能原因及处理方法。

_____

_____

_____

_____

任务评价

完成本任务学习后，根据自身学习体会，结合任务评表的内容进行评价。

任务评价表

评价指标	评价标准	分值	自我评价（30%）	小组评价（30%）	教师评价（40%）	单项得分
姓　名		组　别		班　级		
日　期		综合评价等级				
课前预学	课前预习本任务相关知识，查找相关资料	5				
	完成任务引导题目	5				
课堂参与	认真听讲和练习	10				
	积极参与小组讨论，并有详细笔记	10				
课堂互动	积极回答教师问题	5				
	和小组成员有效合作，尊重他人	5				
	小组活动中能围绕主题发表自己的观点	10				
自主探究	独立思考、自主学习，会发现问题	10				
	主动寻求解决问题的方法	10				
	善于观察、分析、思考，能提出创新观点	5				
综合素养	具有一定的安全意识、责任意识、规范意识	5				
	具有吃苦耐劳的精神和严谨认真的学习态度	5				
学习成果	在规定时间内完成本人的分工任务	10				
	完成拓展任务	5				

任务四　小车检修

任务引导

引导问题1：小车由哪几部分组成？

_____

_____

_____

引导问题2：小车起升机构由哪几部分组成？

_____

_____

_____

引导问题3：为什么小车起升机构所采用的制动器为常闭式？

_____

_____

_____

引导问题4：卷筒的传动分为_____传动和_____传动。

引导问题5：小车架用于支承和安装_____机构、小车_____机构。

知识点一、小车总体结构

天车的起重小车由起升机构、小车行走机构、小车架以及安全防护装置等部分组成，起重小车如图 1-44 所示。小车机构的各部件间采用有补偿功能的联轴器（如齿轮联轴器等）联系起来，这样可以补偿转轴中心线的安装误差，便于机构的安装维修。

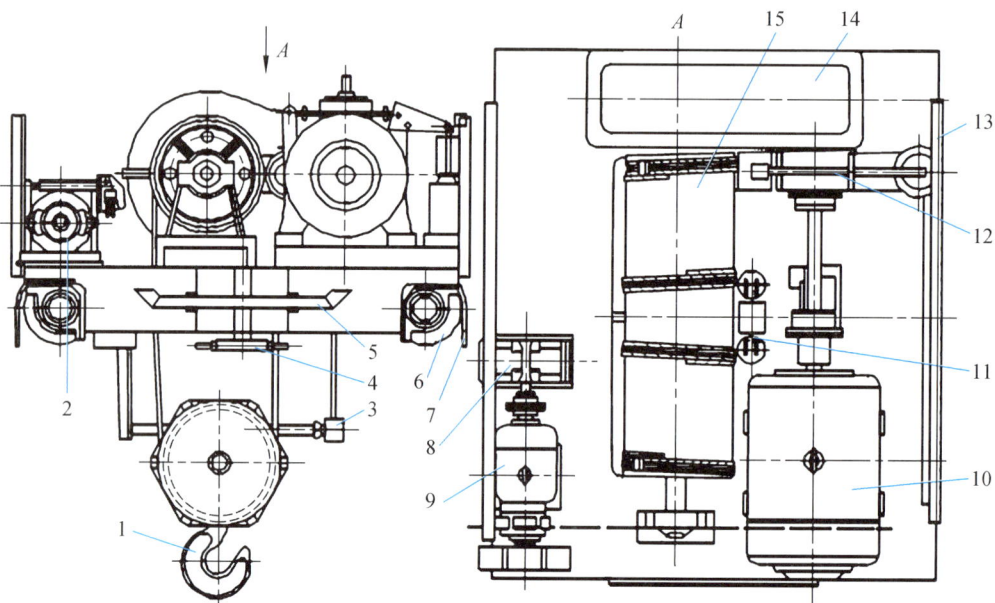

1—吊钩；2、12—制动器；3—起升高度限位装置；4—缓冲器；5—撞尺；6—小车车轮；7—排障板；8—立式减速器；9—小车运行电动机；10—起升电动机；11—平衡滑轮；13—栏杆；14—减速器；15—卷筒。

图 1-44　起重小车

知识点二、小车起升机构

1. 卷筒与减速器的连接

起重小车

小车起升机构主要用于升降货物，是天车中最基本的机构。起升机构主要由驱动装置、传动装置、卷绕装置、取物装置及制动装置等组成。此外，根据需要还可装设各种辅助装置，如限位器、起重量限制器、速度限制器、称量装置等，起升机构的传动简图如图 1-45 所示。电动机通过联轴器与减速器的高速轴相连，减速器的低速轴带动卷筒将钢丝绳卷上或放下，经过吊钩组使吊钩上升或下降。联轴器为齿轮联轴器，通常将齿轮联轴器制成两个半齿轮联轴器，中间用一段轴连接起来，这根轴称为浮动轴或补偿轴。制动器一般为常闭式的，装有电磁铁或电动推杆作为自动的松闸装置与电动机电气联锁。

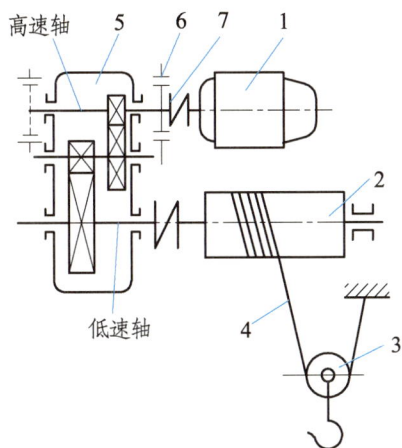

1—电动机；2—卷筒；3—吊钩组；4—钢丝绳；5—减速器；6—制动器；7—联轴器。

图 1-45 起升机构传动简图

图 1-46 所示的卷筒与减速器的连接方式，在中小起重量的桥式起重机中应用较广。卷筒安装在转轴上，卷筒轴一端支承在双列调心球轴承上，另一端与减速器低速轴通过特种联轴器连接，支承在减速器轴的内腔和轴承座中。减速器低速轴伸出端做成扩大的阶梯轴，内孔加工成喇叭孔形状，外部铣有外齿轮。喇叭口作为卷筒轴的支承，装有调心球轴承；齿轮联轴器的一半是一个外齿轮，另一半联轴器是一个内齿圈，与卷筒的左轮毂做成一体。卷筒轴的另一端由一个单独的装有调心球轴承的轴承座支承。这种连接形式结构紧凑，轴向尺寸小。减速器低速轴的转矩是通过齿轮联轴器直接传递给卷筒的，因而卷筒轴只是一个受弯不受扭的转动心轴。圈筒轴的轴径较小，但这种连接形式结构复杂，制造困难，成本高。

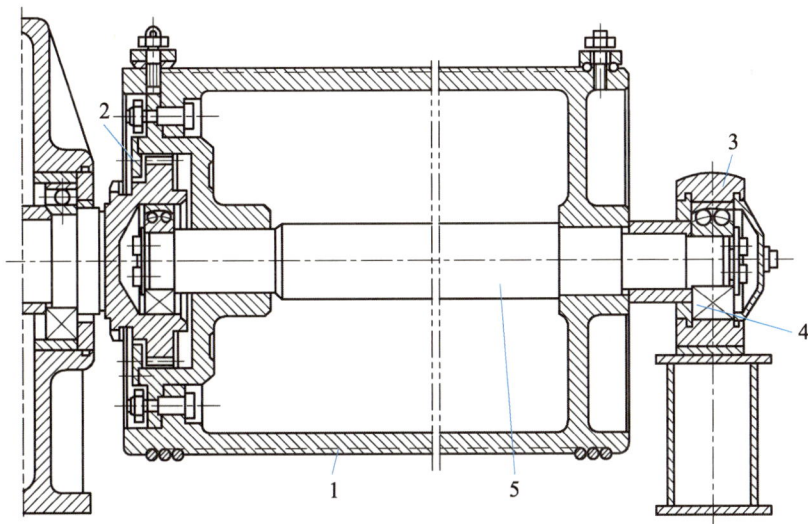

1—卷筒；2—特种联轴器；3—轴承座；4—调心球轴承；5—转轴。

图 1-46 卷筒与减速器的连接

图 1-47 所示卷筒与减速器进行刚性连接，将卷筒直接刚性地装在安减速器轴上。为了消除小车架受载变形的影响，减速器被支承在铰轴上。卷筒的轴承采用自定心轴承，允许轴向游动。这种结构简单，维修方便，具有自动调整减速器低速轴与卷筒同心的作用。

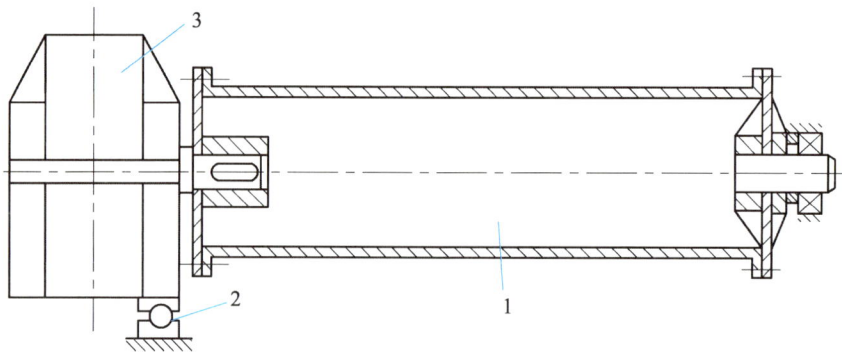

1—卷筒；2—铰轴；3—减速器。

图 1-47　卷筒与减速器的刚性连接

在起重量超过 16 t 的天车上，通常设有主、副两套起升机构。主起升机构的起重量大，副起升机构的起重量小，但速度较主起升机构快。副起升机构主要用来起吊较轻的货物或作辅助性工作，从而提高工作效率。主、副钩的起升机构简图如图 1-48 所示。

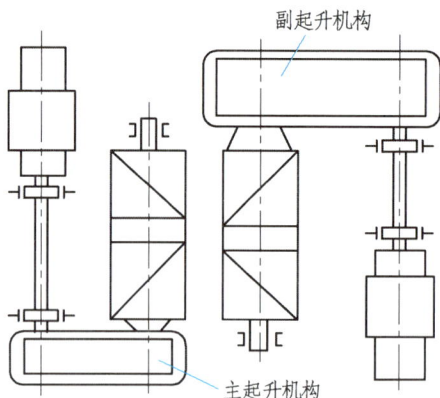

图 1-48　主、副钩的起升机构简图

主、副钩的起升机构简图

2. 卷筒的传动方式

根据传动齿轮是否密闭在齿轮箱内，卷筒的传动分为开式传动和闭式传动。闭式传动是在电动机与卷筒之间只有"闭式"减速器的传动。闭式传动的齿轮完全密封于减速箱内，在油浴中工作，润滑及防尘性能良好，齿轮使用寿命长，在桥式起重机中广泛应用。起升机构中常用的是卧式二级圆柱斜齿减速器。采用闭式传动的起升机构如图 1-49 所示，其中图 1-49（a）、（b）中的电动机与减速器之间采用带制动轮的弹性柱销联轴器、梅花形弹性联轴器或全齿联轴器相连以补偿安装误差；图 1-49（c）中电动机与减速器之间采用一段浮动轴来补偿安装误差，浮动轴的一端装有半齿联轴器，另一端装有带制动轮的半齿联轴器。浮动轴的长度不可太短，一般不小于 500 mm，否则对安装误差的补偿作用不大。电机通过联轴器带动减速器输入轴，减速器输出轴带动卷筒旋转。

从安全角度考虑，带制动轮的半齿联轴器不应安装在靠近电动机的一头，而应安装在靠近减速器高速轴的一头。这样，即使浮动轴被扭断，制动器仍能制动住卷筒，保证了安全。有的起升机构把制动轮装在减速器高速轴的外侧，如图 1-49（c）中的序号 11，效果是一样的。减速器和卷筒的连接形式有多种，图 1-49（a）采用一个全齿联轴器来连接的，该类连接形式结构简单，但在减速器、卷筒之间安装了联轴器和轴承座，使机构所占位置较大，自重也有所增加。

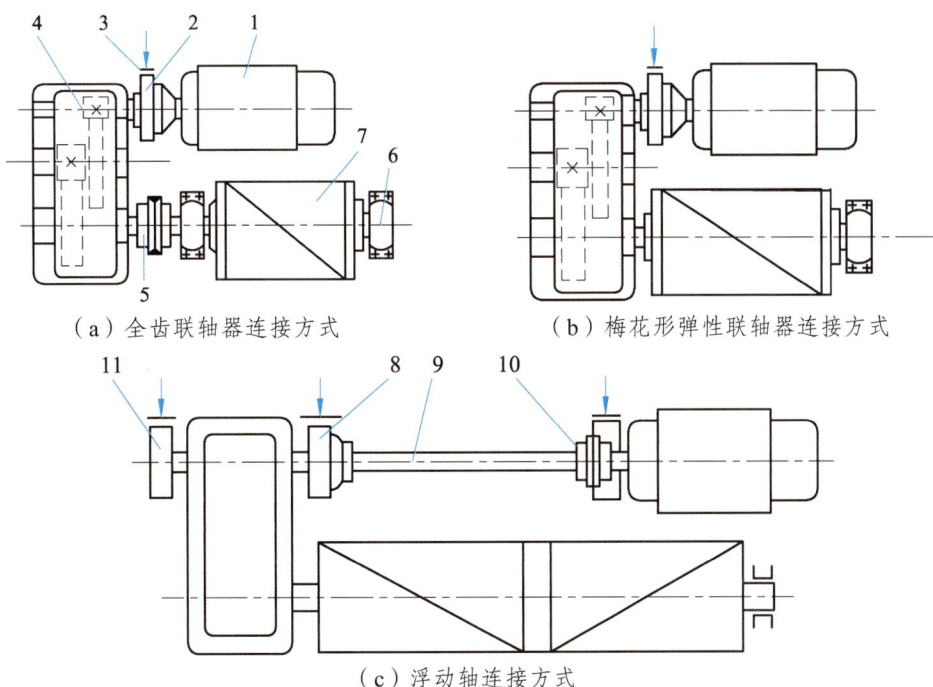

（a）全齿联轴器连接方式　　　　　　　　（b）梅花形弹性联轴器连接方式

（c）浮动轴连接方式

1—电动机；2—带制动轮的弹性柱销联轴器或全齿联轴器；3—制动器；4—减速器；5—全齿联轴器；6—轴承座；7—卷
筒；8—带制动轮的半齿联轴器；9—中间浮动轴；10—半齿联轴器；11—制动轮。

图 1-49　采用闭式传动的起升机构

　　在大起重量的起重机上，由于要求起升速度较小，减速器必须有较大的传动比，这就需要使用笨重的多级减速器。为了减轻起升机构自重，把靠近卷筒的最后一级减速齿轮从减速器中移出，形成了如图 1-50 所示的既有减速器又有开式齿轮传动的起升机构。

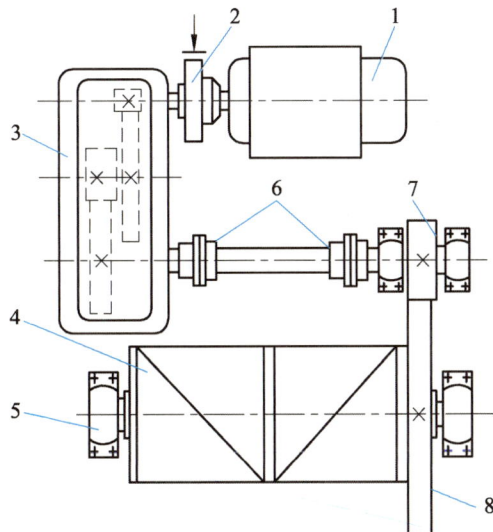

1—电动机；2—带制动轮的弹性柱销或全齿联轴器；3—减速器；4—卷筒；5—轴承；
6—带中间浮动轴的半齿联轴器；7、8—开式齿轮。

图 1-50　具有开式齿轮传动的起升机构

无论闭式传动还是开式传动，起升机构所用的制动器应当是常闭式的，即断电时制动器合闸，通电时制动器松闸。制动器一般安装在减速器高速轴上，这是因为高速轴的转矩小，可选用尺寸和质量都较小的制动器。为了安全起见，铸造、化工等行业吊运液体金属或易燃易爆物品的起重机，应在起升机构上安装两套制动装置。

知识点三、小车行走机构

1. 行走传动机构

起升机构是安装在小车上的，而吊运重物的横向运动是由小车的行走机构来实现的。小车行走机构包括驱动、传动、支承和制动等装置。小车的四个车轮（其中半数是主动车轮）固定在小车架的四角，车轮一般是带有角形轴承箱的成组部件。行走机构的电动机安装在小车架的台面上，由于电动机轴和车轮轴不在同一水平面内，所以使用立式三级圆柱齿轮减速器。

小车运行机构传动如图 1-51 所示，制动器安装在小车架上面，减速器采用立式结构，通过减速器把小车架上面的动力传递给小车架下面的主动车轮。减速器低速轴有两个轴伸，可以对称地通过半齿联轴器及浮动轴与车轮轴相连，如图 1-51（a）所示。也可以不对称地用一个全齿联轴器与一边车轮轴连接，而另一边车轮轴则用一个半齿联轴器和一段浮动轴来连接，如图 1-51（b）所示。

小车运行机构传动简图

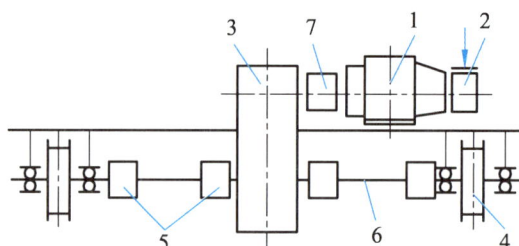

（a）小车常用运行机构

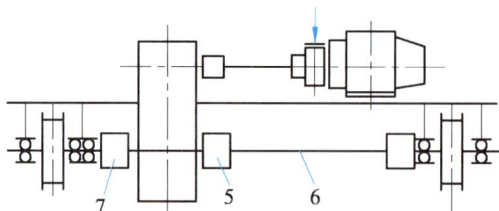

（b）调整制动器位置后的小车运行机构

1—电动机；2—制动器；3—立式减速器；4—车轮；5—半齿联轴器；6—浮动轴；7—全齿联轴器。

图 1-51　小车运行机构传动简图

图 1-51（a）和（b）的另一不同之处是电动机与减速器的连接。与图 1-51（a）的直接连接不同，图 1-51（b）则在中间加了一段浮动轴，对安装误差及小车架变形的补偿作用较大。另外，这段高速浮动轴在小车运行机构制动时还能起一定的缓冲作用，吸收部分能量。因为浮动轴的这个作用，小车运行机构的制动器多安装在靠近电动机输出轴端的半齿联轴器上。

为补偿图 1-51（a）这种连接形式的安装误差，电动机与减速器之间可采用带制动轮的全齿联轴器、弹性柱销联轴器或尼龙柱销联轴器。若联轴器不带制动轮，则可如图 1-51（a）所示把制动轮安装在电动机的另一轴伸上。

在小车运行机构中使用液压推动器操纵的制动器，可能使制动平稳。考虑到制动时利用高速浮动轴的弹性变形能起缓冲作用，图 1-51（b）中将制动器装在靠近电动机轴一边的制动轮半齿轮联轴器上。

起重量大于 100 t 的天车上的小车，通常装有均衡车架以降低轮压。在起重小车的每个支点上装有两个或两个以上的车轮，这些车轮装在一个或一个以上的均衡车架上，均衡车架与小车架铰接，使车轮轮压接近均匀。

小车运行机构广泛采用电机、制动器、减速器结合在一起的"三合一"驱动装置。这种装置结构紧凑，成组性好，可以成组维修更换。

为了防止脱轨，现在一般使用的小车车轮采用单轮缘车轮，并且轮缘朝外安装，这种车轮安全可靠，还减少了加工量。

2. 小车架

小车架用于支承和安装起升机构、小车运行机构，还要承载全部的起重量。小车架必须有足够的强度和刚度，但又要求它自重小，以降低小车轮压和桥架的受载。

小车架一般采用型钢和钢板的焊接结构。小车架由两根顺着小车轨道方向的纵梁和两根或多根与纵梁垂直的横梁以及铺焊在它们之上的台面钢板组成，如图 1-52 所示。常见的纵梁、横梁多为箱形，通过焊接构成一个刚性的整体。纵梁的两端下部留有安装角型轴承箱的直角形悬臂。

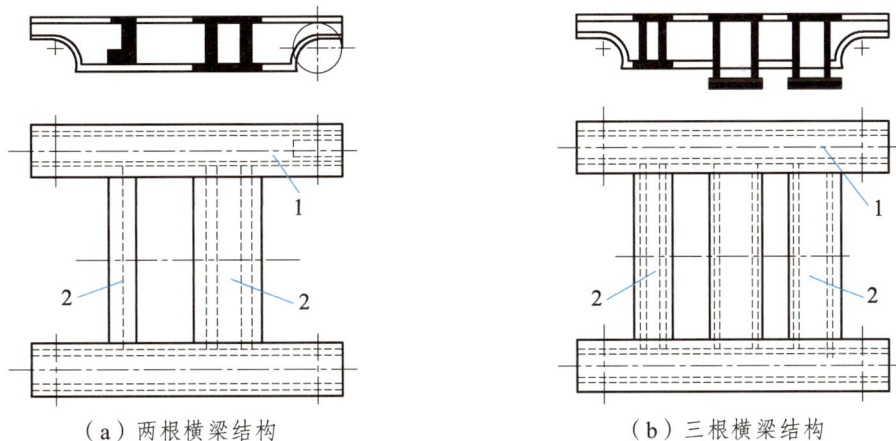

（a）两根横梁结构　　　　　　　　　（b）三根横梁结构

1—纵梁；2—横梁。

图 1-52　小车架

小车台面上安装着电动机、减速器、卷筒、轴承座、制动器等。为了方便安装时对中，在台面焊接了必要的垫板。台面上还留有让钢丝绳通过的矩形槽。

小车架上受集中力最大的位置是安装定滑轮的部位。定滑轮支座可放在小车台面上，也可焊在小车架台面下边。

小车架

知识点四、小车检修

天车小车有时发生行走不平和打滑的现象。小车行走不平，俗称"三条腿"，即一个车轮悬空或轮压很小，使小车运行时车体振动。

1. 小车行走不平的原因

（1）小车自身的问题。

① 小车的四个车轮中有一个车轮直径过小，造成小车行走不平。

② 小车架自身的形状不符合技术要求或因使用时间长小车变形，造成小车行走不平。

③ 车轮的安装位置不符合技术要求。

④ 小车车体对角线上两个车轮的直径误差过大，使小车运行时"三条腿"行走。

（2）轨道的问题。

① 小车运行的轨道不平，局部有凹陷或波浪形。当小车运行到凹陷或波浪形（低处）时，小车车轮便有一个悬空或轮压很小，从而出现了小车"三条腿"行走的现象。

② 小车轨道接头处有偏差。轨道接头的上下、左右偏差不得超过 1 mm，如果超出所规定的范围，也会造成小车行走不平。

（3）小车与轨道都有问题。

如果小车和小车轨道都存在导致小车行走不平的因素，那么小车行走就会更加不平。

2. 小车车轮打滑的原因

（1）轨道上有油污或冰霜，小车车轮接触到油污和冰霜时就会打滑。

（2）同一截面内两轨道的标高差过大或车轮出现椭圆现象，都会使车轮打滑。

（3）小车起动过猛也可能造成车轮打滑。

（4）轮压不等也可能造成车轮打滑。

① 当某一主动轮与轨道之间有间隙，在起动时一轮已前进，而另一轮则在原地空转，使小车车轮打滑。这种情况车体极容易产生扭斜。

② 主动轮和轨道之间虽没有间隙，两主动轮的轮压却相差很大，或两主动轮和轨道的接触面相差很大时，在起动的瞬间会造成车轮打滑。

③ 两主动轮的轮压基本相等,但都很小,所以摩擦力也小,这样起动时就会造成车轮打滑。

3. 小车行走不平和打滑的检修

（1）车轮高低不平的检查。

① 全面检查高低不平的车轮。

车轮高低不平时可慢速移动小车，用眼睛观察车轮的滚动面与轨道之间是否有间隙。检查时，用塞尺插入车轮踏面与轨道之间进行测量。

② 局部检查高低不平的车轮。

在有间隙的地方，用塞尺测量车轮踏面与轨道之间间隙的大小。根据间隙大小选用不同厚度的钢板垫在走轮与轨道之间，慢慢移动小车，使同一轨道上的另一车轮压在钢板上。如果移动的走轮与轨道之间无间隙，则说明加垫铁的这段轨道较低；如果有间隙，则说明这段轨道没问题，不用垫高。

（2）轮压不等的检查。

开动小车，当一轮打滑而另一轮不打滑时，很容易判断出打滑一边的轮压较小。当两主动轮同时打滑，很难直接判断出哪一个车轮的轮压小，这时在打滑地段用两根直径相等的铅丝放在轨道表面上，将小车开到铅丝处并压过去，然后取出铅丝用卡尺测量其厚度。铅丝厚度大的说明轮压小，铅丝厚度小的说明轮压大。

另一种检查方法是向一条轨道的打滑地段均匀地撒上细砂子，把小车开到此处，往返几次。如果还在打滑，则说明撒了细砂子的轨道上的主动轮没问题，另外一条轨道上的主动轮轮压小。

（3）车轮不在同一水平线时尽量不维修主动轮，因为两主动轮的轴一般是同心的，移动主动轮就要影响轴的同轴度，给修理带来一些麻烦。以主动轮为基准去移动被动轮。如果主动轮和被动轮不在同一水平线上，可将被动轮的水平键板割掉，调整后再焊上。

对小车不等高的限度做出如下规定：主动轮必须与轨道接触，从动轮允许存在不等高现象，但车轮与轨道的最大间隙值不超过 1 mm，连续长度不允许超过 1 m。

（4）轨道的局部修理主要针对轨道的相对标高和直线性进行修理。

首先确定要修理的地段和缺陷。然后去除轨道上要修理部位的焊缝或采用压板来进行调整和修理。调整时要注意轨道与上盖板之间应采用点焊焊牢。轨道有小部分凹陷时，应在轨道下边加力顶直的办法来恢复平直。在加力顶直过程中，为了防止轨道变形，需要在弯曲部分附近加临时压板压紧后再顶直。轨道在极短的距离内有多处凹陷时，要想调平是很困难的，所以应采用补焊的办法来找平。

任务实战

一台天车使用期间出现小车运动明显变慢甚至不动的现象，经检查发现四个车轮中有一个车轮没有与轨道接触，试分析原因并采取相应的处理措施。

任务评价

完成本任务学习后，根据自身学习体会，结合任务评价表的内容进行评价。

任务评价表

评价指标		姓 名		组 别		班 级			

			评价方式			

姓 名 / 组 别 / 班 级
日 期 / 综合评价等级

评价指标	评 价 标 准	分值	自我评价（30%）	小组评价（30%）	教师评价（40%）	单项得分
课前预学	课前预习本任务相关知识，查找相关资料	5				
	完成任务引导题目	5				
课堂参与	认真听讲和练习	10				
	积极参与小组讨论，并有详细笔记	10				
课堂互动	积极回答教师问题	5				
	和小组成员有效合作，尊重他人	5				
	小组活动中能围绕主题发表自己的观点	10				
自主探究	独立思考、自主学习，会发现问题	10				
	主动寻求解决问题的方法	10				
	善于观察、分析、思考，能提出创新观点	5				
综合素养	具有一定的安全意识、责任意识、规范意识	5				
	具有吃苦耐劳的精神和严谨认真的学习态度	5				
学习成果	在规定时间内完成本人的分工任务	10				
	完成拓展任务	5				

任务五 卷绕装置和吊钩检修

任务引导

引导问题 1：天车滑轮组倍率的含义是什么？

_____

_____

_____

引导问题 2：天车采用滑轮组的目的是什么？

_____

_____

_____

引导问题 3：卷筒使用期间可能出现哪些问题？

_____

_____

引导问题 4：滑轮使用期间一般会出现哪些问题？

_____

_____

引导问题 5：西鲁式钢丝绳有什么结构特点？

_____

_____

引导问题 6：吊钩组分为_____吊钩组、_____吊钩组。

相关知识

知识点一、天车滑轮组和滑轮

1. 滑轮组

桥式起重机起升机构如图 1-53 所示，卷绕装置是其中的一个组成部分。起升物品时，卷筒 1 旋转，通过钢丝绳 2、动滑轮 3 和定滑轮 5，使吊钩 4 竖直上升或下降。

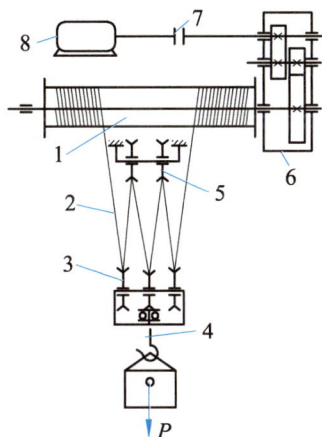

1—卷筒；2—钢丝绳；3—动滑轮；4—吊钩；5—定滑轮；6—减速器；7—联轴器；8—电动机。

图 1-53　桥式起重机起升机构

天车绳索滑轮组是一种用于改变力和速度的滑轮、绳索系统，通常简称为滑轮组，由若干个动滑轮、定滑轮和绳索组成。滑轮组可分为省力滑轮组和增速滑轮组两种。天车使用的是省力滑轮组，常被称为起重滑轮组。

起重机起吊的物品，可以直接悬挂在卷筒末端的钢丝绳上，也可以通过滑轮组、钢丝绳与卷筒相连。动滑轮与定滑轮、卷筒间的每一段钢丝绳都称为绳索分支。使用这种起重滑轮组的优点是各绳索分支可以用较小的拉力提升较大的载荷，但升降速度比不用滑轮组的低。在相同起升载荷下，钢丝绳的直径更小，卷筒、传动机构和电机所受载荷都会更小，可以降低能耗和成本。由于起升高度有限，所以速度并不是天车最关注的问题。

实际使用的起重滑轮组包括单一滑轮组和双联滑轮组。桥式起重机中使用的单一滑轮组如图 1-54 所示，这种滑轮组在钢丝绳绕上或退出卷筒的同时，吊钩的悬挂点还产生水平方向的位移，这对用于安装或浇注等方面的起重机来说是不允许的。此外，它还使起重载荷在桥式起重机两根主梁上的分配不等。

为了避免吊钩水平位移，起重机常成对地使用滑轮组，形成如图 1-55 所示的双联滑轮组。在双联滑轮组中，为了使绳索由一个滑轮组过渡到另一个滑轮组，中间应用了平衡滑轮来调整两个滑轮组钢丝绳的拉力和长度，也可以利用平衡杠杆代替平衡滑轮。

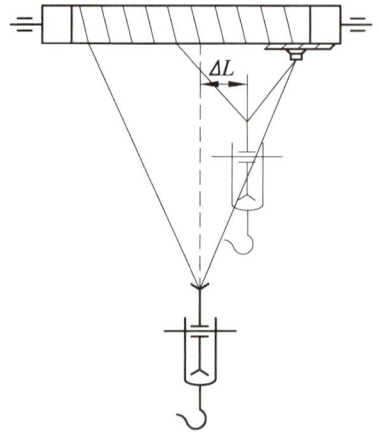

图 1-54　单一滑轮组起升时的水平位移

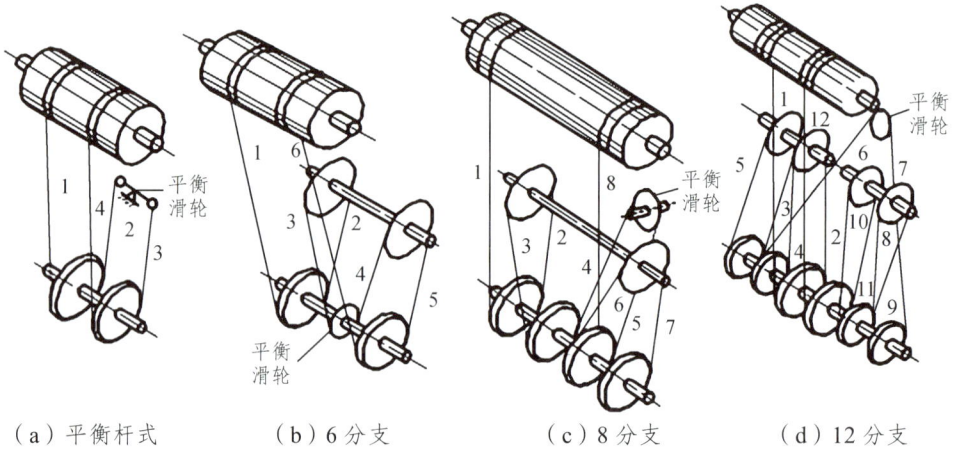

（a）平衡杆式　　　　（b）6 分支　　　　（c）8 分支　　　　（d）12 分支

图 1-55　双联滑轮组

在不考虑其他阻力的情况下，单一滑轮组中绕入卷筒的绳索分支上拉力与其他各分支拉力相同，都等于 F_0，故卷筒的受力可写出下式。

$$F_0 = \frac{P}{m} \qquad (1-5)$$

式中　P——吊钩的起升载荷（即起升质量的重力）；

　　　m——滑轮组的倍率。

倍率是起重滑轮组省力的倍数，也是升降减速的倍数，数值上等于单一滑轮组的承载绳索分支数。倍率体现卷筒省力的程度，图 1-53 中滑轮组的倍率 $m = 3$，则卷筒受力为起重载荷的 1/3。

单联滑轮组的倍率等于钢丝绳分支数，即 $m = n$；双联滑轮组的倍率等于钢丝绳分支数的一半，即 $m = n/2$，n 为绳索分支数。

滑轮组中的每一个动滑轮和定滑轮的轴承处都存在摩擦阻力，钢丝绳在绕入、绕出各个滑轮或由直变弯、弯变直时都存在着附加阻力，这个阻力就是钢丝绳的僵性阻力。由于这些阻力，绕入卷筒的绳索分支上的实际拉力比理想拉力大。

滑轮组的效率取决于滑轮数量，即取决于滑轮组绳索的分支数。表 1-12、表 1-13 列出了不同绳索分支数滑轮组的效率。

表 1-12　钢丝绳滑轮组的效率（绕入卷筒的牵引绳由动滑轮引出）（一）

滑轮组倍率 m	2	3	4	5	6	8	10
滑轮组总效率（滑动）	0.975	0.95	0.925	0.90	0.88	0.84	0.80
滑轮组总效率（滚动）	0.99	0.985	0.975	0.97	0.96	0.945	0.915

表 1-13　钢丝绳滑轮组的效率（绕入卷筒的牵引绳由定滑轮引出）（二）

滑轮组倍率 m	2	3	4	5	6	8	10
滑轮组总效率（滑动）	0.93	0.905	0.88	0.856	0.84	0.80	0.76
滑轮组总效率（滚动）	0.97	0.965	0.955	0.95	0.94	0.925	0.905

对于单一滑轮组，绕入卷筒绳索分支的实际拉力 F 就是作用在卷筒上的圆周力。若为双联滑轮组，卷筒上的圆周力则为 $2F$。根据实际拉力 F，就可以求出卷筒所需的驱动力矩和选择所需要的钢丝绳。

2. 滑　轮

滑轮组中的滑轮用于支承钢丝绳，引导钢丝绳方向的改变。《起重机械　滑轮》（GB/T 27546—2011）规定滑轮的典型结构和绳槽断面形状分别如图 1-56 和图 1-57 所示，滑轮采用的轴承形式如图 1-58 所示。滑轮绳槽断面的有关尺寸应按 GB/T 27546—2011 的规定进行加工。

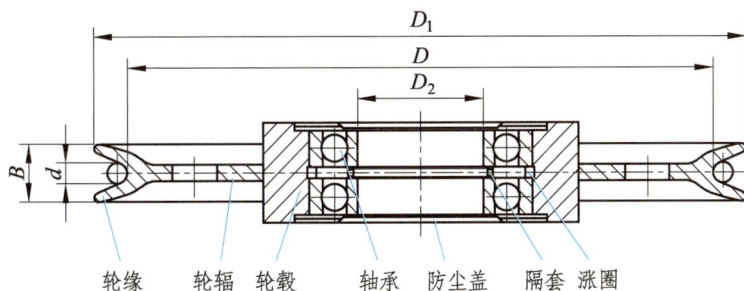

图 1-56　滑轮的典型结构

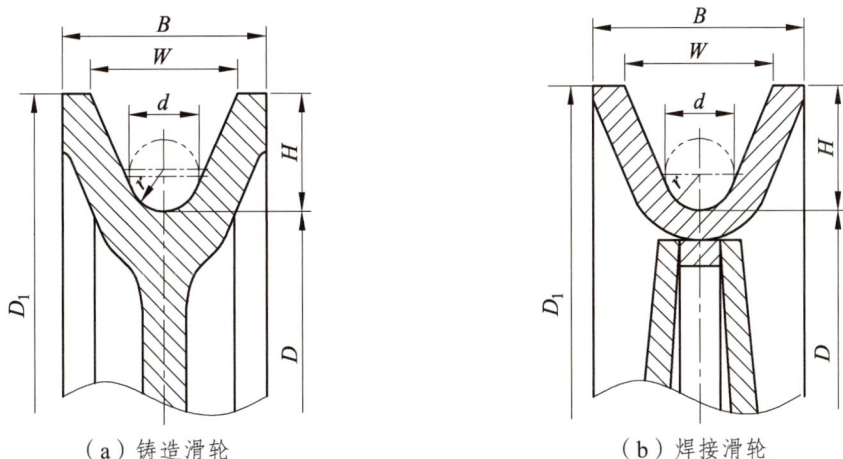

（a）铸造滑轮　　　　　　　　　　　（b）焊接滑轮

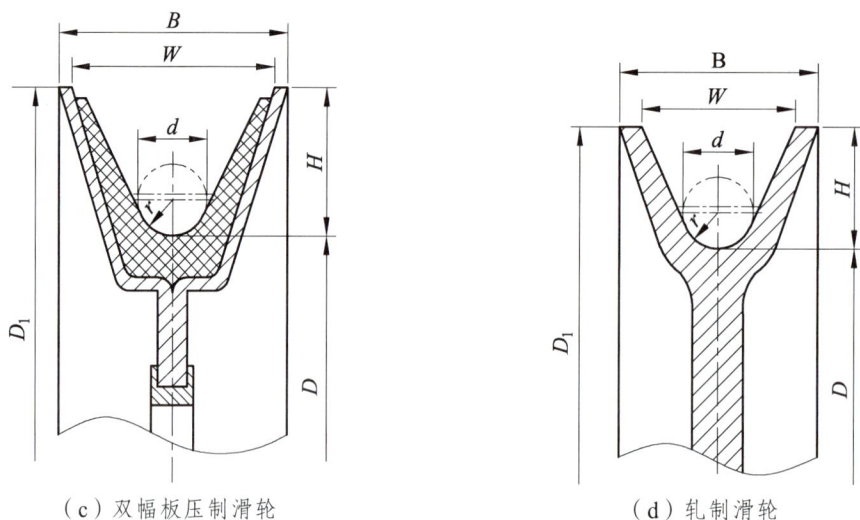

（c）双幅板压制滑轮　　　　　　　　　　（d）轧制滑轮

图 1-57　滑轮型式及绳槽断面

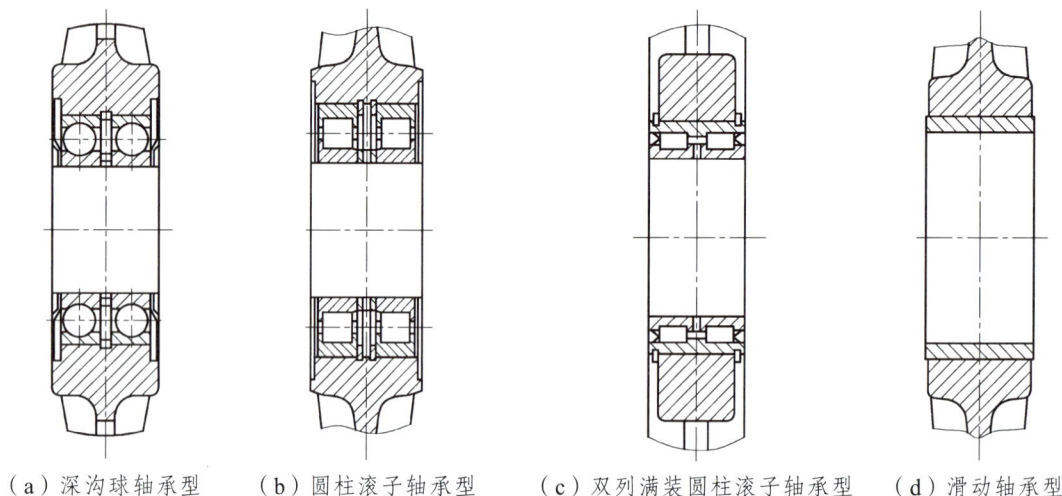

（a）深沟球轴承型　　（b）圆柱滚子轴承型　　（c）双列满装圆柱滚子轴承型　　（d）滑动轴承型

图 1-58　滑轮采用的轴承型式

　　绳槽的表面粗糙度分为两级：机械加工的滑轮绳槽表面粗糙度 $R\alpha$ 为 12.5 μm；轧制滑轮的绳槽表面粗糙度为 $R\alpha$ 为 25 μm。

　　滑轮的直径直接影响钢丝绳的使用寿命。增大滑轮的直径将减小钢丝绳的弯曲应力和钢丝绳与滑轮间的挤压应力。

　　为了保证钢丝绳的使用寿命，滑轮的最小缠绕直径应满足以下条件。

$$D_{0\min} = hd \tag{1-6}$$

式中　$D_{0\min}$——按钢丝绳中心计算的滑轮最小缠绕直径（mm）；

　　　　h——与机构工作级别和钢丝绳结构有关的系数，按表 1-14 选取；

　　　　d——钢丝绳的直径即钢丝绳外接圆直径（mm）。

　　桥式起重机的双联滑轮组所用平衡滑轮的直径，也取 $D_{0\min}$。

表 1-14　滑轮和卷筒系数 h 与机构工作级别表

机构工作级别	卷筒系数/h	滑轮系数/h	机构工作级别	卷筒系数/h	滑轮系数/h
M1～M3	14	16	M6	20	22.4
M4	16	18	M7	22.4	25
M5	18	20	M8	25	28

滑轮与钢丝绳的匹配关系也可以查阅 GB/T 27546—2011 规定的表 1-15。

表 1-15　滑轮直径的选用系列与匹配　　　　　单位：mm

钢丝绳直径d	滑轮直径D
	70 80 90 100 110 125 140 160 180 200 220 250 280 310 350 400 450 500 560 530 710 800 900 1000 1120 1250 1400 1600 1800
6	
>6～7	
>7～8	
>8～9	
>9～10	
>10～11	
>11～12	
>12～13	
>13～14	
>14～15	
>15～16	
>16～17	
>17～18	
>18～19	
>19～20	
>20～21	
>21～22	
>22～24	
>21～25	
>25～26	
>25～28	
>28～30	
>30～32	
>32～33	
>33～35	
>35～37	
>37～39	
>39～41	
>41～43	
>43～45	
>45～46	
>46～47	
>47～48.5	
>48.5～50	
>50～52	
>52～54.5	
>54.5～56	
>56～8	

铸造滑轮应使用不低于 HT200、ZG270-500、QT400-18 的材料铸成。直径较小时，滑轮可铸成实心的圆盘；直径较大时，圆盘上应带有刚性肋和减重孔。轧制滑轮应使用不低于 Q235B 的材料铸成。对于大尺寸滑轮，为减轻自重，采用焊接性好的 Q235 钢，以焊接轮代替铸造轮。滑轮上的配件材料参见 GB/T 27546—2011。

知识点二、卷筒

在起升机构中，卷筒是用来驱动和卷绕钢丝绳的，旋转运动使钢丝绳带动载荷升降，绳索卷筒的结构如图 1-59 所示。

钢丝绳在卷筒上的卷绕方式包括单层卷绕和多层卷绕。桥式起重机常用单层卷绕方式。在起升高度很大时采用多层卷绕。多层卷绕使用的是光面卷筒。工作时，钢丝绳绕满一层后再绕第二层。各层钢丝绳互相交叉，内层钢丝绳受到外层的挤压，各圈钢丝绳互相摩擦，这样就会降低多层卷绕钢丝绳的使用寿命。多层卷绕卷筒的两侧壁有的制成略向内倾斜，如图 1-59（a）所示，这有助于各层钢丝绳之间有一定错位，以免绳圈叠高。

单层卷绕的卷筒，表面都加工有卷绕钢丝绳用的螺旋槽，如图 1-59（b）所示。这种槽形结构增大了钢丝绳与卷筒的接触面积，能防止相邻钢丝绳的相互摩擦，延长钢丝绳的使用寿命。螺旋槽有标准槽和深槽两种形式。一般情况下都使用标准槽，它的槽距比深槽的短，因此卷筒的工作长度比深槽的要短，结构更加紧凑。当绳索绕入卷筒的偏角较大时，为防止绳索脱槽乱绕，可采用引导作用好的深槽卷筒。

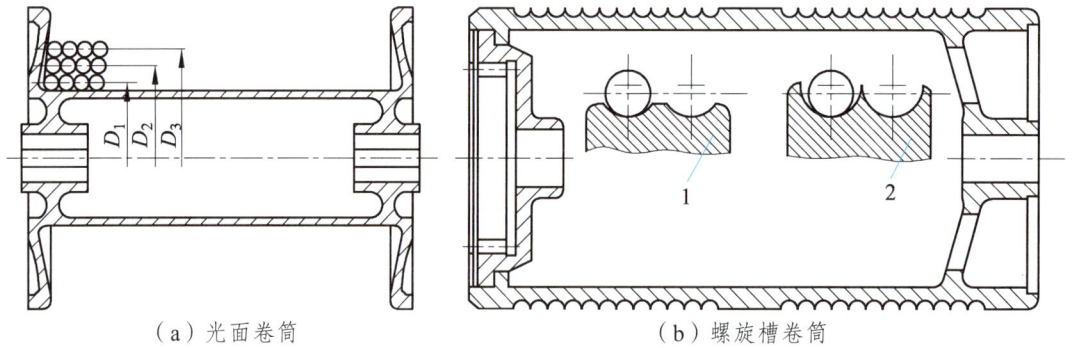

（a）光面卷筒　　　　　　　　　　　　（b）螺旋槽卷筒

1—标准槽；2—深螺旋槽。

图 1-59　绳索卷筒结构

对于单一滑轮组使用的卷筒，只在其上表面加工一条右旋的螺旋槽。双联滑轮组一起使用的卷筒，则应有螺旋方向相反的两条螺旋槽，两条螺旋槽之间的一段卷筒应做成光面的。当起升机构把载荷提升到最高位置，双联滑轮组的绳索绕满两条螺旋槽，由动滑轮绕出的两段绳索应靠向卷筒中部，这样绳索在载荷位于高位和低位时的偏角都不会太大。

卷筒的最小卷绕直径按式（1-6）确定，并且必须满足表 1-16。卷筒的长度与提升高度、所采用滑轮组形式及卷筒直径有关。

通用桥式起重机的卷筒，一般都采用双螺旋槽，相应地使用双联滑轮组。滑轮组的倍率与钢丝绳中的拉力、卷筒的直径和长度、减速器的传动比以及起升机构的总体尺寸等都有关系。一般大起重量的起重机采用大倍率，这样可避免使用过粗的钢丝绳。

表 1-16　卷筒的直径系列　　　　　　　　　　　　单位：mm

200	250	280	315	355	400	450	500	560
630	710	800	900	1 000	1 120	1 250	1 320	1 400
1 500	1 600	1 700	1 800	1 900	2 000	2 120	2 240	2 360
2 500	2 650	2 800	3 000	3 150	3 350	3 550	3 750	4 000

卷筒材料一般应采用不低于 HT200 或 ZG270-500 的材料铸成。铸造的结构形式按《起重机 卷筒》(JB/T 9006—2013)的规定。标准对卷筒的结构、尺寸和加工要求都作了具体规定，大型卷筒多采用 Q235 钢板卷成筒形焊接而成。

根据 JB/T 9006—2013 规定，卷筒的结构按照制造工艺可分为铸造和焊接两个系列，按卷筒轴的布置形式可分为长轴式和短轴式卷筒。铸造卷筒的不同形式如图 1-60、图 1-61 所示。焊接卷筒的不同形式如图 1-62 ~ 图 1-65 所示。图 1-60 和图 1-61 所示的铸造式卷筒都是长轴式卷筒，区别在于减速机的连接方式不同。焊接式卷筒有长轴式和短轴式，长轴式按照与减速机的连接方式不同分为两种形式。短轴式按照短轴的布置方式和筒体法兰与减速机连接方式不同分为四种形式。

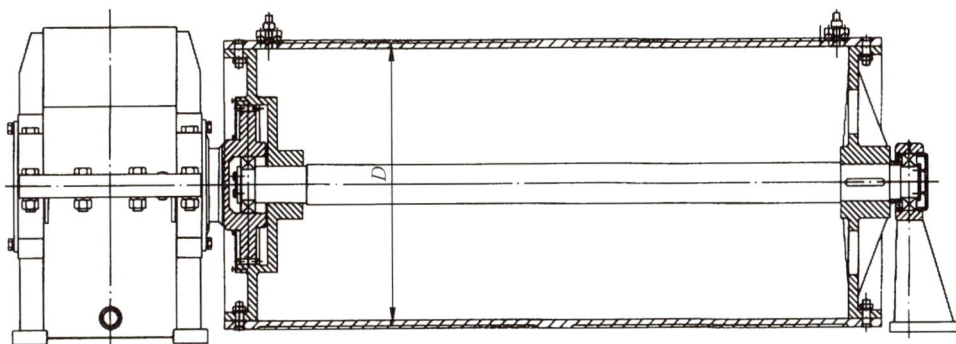

图 1-60　铸造卷筒结构形式 1

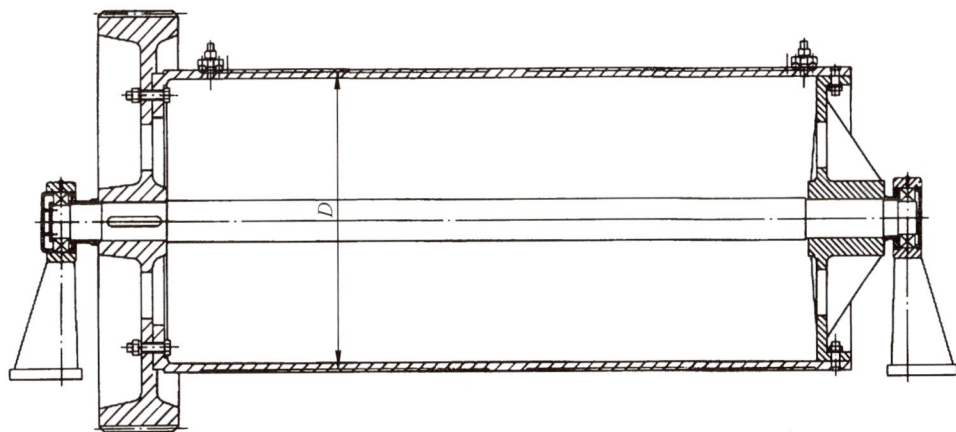

图 1-61　铸造卷筒结构形式 2

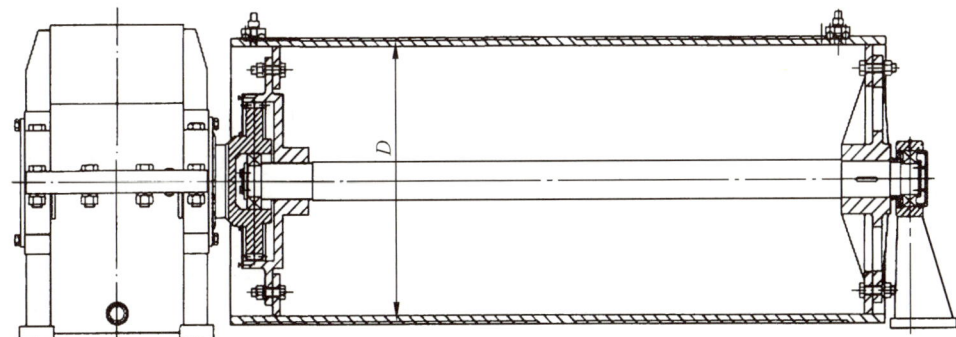

图 1-62　焊接卷筒结构形式 1

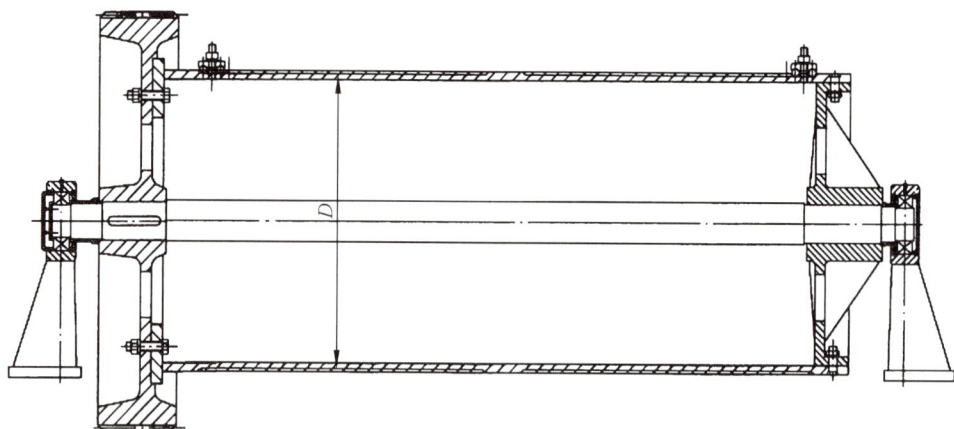

图 1-63　焊接卷筒结构形式 2

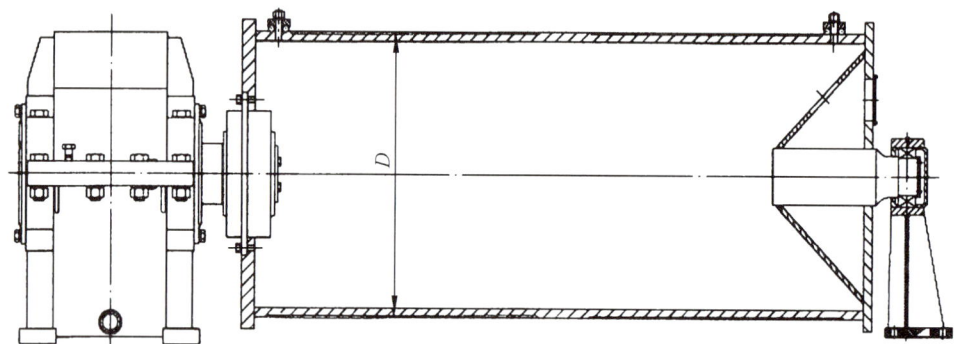

图 1-64　焊接卷筒结构形式 3

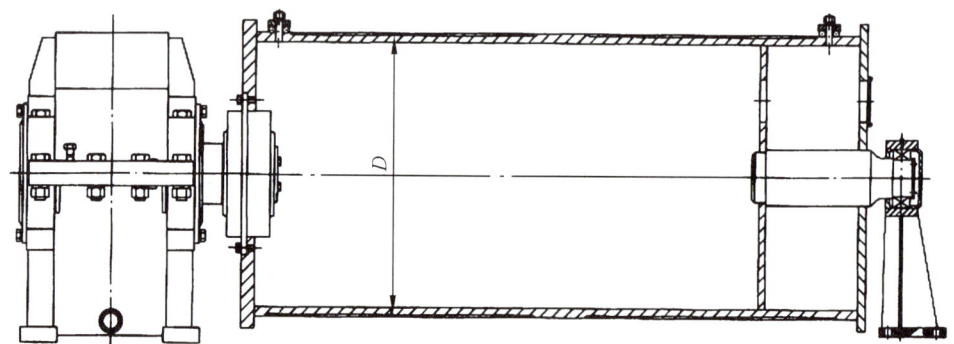

图 1-65　焊接卷筒结构形式 4

　　图 1-60、图 1-62 是在中小起重量的桥式起重机中应用较多的结构。减速器低速轴伸出端做成扩大的阶梯轴，内孔加工成喇叭孔形状，外部铣有外齿轮。喇叭口作为卷筒轴的支承，装有调心球轴承；外齿轮作为齿轮联轴器的一半，另一半联轴器是一个内齿圈，与卷筒的左轮毂做成一体。卷筒轴的右端由一个单独的装有调心球轴承的轴承座支承。

　　这种连接形式结构紧凑，轴向尺寸小，并且减速器低速轴的转矩是通过齿轮联轴器直接传递给卷筒的，因而卷筒轴只是一个受弯不受扭的转动心轴。所以它的轴径较小，但这种连接形式结构复杂，制造费工费时。

知识点三、钢丝绳

1. 钢丝绳的结构

钢丝绳在起重机上广泛应用，主要优点是可以任意弯曲，适用于多分支的滑轮组，提高起重能力；可以多层卷绕，在起升高度较大时尤为重要；能够承受骤然加载的负荷并且过载能力强，极少发生骤然破断的现象；强度高、弹性好、自重小、工作平稳、噪声小。

按照捻绕次数，钢丝绳分为单捻绳、双捻绳和三捻绳。起重机用的钢丝绳多为双捻绳，即先由钢丝捻成股，再由股围绕着绳芯捻成绳。单捻绳实际只有一股，经一次捻制而成。三捻绳是把双捻绳作为股，再由几股捻绕成绳。

按照钢丝捻成股和股捻成绳的相互方向，钢丝绳分为同向捻、交互捻。钢丝在股中的捻向与股在绳中的捻向相同的称为同向捻，捻向相反的称为交互捻。同向捻的钢线绳挠性好、使用寿命长，但易松散和产生扭转，用于经常保持张紧状态的场合，在起升机构中不宜采用。交互捻的钢丝绳挠性与使用寿命比同向捻的差，但这种钢丝绳不易松散和扭转，所以在起重机中应用广泛。

钢丝绳的捻制方向如图 1-66 所示，采用两个字母表示，第一个字母表示钢丝绳的捻向，第二个字母表示股的捻向。字母"Z"表示右向捻（与右旋螺纹或"Z"字形同向），字母"S"表示左向捻。"ZZ"或"SS"分别表示右同向捻或左同向捻。"ZS"或"SZ"分别表示右交互捻或左交互捻。

（a）右交互捻（ZS）　　（b）左交互捻（SZ）　　（c）右同向捻（ZZ）　　（d）左同向捻（SS）

图 1-66　钢丝绳的捻制方向

在捻制钢丝绳时，捻角和捻距是重要的工艺参数。捻角指捻制时钢丝（或股）中心线与股（或绳）中心线的夹角。捻距指钢丝绳围绕股芯或股围绕绳芯旋转一周对应两点间的距离。

按照中股的捻制类型划分，常用的钢丝绳主要包括点接触绳和线接触绳，主要内容包括：

（1）点接触绳绳股中相邻两层钢丝的捻距不同，它们之间呈点接触状态。由于接触应力较大，在反复弯曲时绳内钢丝易磨损折断，降低使用寿命。为了使各层钢丝绳受力均匀，各层捻角应大致相等。

（2）线接触绳绳股中所有钢丝具有相同的捻距，外层钢丝位于里层各钢丝之间的沟缝里，内外层钢丝互相接触在一条螺旋线上，形成了线接触。为了形成这种结构，需要采用不同直径的钢丝。这种结构有利于钢丝之间的滑动，使钢丝绳的挠性得以改善。在起重机中常用线接触绳替代点接触绳。

当承载能力相同时,选用的线接触绳可以采用较小的绳径,从而可以选用较小直径的卷筒、滑轮和较小输出转矩的减速器,减小了整个起升机构的尺寸、质量。线接触绳被广泛地应用于起重机中。

根据绳股结构的不同，线接触绳分为西鲁式（外粗式，代号 S）、瓦林吞式（粗细式，代号 W）、填充式（代号 Fi），如图 1-67 所示。

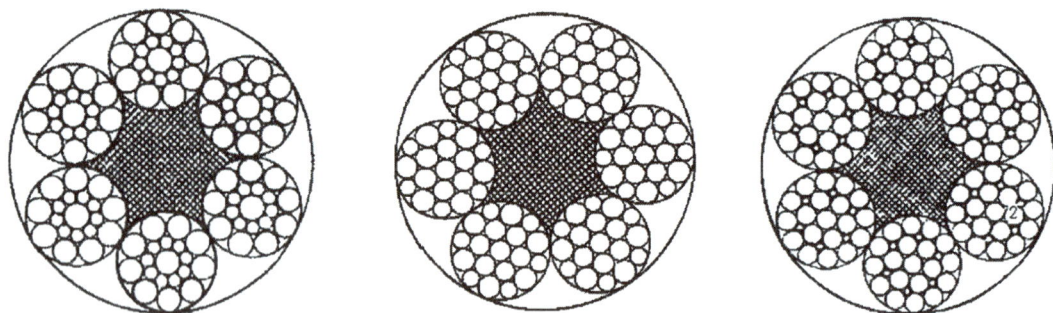

（a）西鲁式（外粗式，代号 S）　　（b）瓦林吞式（粗细式，代号 W）　　（c）填充式（代号 Fi）

图 1-67　线接触钢丝绳

图 1-67（a）所示西鲁式钢丝绳的结构标记为 6×19S，表示该类钢丝绳由 6 股组成，每股由 19 丝构成。这种绳股记为（9＋9＋1），表示最外层布置 9 根钢丝（粗），第二层布置 9 根钢丝（细），股中心只有 1 根钢丝（粗）。西鲁式绳股的优点是外层钢丝较粗，所以又称为外粗式，适用于磨损较严重的地方。

图 1-67（b）所示瓦林吞式钢丝绳的结构标记为 6×19W，表示该类钢丝绳由 6 股组成，每股由 19 丝构成。这种绳股记为（6/6＋6＋1），表示该类钢丝绳分为 3 层，6/6 表示最外层由 6 根细的和 6 根粗的钢丝组成，所以又称为粗细式。

图 1-67（c）所示填充式钢丝绳的结构标记为 6×19 Fi，该类钢丝绳的每股构成包括：在外层布置 12 根相同直径的钢丝，外层钢丝与里层钢丝所形成的空隙中填充 6 根被称为填充丝的细钢丝，以提高钢丝绳截面的金属充满率，增加破断拉力。这类钢丝绳的绳股记为（12＋6F＋6＋1），其中 6F 表示第二层有 6 根填充钢丝。

上面介绍了三种典型钢丝绳的结构，《起重用钢丝绳》（GB/T 34198—2017）和《重要用途钢丝绳》（GB 8918—2006）规定了其他类型钢丝绳结构。钢丝绳的结构类型可以查看表 1-17。

表 1-17　钢丝绳的类别、典型结构和直径范围

组别	类别	钢丝绳			外层股			典型结构		公称直径范围/mm
		股数	外层股数	股的层数	钢丝数	外层钢丝数	钢丝层数	绳结构	股结构	
1	6×19M	6	6	1	12~19	9~12	2	6×19	（1-6/12）	6~46
2	6×19	6	6	1	15~26	7~12	2~3	6×19S	（1-9-9）	8~36
								6×19W	（1-6-6+6）	8~40
								6×25F	（1-6-6F-12）	12~44
								6×26WS	（1-5-5+5-10）	12~40
3	6×K19							6×K25F	（1-6-6F-12）	12~44
								6×K26WS	（1-5-5+5-10）	12~40
4	8×19	8	8	1	15~26	7~12	2~3	8×25F	（1-6-6F-12）	12~52
								8×26WS	（1-5-5+5-10）	12~48
5	8×K19							8×K25F	（1-6-6F12）	12~52
								8×K26WS	（1-55+5-10）	12~48
6	6×36	6	6	1	29~57	12~18	3~4	6×29F	（1-7-7F-14）	12~44
								6×31WS	（1-6-6+6-12）	12~46
								6×36WS	（1-7-7+7-14）	12~60
								6×41WS	（1-8-8+8-16）	12~60
								6×49SWS	（1-8-8-8+8-16）	36~60
								6×55SWS	（1-9-9-9+9-18）	36~64
7	6×K36							6×K29F	（1-7-7F-14）	12~44
								6×K31WS	（1-6-6+6-12）	12~46
								6×K36WS	（1-7-7+7-14）	12~68
								6×K41WS	（1-8-8+8-16）	12~68
8	8×36	8	8	1	29~57	12~18	3~4	8×36WS	（1-7-7+7-14）	12~60
								8×41WS	（1-8-8+8-16）	12~60
								8×49SWS	（1-8-8-8+8-16）	44~64
								8×55SWS	（1-9-9-9+9-18）	44~64
9	8×K36							8×K36WS	（1-7-7+7-14）	12~70
								8×K41WS	（1-8-8+8-16）	12~70
10	8×K36WS-PWRC（K）	16	8	2	29~57	12~18	3~4	8×K36WS-PWRC（K）	（1-7-7+7-14）	12~60
11	18×7	17~18	10~12	2	5~9	4~8	1	18×7	（1-6）	8~60
12	18×K7							18×K7	（1-6）	16~60

组别	类别	钢丝绳			外层股			典型结构		公称直径范围 /mm
		股数	外层股数	股的层数	钢丝数	外层钢丝数	钢丝层数	绳结构	股结构	
13	18×19M	17~18	10~12	2	15~26	7~12	2~3	18×19	(1-6-12)	12~60
14	18×19							18×19W	(1-6-6+6)	12~60
								18×19S	(1-9-9)	12~60
15	35（W）×7	27~40	15~18	3	5~9	4~8	1	35（W）×7	(1-6)	8~60
								40（W）×7		
16	35（W）×K7							35（W）×K7	(1-6)	8~60
								40（W）×K7		
17	23×K7	21~27	15~18	2	5~9	4~8	1	15×K7	(1-6)	16~60
18	6×V25	6	6	1	15~34	9~18	1	6×V30	(6-12-12)	20~44
								6×V25B	(/1×7-3/-12-12)	20~44
								6×V28BS	(/1×7-3/-12-15)	32~52
								6×V28B	(1×7-3/-12-15)	32~52
								6×V34B	(/1×7-3/-15-18)	38~60
19	K4×35N	4	4	1	28~48	12~18	3	K4×39FCNS	(FC-9-15-15)	8~48
								K4×48FCNS	(FC-12-18-18)	20~50

注：① 三角股组合芯如/1×7-3/，记为一钢丝。
　　② 与 GB 8918—2006、《钢丝绳　术语、标记和分类》(GB/T 8706—2107)等国家标准不一致的习惯写法进行规范：K4×35N 习惯记为 4V×39 类，K4×39FCNS 习惯记为 4V×39S，K4×48FCNS 习惯记为 4V×48S，6×V25 习惯记为 6V×19、6V×37 类，6×V25B 习惯记为 6V×34，6×V28B 习惯记为 6V×37，6×V28BS 习惯记为 6V×37S，6×V34B 习惯记为 6V×43。

　　钢丝绳的股芯或绳芯包括四种类型。第一种是常见的用剑麻或棉芯做成的有机物芯，采用这种芯的钢丝绳具有较大的挠性和弹性，润滑性好，但不能承受横向压力且不耐高温；第二种是石棉芯，性能与有机物芯相似，但能在高温条件下工作。第一、第二种都属于天然纤维芯，代号为 NF；第三种是用高分子材料制成的合成纤维芯，如聚乙烯、聚丙烯纤维，代号为 SF；第四种是用软钢钢丝的绳股做成的金属丝股芯或绳芯，代号分别为 IWS 或 IWR，如图 1-68 所示，具有强度高、能承受高温和横向压力但润滑性较差的特点。泛指的钢丝绳为纤维芯（天然或合成的），代号则为 FC。一般情况下常选用有机物芯的钢丝绳，高温工作时用石棉芯或金属芯钢丝绳，在卷筒上多层卷绕时宜用金属芯钢丝绳。

（a）17×7+IWS

（b）18×7+IWS

图 1-68　钢丝股芯和绳芯

钢丝绳所用的钢丝表面状态，一种为光面钢丝，代号为 NAT，用于一般场合。在有腐蚀性的场所应用镀锌钢丝，可分为 3 种级别：A 级为镀锌钢丝，代号为 ZAA；AB 级为镀锌钢丝，代号为 ZAB；B 级为镀锌钢丝，代号为 ZBB。A 级的锌层最厚，B 级的锌层最薄。

2. 钢丝绳代号

钢丝绳代号分为全称标记和简化标记。全称标记的写法举例如下：

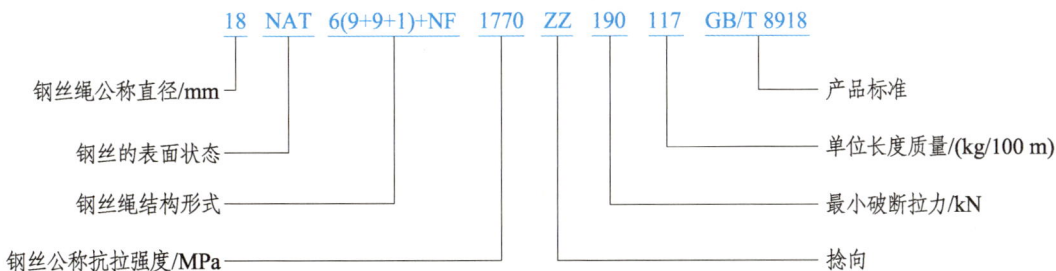

如 18 ZAA6（9＋9＋1）＋ SF1770ZS GB/T 8918。

简化标记的命名规则：股的总数 × 每股的钢丝总数、结构简称代号 + 芯的代号。例如，18NAT6×19S＋NF1770ZZ190、18ZBB6×19w＋NF1770ZZ、18NAT6×19Fi＋IWR1770、18ZAA6×19S＋NF。

3. 钢丝绳的选用

选用钢丝绳时，首先根据钢丝绳的使用情况和 GB/T 34198—2017 的相关规定确定钢丝绳的类型，然后根据受力情况确定钢丝绳的直径，最后再进行验算。

钢丝绳在工作中受拉、压、弯、扭复合应力作用，除了静载荷外还有冲击载荷的影响，受力情况复杂，难以精确计算。可以根据拉伸载荷进行实用计算，选择两种计算方法中的任选一种。

（1）钢丝绳最小直径按下式确定。

$$d = C\sqrt{F} \tag{1-7}$$

式中　d——钢丝绳最小直径（mm）；

C——选择系数，按表 1-18 选取；

F——钢丝绳最大工作静拉力（N）。

表 1-18　钢丝绳的选择系数 c 和安全系数 n

机构工作级别		选择系数 C							安全系数 n	
		钢丝公称抗拉强度 σ_l（N/mm^2）								
		1 470	1 570	1 670	1 770	1 870	1 960	2 160	运动绳	静态绳
纤维芯钢丝绳	M1	0.081	0.078	0.076	0.073	0.071	0.070	0.066	3.15	2.5
	M2	0.083	0.080	0.078	0.076	0.074	0.072	0.069	3.35	2.5
	M3	0.086	0.083	0.080	0.078	0.076	0.074	0.071	3.55	3
	M4	0.091	0.088	0.085	0.083	0.081	0.079	0.075	4	3.5
	M5	0.096	0.093	0.090	0.088	0.085	0.083	0.079	4.5	4
	M6	0.107	0.104	0.101	0.098	0.095	0.093	0.089	5.6	4.5
	M7	0.121	0.117	0.114	0.110	0.107	0.105	0.100	7.1	5
	M8	0.136	0.132	0.128	0.124	0.121	0.118	0.112	9	5
钢芯钢丝绳	M1	0.078	0.075	0.073	0.071	0.069	0.067	0.064	3.15	2.5
	M2	0.080	0.077	0.075	0.073	0.071	0.069	0.066	3.35	2.5
	M3	0.082	0.080	0.077	0.075	0.073	0.071	0.068	3.55	3
	M4	0.087	0.085	0.082	0.080	0.078	0.076	0.072	4	3.5
	M5	0.093	0.090	0.087	0.085	0.082	0.080	0.076	4.5	4
	M6	0.103	0.100	0.097	0.094	0.092	0.090	0.085	5.6	4.5
	M7	0.116	0.113	0.109	0.106	0.103	0.101	0.096	7.1	5
	M8	0.131	0.127	0.123	0.120	0.116	0.114	0.108	9	5

注：① 对于吊运危险物品的起重用钢丝绳，一般应比设计工作级别高一级的工作级别选择表中的钢丝绳的选择系数 C 和钢丝绳最小安全系数 n 值。对起升机构工作级别为 M7、M8 的某些冶金起重机和港口集装箱起重机等，在使用过程中能监控钢丝绳劣化损伤发展进程，保证安全使用，保证一定寿命和及时更换钢丝绳的前提下，允许按稍低的工作级别选择钢丝绳：对冶金起重机最低安全系数不应小于 7.1，港口集装箱起重机主起升钢丝绳和小车曳引钢丝绳的最低安全系数不应小于6。

伸缩臂架用的钢丝绳，安全系数不应小于4。

② 本表中给出的 C 值是根据起重机常用的钢丝 6×19（S）型的最小破断拉力系数，且只针对运动绳的安全系数。对纤维芯（NF）钢丝绳 $k' = 0.330$，对金属丝绳芯（IWR）或金属丝股芯（IWS）钢丝绳 $k' = 0.356$。

（2）按与工作级别有关的安全系数选择钢丝绳直径，所选钢丝绳的破断拉力应满足：

$$F_0 \geqslant Fn \qquad\qquad (1\text{-}8)$$

式中　F_0——所选钢丝绳的破断拉力（N）；

F——钢丝绳最大工作静拉力（N）；

n——钢丝绳最小安全系数，按表 1-18 选取。

所选的钢丝绳直径还应满足与卷筒（滑轮）直径的比例要求，才能保证钢丝绳的使用寿命。为此，可参照式（1-6）进行验算。

（3）钢丝绳选择案例

一根直径为 20 mm 的钢丝绳，吊装 10 t 重设备，两股受力，是否满足要求？

按照 GB/T 34198—2017 的相关规定并参照表 1-17，选择 6×19 类型，这种类型包括的结构如图 1-69 所示，这里只选择 6×19S-FC 纤维芯钢丝绳。考虑到安全因素，选择钢丝绳机构工作级别为 M8，查表 1-18 可得安全系数为 9。

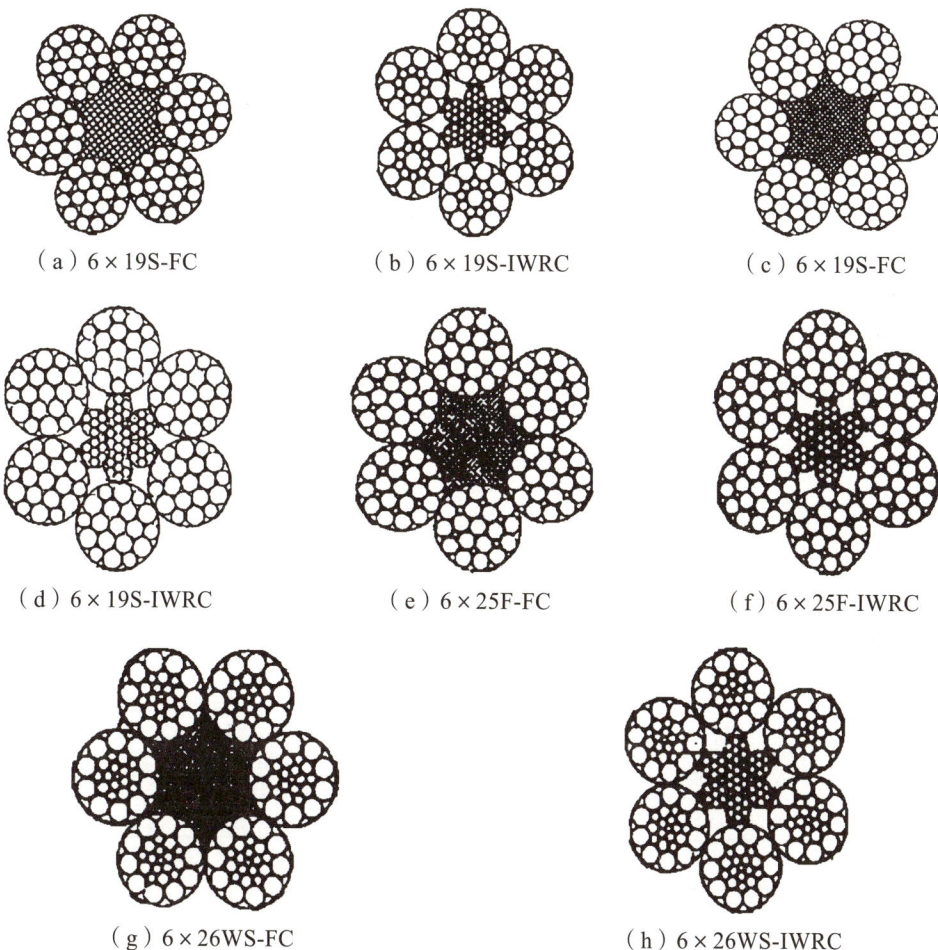

（a）6×19S-FC　　　　　（b）6×19S-IWRC　　　　　（c）6×19S-FC

（d）6×19S-IWRC　　　　（e）6×25F-FC　　　　　（f）6×25F-IWRC

（g）6×26WS-FC　　　　　（h）6×26WS-IWRC

图 1-69　6×19 类型钢丝绳典型结构

查表 1-19 可得，由公称抗拉强度为 2 160 MPa 的纤维芯 20 mm 钢丝绳最小破断拉力为 285 kN，相当于 28.5 t，安全系数取 9，则单股可受力 3.17 t，两股共受力 6.34 t，不能满足要求。

如果使用 4 股 20 mm 钢丝绳吊装 10 t 重设备，则单股受力约为 2.5 t，相当于 25 kN，乘以安全系数 9 为 225 kN。查表 1-19 可知，选择成本更低、抗拉强度为 1 770 MPa 的纤维芯钢丝绳也可以满足要求。这个例子说明倍率对钢丝绳的选择影响是非常大的。

表 1-19 6×19 类型钢丝绳破断拉力表

钢丝绳公称直径 d/mm	钢丝绳参考重量 /[kg/（100 m）]		钢丝绳公称抗拉强度/MPa					
			1 770		1 960		2 160	
			钢丝绳最小破断拉力/kN					
	纤维芯钢丝绳	钢芯钢丝绳	纤维芯钢丝绳	钢芯钢丝绳	纤维芯钢丝绳	钢芯钢丝绳	纤维芯钢丝绳	钢芯钢丝绳
8	23.0	25.6	37.4	40.3	41.4	44.7	45.6	49.2
9	29.1	32.4	47.3	51.0	52.4	56.5	57.7	62.3
10	35.9	40.0	58.4	63.0	64.7	69.8	71.3	76.9
12	51.7	57.6	84.1	90.7	93.1	100	103	111
14	70.4	78.4	114	124	127	137	140	151
16	91.9	102	150	161	166	197	182	197
18	116	130	189	204	210	226	231	249
20	144	160	234	252	259	279	285	308
22	174	194	283	305	313	338	345	372
24	207	230	336	363	373	402	411	443
26	243	270	395	426	437	472	482	520
28	281	314	458	494	507	547	559	603
20	323	360	526	567	582	628	642	692
32	368	410	598	645	662	715	730	787
34	415	462	675	728	748	807	824	889
36	465	518	757	817	838	904	924	997
38	518	578	843	910	934	1 010	1 030	1 110
40	574	640	935	1 010	1 030	1 120	1 140	1 230
42	633	706	1 030	1 110	1 140	1 230	1 260	1 360
44	695	774	1 130	1 220	1 250	1 350	1 380	1 490
最小破断拉力系数	$K_1 = 0.330$		$K_2 = 0.356$					
参考重量系数	$W_1 = 0.359$		$W_2 = 0.400$					

注：最小钢丝破断拉力总和 = 钢丝绳最小破断拉力 × 1.226（纤维芯）或 1.321（钢芯），当股内钢丝的数目为 19 根或 19 根以下时，采用系数 1.214（纤维芯）或 1.308（钢芯）。

知识点四、吊钩

1. 吊　钩

吊钩是天车上使用最多的取物装置。一般情况下，吊钩并不与钢丝绳直接连接，通常是与动滑轮合成吊钩组进行工作。吊钩的形状如图 1-70 所示。

锻造单钩如图 1-70（a）所示，上面部分称为钩颈，因其为直圆柱形又称为直柄单钩；下面弯曲部分称为钩体，它的断面为梯形，梯形的宽边向内、窄边朝外，这样可以使内、外侧应力接近，充分利用材料和减重。圆柱尾部螺纹是安装螺母用的。

锻造双钩如图 1-70（b）所示，用于大起重量的起重机，它的优点是当双钩平均挂重时，中间的钩颈部分不存在弯曲应力，因而可以取较小断面，吊钩自重得以减轻。

叠板单钩和叠板双钩所示分别如图 1-70（c）和图 1-70（d）所示，使用多块钢板冲剪成的钩片叠合铆接而成。为了使载荷平均地分配在每一钩片上，在钩体处装有可拆换的垫板，同时在钩颈的圆孔中装有轴套，用销轴与其他部件连接。

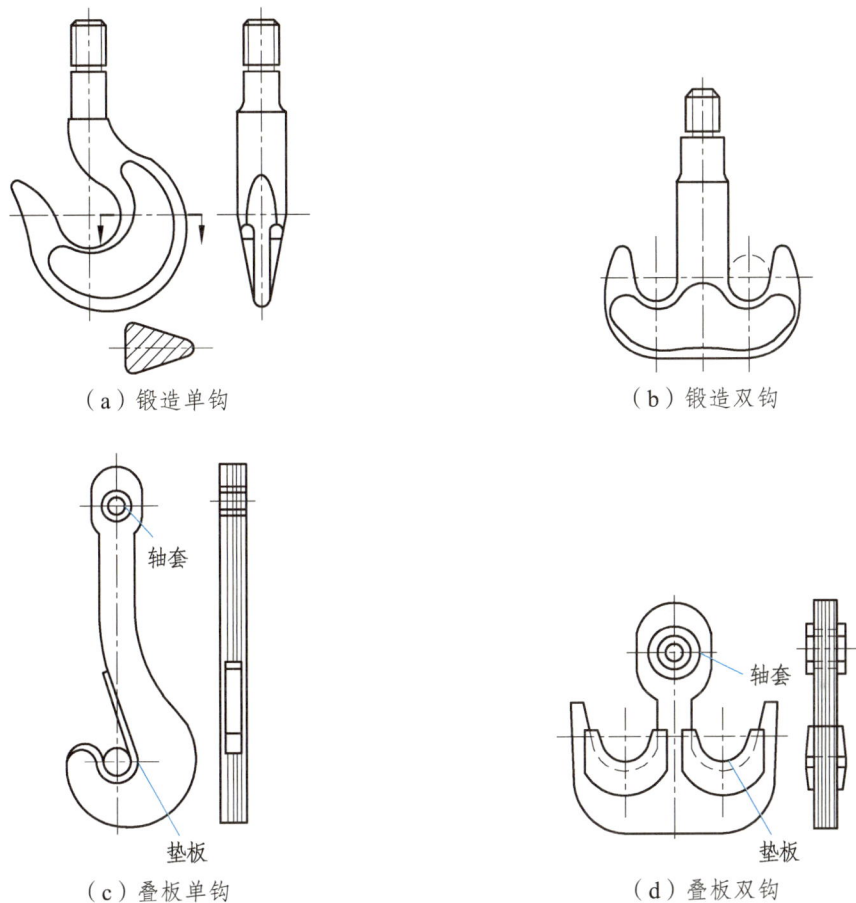

（a）锻造单钩

（b）锻造双钩

（c）叠板单钩

（d）叠板双钩

图 1-70　吊钩

吊钩的生产已经标准化，可根据吊钩材料的强度等级、机构工作级别和额定起重量选定钩号。根据 GB/T 10051—2010，吊钩按 R10 优先系数编钩号，钩号为 006～250，有额定起重量 0.1～250 t 的 30 种规格可供选用。

吊钩对于起重机的安全可靠工作是至关重要的。为此，对吊钩的材料及加工工艺都有严格的要求。由于高强度钢对裂纹和缺陷很敏感，因而制造吊钩的材料都采用专用的优质低碳镇静钢或低碳合金钢。《起重吊钩　第 1 部分：力学性能、起重量、应力及材料》（GB/T 10051.1—2010）把吊钩的强度分为 M、P、（S）、T、V 共 5 个等级，如表 1-20 所示。吊钩的钩号、强度等级对应的材料见表 1-21。从表 1-21 中可以看到，钩号越大，强度等级越高，对材料的要求越高。

表 1-20　吊钩的强度等级

强度等级	结构钢					合金刚		
	上屈服强度 R_{eH} 或延伸强度 $R_{p0.2}$/MPa	冲击吸收功 A_{kv}（ISO-V）/J				上屈服强度 R_{eH} 或延伸强度 $R_{p0.2}$/MPa	+20 ℃	−20 ℃
		+20 ℃		−20 ℃			纵向	横向
		纵向	横向	纵向	横向			
M	235	（55）	（31）	39	21	—	—	—
P	315					—	—	—
（S）	390					390	（35）	27
T	—					490	（35）	27
（V）	—					620	（30）	27

注：冲击功试验应在 −20 ℃ 下进行，括号中所给的冲击吸收功值仅供参考。尽量避免采用括号内的强度等级。

表 1-21　吊钩材料

钩号	柄部直径 d_1/mm	强度等级				
		M	P	（S）	T	（V）
006	14	Q345qD	Q345qD	Q420qD 或 35CrMo	35CrMo	35CrMo
010	16					
012						
020	20					
025						
04	24					
05						
08	30					
1						
1.6	36					34Cr2Ni2Mo
2.5	42					
4	48					
5	53					
6	60					
8	67					
10	75					
12	85					
16	95					
20	106					
25	118					
32	132					
40	150					
50	170	Q420qD	35CrMo	34Cr2Ni2Mo	30Cr2Ni2Mo	
63	190					
80	212					
100	236					
125	265					
160	300					
200	335					
250	375					

注：当采用《大型合金结构钢锻件　技术条件》（JB/T 6396—2006）中规定的材料时，推荐材料中 ALt 的含量≥0.020%，或用其他形式证明部的氮被固化。

2. 吊钩组

吊钩组又称吊钩装置或吊钩夹套，由吊钩和滑轮组，包括长型吊钩组和短型吊钩组。

（1）长型吊钩组。

长型吊钩组如图1-71所示，滑轮1的两边安装着拉板3。拉板的上部有滑轮轴2，下部有吊钩横梁4，它们平行地装在拉板上。滑轮组滑轮数目单、双均可，横梁中部垂直孔内装着吊钩5，吊钩尾部有固定螺母。为方便物品的装卸，吊钩应能绕垂直轴线和水平轴线旋转。因此，在吊钩螺母与吊钩横梁间装有推力轴承，这样吊钩就支承在吊钩横梁上，并能绕吊钩钩颈轴线旋转。

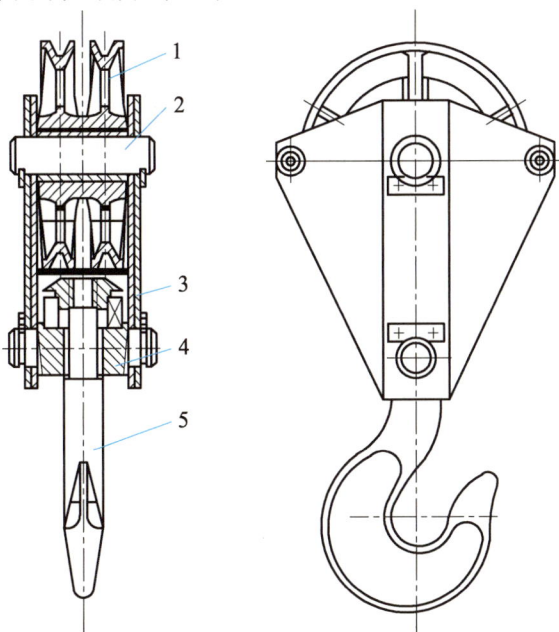

（a）结构　　　　（b）外形

1—滑轮；2—滑轮轴；3—拉板；4—吊钩横梁；5—吊钩。

图1-71　长型吊钩组

长型吊钩组

短型吊钩组

吊钩横梁支承在两边拉板的孔中，使横梁和吊钩能绕水平轴线旋转。横梁两端各加工一环形槽并用定轴挡板固定在拉板上，防止横梁轴向移动。滑轮轴两端也支承在拉板上，但由于滑轮轴两端加工成扁缺口，定轴挡板卡在其中，所以滑轮轴既不能转动也不能移动。滑轮轴承上还有润滑装置；吊钩螺母处有可靠的防松装置；吊钩横梁上的推力轴承附有防尘装置。

（2）短型吊钩组。

短型吊钩组如图1-72所示，与长型吊钩组不同之处是将吊钩横梁加长，在横梁两端对称地安装滑轮，而不另设滑轮轴，这样就可以减小吊钩组整体高度，故称其为"短型"。但为了使吊钩转动而又不碰撞到两边滑轮，它采用了长吊钩。

短型吊钩组只能用于偶数倍率滑轮组，因为奇数倍率滑轮组的平衡滑轮在下方，只有使用长型吊钩组才能安装平衡滑轮。另外，短型吊钩组只能用于小倍率的滑轮组，即用于起重量较小

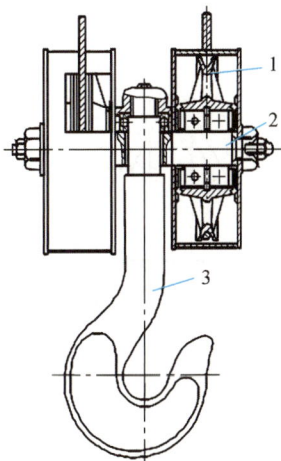

1—滑轮；2—滑轮轴；3—吊钩。

图1-72　短型吊钩组

的起重机，否则会因为滑轮数目过多、吊钩横梁过长使吊钩组自重过大。

知识点五、其他吊具

1. 抓斗

抓斗是一种装运散装物料的自动取物装置。抓斗按照开闭方式不同分为单绳抓斗、双绳抓斗和马达抓斗等，最常用的双绳抓斗如图 1-73 所示。根据颚板数目的不同又分为双颚板抓斗和多颚板抓斗（多爪抓斗），多颚板抓斗常为六颚板。双绳抓斗的工作过程如图 1-74 所示。

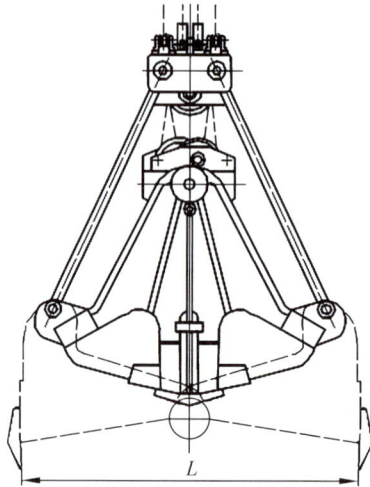

图 1-73　双绳抓斗

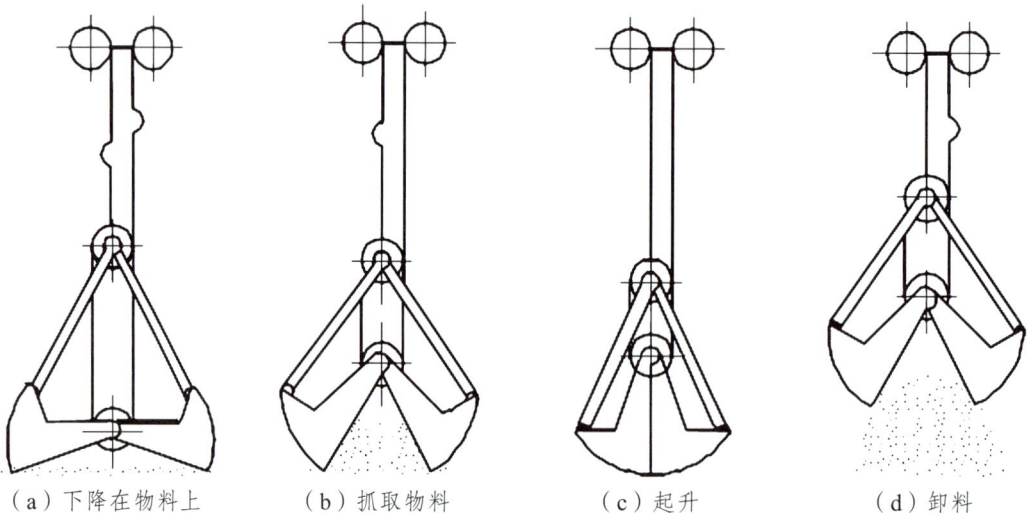

（a）下降在物料上　　　（b）抓取物料　　　（c）起升　　　（d）卸料

图 1-74　双绳抓斗工作过程

2. 夹钳

夹钳是一种吊运成件物品的取物装置。利用夹钳可以缩短装卸工作时间，减轻体力劳动。夹钳的具体形状和尺寸根据吊动物品的不同而不同，但都是靠夹钳钳口与物品的摩擦力来夹持物品。按夹紧力产生的方式分为杠杆夹钳和偏心夹钳。

（1）杠杆夹钳。

杠杆夹钳如图1-75所示，能夹持住物品有赖于夹钳法向压力所产生的摩擦力。物品能被夹持的条件是起重载荷应小于钳口的摩擦力。这种杠杆夹钳结构简单，应用时只要把它悬挂在起重机吊钩上，但还需要辅助人员把夹钳张开，放到要吊运的物品上才能正常工作。

（2）偏心夹钳。

偏心夹钳如图1-76所示，主要用于吊运钢板类物品。它的夹紧力是由物品的重力通过偏心块与物件之间的自锁作用而产生的，为了能够夹持不同厚度的物件，偏心块的曲线应采用对数螺旋线。

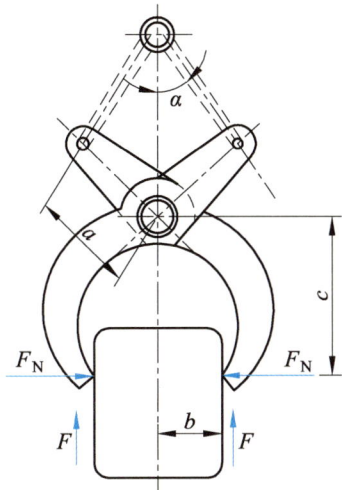

图 1-75　杠杆夹钳

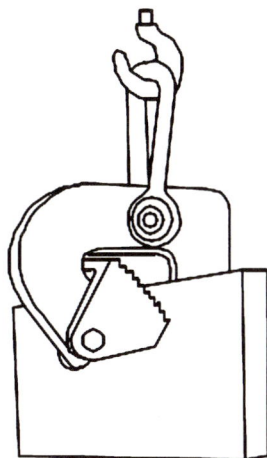

图 1-76　偏心夹钳

3. 电磁吸盘

电磁吸盘又称起重电磁铁，用于搬运具有导磁性的金属材料物品。它不需要辅助人员帮助，通电时靠磁力自动吸住物品，断电时磁力消失，自动放下物品。

电磁吸盘的供电为 110～600 V 直流电，我国常用 220 V。由于供电电缆要随电磁吸盘一起升降，所以在起重机起升机构上，常设有专门的电缆卷筒。

根据用途的不同，电磁吸盘的底面通常制成圆形或长方形，如图1-77所示。圆形吸盘用于常温条件下搬运钢铁材料，长方形吸盘用于冶金车间搬运热态长形钢材。不同直径电磁吸盘的起重量不同，表1-22中的数据反映了物品形状对起重量有很大影响。

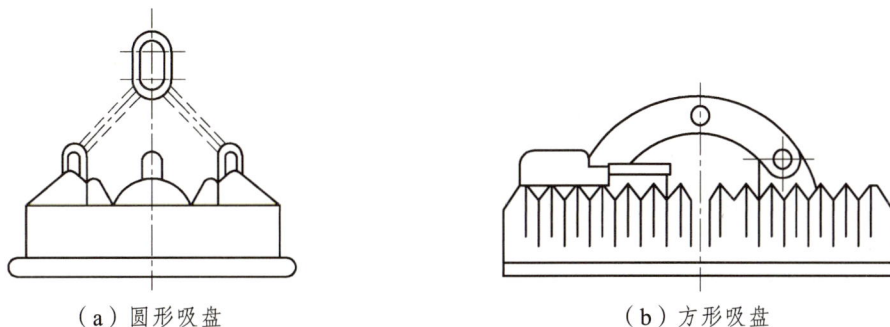

（a）圆形吸盘

（b）方形吸盘

图 1-77　电磁吸盘

表 1-22　电磁吸盘的起重量

物件名称	电磁吸盘直径/mm		
	785	1 000	1 170
钢锭及钢板/kg	6 000	9 000	16 000
大型碎料/kg	250	350	650
生铁块/kg	200	350	600
小型碎料/kg	180	300	500
钢屑/kg	80	110	200

　　电磁吸盘是一种很方便搬运高温物品的取物装置，但电磁吸盘的起重量受被搬运物品温度影响，物品温度升高，电磁吸盘的吸力随之降低。黑色金属磁通密度与温度的关系如图 1-78 所示。当温度达到 730 ℃时，磁性接近于零，完全不能吸起物品。一般的电磁吸盘用于起吊 200 ℃以下的物品，有特殊散热装置的电磁吸盘方可用于起吊高温物品。

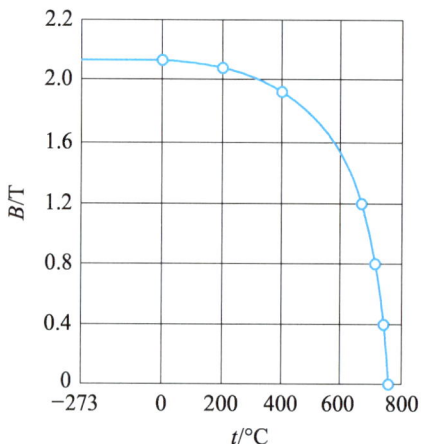

图 1-78　黑色金属磁通密度与温度的关系

知识点六、卷绕装置和吊钩检修

1. 滑轮检修

（1）滑轮槽磨损不均匀。

　　滑轮槽磨损不均匀的原因是材质不均匀、安装不合格、绳轮接触不均匀。轮槽磨损超过轮槽壁厚的 30%时就需要更换，轮槽底径磨损超过钢丝绳直径的 25%时就需要更换。

（2）滑轮芯轴磨损。

　　滑轮芯轴磨损的原因是长期使用或润滑不良。磨损严重时应及时更换，发现磨损时应及时加强润滑。

（3）滑轮不转动。

　　滑轮不转动的原因是芯轴磨损或润滑不良，也可能是轴承损坏。遇到这种现象应检查芯轴状况，是否需要更换轴承或加强润滑。

2. 卷筒检修

（1）卷筒裂纹。

卷筒裂纹的原因可能是材料缺陷或疲劳原因，一经发现应及时清除裂纹、焊接修补或更换卷筒。

（2）卷筒绳槽磨损、钢丝绳跳槽。

卷筒绳槽磨损、钢丝绳跳槽的原因可能是长期使用后卷筒螺旋槽磨损，这时可以重新加工螺旋槽或者当卷筒厚度磨损达到原厚度的 20%时及时更换卷筒。

3. 钢丝绳检修案例

钢丝绳容易出现断股、断丝、打结、磨损的现象。断股和打结应停用并及时更换；断丝数在 1 捻节距内超过 10%时应及时更换；钢丝绳外层钢丝磨损超过钢丝直径的 40%时应及时更换；图 1-79 所示的钢丝绳断股必须更换；图 1-80 所示的钢丝绳断裂必须更换；图 1-81 所示的钢丝绳外部磨损，需要润滑、观察，准备更换；图 1-82 所示的钢丝绳表面断丝，如果一个捻距内有 2 处断丝或 10%断丝则报废处理；图 1-83 所示的钢丝挤出，需要报废更换；图 1-84 所示的钢丝绳的绳芯挤出，需要立即报废更换；图 1-85 所示的钢丝绳绳股凹陷、绳直径局部减少，检查或降低载荷使用；图 1-86 所示的钢丝绳绳股挤出/扭曲，需要报废更换；图 1-87 所示的钢丝绳局部松弛压扁，需要立即报废更换；图 1-88、图 1-89 所示的钢丝绳出现纽结，需要立即报废更换；图 1-90 所示的钢丝绳发生笼状畸变，一经发现立即报废更换；图 1-91 所示的钢丝绳发生内部绳股突出，需要立即报废更换。

图 1-79 钢丝绳断股

图 1-80 钢丝绳断裂

图 1-81 钢丝绳外部磨损

图 1-82 钢丝绳表面断丝

图 1-83 钢丝挤出

图 1-84 绳芯挤出

图 1-85 绳股凹陷、绳直径局部减少

图 1-86 绳股挤出/扭曲

图 1-87 钢丝绳局部松弛压扁

图 1-88 钢丝绳纽结（正向）

图 1-89 钢丝绳纽结（逆向）

图 1-90 笼状畸变

图 1-91　内部绳股突出

更换天车钢丝绳的步骤主要包括：

（1）把新天车钢丝绳（连同缠绕钢丝绳的绳盘）运到天车下面，放到能使绳盘转动的支架上。

（2）天车的吊钩平稳、牢靠地放在已准备好的支架（或平坦的地面）上，使滑轮垂直向上。

（3）把卷筒上的天车钢丝绳继续放完，并使压板停在便于伸扳手的位置。

（4）用扳手松开旧钢丝绳一端的压板，并将此绳端放到地面。

（5）用直径为 1～2 mm 的铁丝扎好新、旧钢丝绳的绳头（绑扎长度为钢丝绳直径的 2 倍）；然后把新、旧钢丝绳的绳头对接在一起；用直径为 1 mm 的细铁丝，在对接的两个绳头之间穿越 5～8 次；用细铁丝把对接处平整地缠紧，以免通过滑轮时受阻。这时新、旧钢丝绳已连接成为一根。

（6）开动起升机构，用旧钢丝绳带新钢丝绳，将旧钢丝绳卷到卷筒上，此时已经穿好滑轮。当新、旧钢丝绳接头处卷到卷筒时停车，松开接头，把新钢丝绳暂时绑到小车合适地方。然后开车把旧钢丝绳全部放至地面（边放边卷好待运）。

（7）用另外的提物绳子把新钢丝绳的另一端提到卷筒处，然后把新钢丝绳两端用压板分别固定在卷筒上。

（8）天车起动提升机构，缠绕新钢丝绳，起升吊钩。

缠绕新钢丝绳时，小车上要有人观察缠绕情况，观察人员必须注意安全。

4. 吊钩检修

（1）吊钩表面裂纹。

吊钩表面裂纹的原因是材料缺陷或超载，需要更换吊钩。

（2）吊钩磨损。

吊钩磨损的原因是长期使用后吊钩磨损量超过危险断面的 10%，需要更换吊钩；磨损量超过危险断面的 10% 应降低负荷使用。图 1-92 所示为吊钩磨损实物图。

图 1-92　吊钩磨损实物

（3）钩口永久变形。

如果使用时超载，吊钩钩口会发生变形。变形的吊钩必须更换。

吊钩是承重物件，长期使用后容易产生裂纹，因此应按一定周期进行探伤检查，一般采用磁粉、渗透等方法进行探伤检查。根据吊钩的使用环境、使用频率确定其探伤周期，一般为每半年至一年探伤一次。起重机操作人员应每天对吊钩外观进行查看。

吊钩各部件的要求：滑轮在滑轮轴上滚动应灵敏，无明显松垮；滑轮的轮缘应无破损或裂纹，否则应替换；防脱钩设备应开合自如，其绷簧应无缺，避免钢丝绳从钩体上滑脱；钩体在横梁处的轴承上应滚动灵敏；圆螺母及组合螺栓不能有松动。

对于吊钩的工作日点检，可以采用点检表的形式检查并记录检查结果。

任务实战

1. 某公司天车在工作日点检时发现卷筒出现裂纹，因为生产任务重，为了不影响生产进度决定先维持现状继续使用，安排专人加强监测，待休息日再安排更换或焊修卷筒。请分析这种情况是否合理。

_____

_____

_____

_____

2. 某公司使用的 60 t 天车，卷绕机构的工作级别为 M6，现在选用钢丝公称抗拉强度为 1 770 MPa 的西鲁式钢丝绳，请运用所学知识评估该方案是否合理。

_____

_____

_____

_____

_____

任务评价

完成本任务学习后根据自身学习体会，结合任务评价表的内容进行评价。

任务评价表

姓　名		组　别		班　级			
日　期			综合评价等级				
评价指标	评价标准		分值	评价方式			
				自我评价（30%）	小组评价（30%）	教师评价（40%）	单项得分
课前预学	课前预习本任务相关知识，查找相关资料		5				
	完成任务引导题目		5				
课堂参与	认真听讲和练习		10				
	积极参与小组讨论，并有详细笔记		10				
课堂互动	积极回答教师问题		5				
	和小组成员有效合作，尊重他人		5				
	小组活动中能围绕主题发表自己的观点		10				
自主探究	独立思考、自主学习，会发现问题		10				
	主动寻求解决问题的方法		10				
	善于观察、分析、思考，能提出创新观点		5				
综合素养	具有一定的安全意识、责任意识、规范意识		5				
	具有吃苦耐劳的精神和严谨认真的学习态度		5				
学习成果	在规定时间内完成本人的分工任务		10				
	完成拓展任务		5				

引导问题 1：什么是天车的啃轨或啃道？

_____

_____

_____

引导问题 2：把天车车轮和角形轴承箱构成一个部件的目的是什么？

_____

_____

_____

引导问题 3：大车啃轨的现象有哪些？

_____

_____

_____

引导问题 4：车轮部件更换的步骤有哪些？

_____

_____

_____

引导问题 5：钢轨的轨顶有_____和_____两种。

相关知识

知识点一、天车车轮

1. 车轮的类型

天车的大车和小车通过车轮在轨道上的运动，实现大车的纵向运动和小车的横向运动。大车和小车承受全部起重载荷和天车的自重，是关系天车稳定运行的重要部件。

根据使用要求的不同，天车车轮有不同的类型。车轮按轮缘分为无轮缘、单轮缘和双轮缘3种，如图1-93所示。为防止车轮脱轨，大轨距情况下应采用双轮缘车轮，如桥式起重机大车车轮。轨距不超过4 m的情况下允许采用单轮缘车轮，如桥式起重机的起重小车车轮。

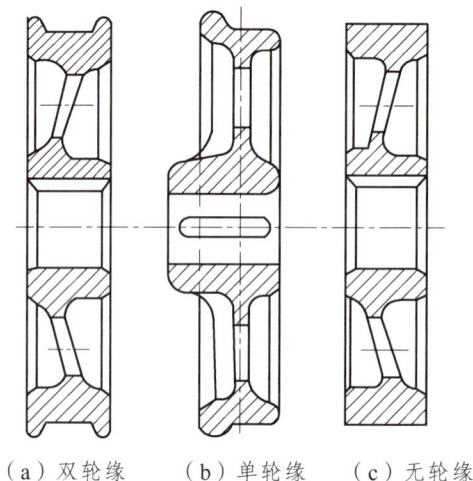

（a）双轮缘　　　（b）单轮缘　　　（c）无轮缘

图 1-93　车轮类型

车轮类型

车轮与轨道接触的滚动面，又称车轮踏面，可加工成圆柱面或圆锥面，如图1-94所示。在直线轨道上行走的起重机中，大都采用具有圆柱形踏面的车轮。

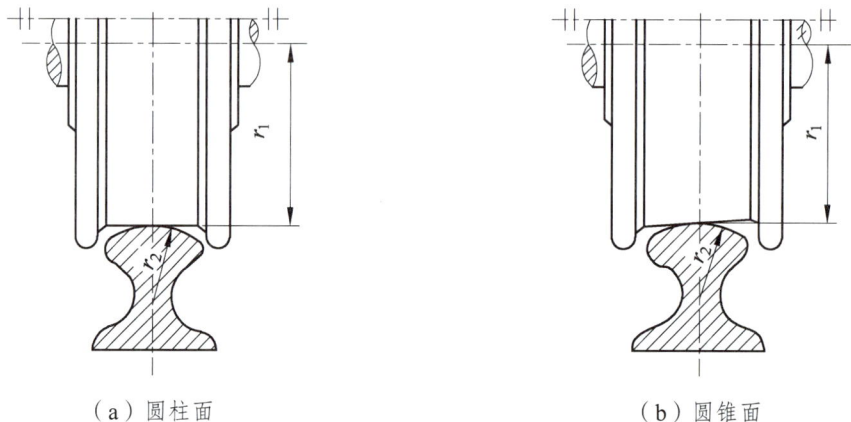

（a）圆柱面　　　　　　　　　　　　（b）圆锥面

图 1-94　车轮踏面

对于有轮缘的车轮，当起重机走斜时，常会发生轮缘与轨道的强烈摩擦导致轨道严重磨损，这种现象称为啃轨或啃道。有的桥式起重机中带动桥架运行的主动车轮采用圆锥形踏面（锥度为1：10），可以自动矫正桥架运行中产生的偏斜现象。

圆锥形踏面的车轮还用于在工字钢梁下翼缘运行的小车，如电动葫芦的运行小车，这时车轮大端与小端的圆周速度不同，会产生附加摩擦阻力与磨损，如图 1-95（a）所示。所以，常常制成带圆弧状踏面的车轮或制成倾斜放置的圆柱面车轮，分别如图 1-95（b）、（c）所示。

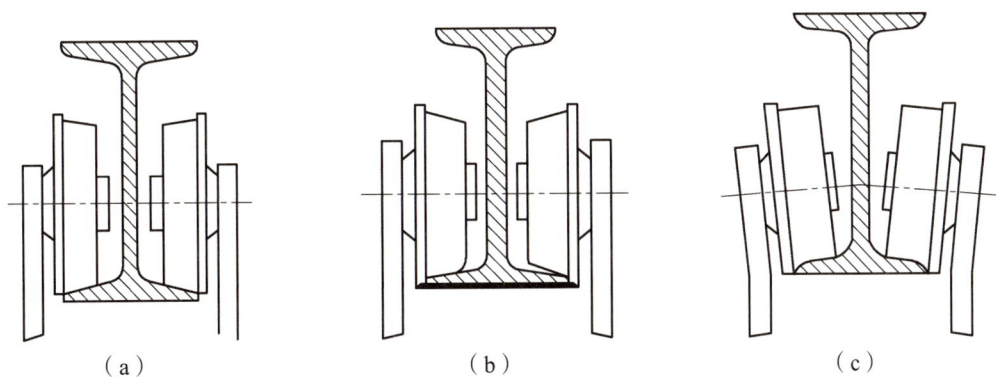

（a）　　　　　　　　　　　（b）　　　　　　　　　　　（c）

图 1-95　工字钢下翼缘上运行的车轮

2. 车轮的材料

轧制车轮应选用力学性能不低于《优质碳素结构钢》（GB/T 699—2015）中规定的 60 钢的材料。踏面直径不大于 400 mm 的锻造车轮应选用力学性能不低于 55 钢的材料；直径大于 400 mm 的锻造车轮应选用力学性能不低于 60 钢的材料。铸钢车轮应选用力学性能不低于《一般工程用铸造碳钢件》（GB/T 11352—2009）中规定的 ZG340-640 钢的材料。

为了提高车轮表面的耐磨性能和使用寿命，钢制车轮一般应经热处理，踏面和轮缘内侧面硬度应达到 300 ~ 380 HBW。根据《起重机车轮》（JB/T 6392—2008）相关规定，天车车轮的硬度具体要求见表 1-23。

表 1-23　天车车轮的硬度要求

车轮踏面直径/mm	踏面和轮缘内侧面硬度/HBW	淬硬层 260HBW 处深度/mm
100 ~ 200	300 ~ 380	≥5
>200 ~ 400		≥15
>400		≥20

注：根据起重机具体使用工况，允许选用硬度更高或更低的车轮。

3. 车轮部件

车轮有定轴式和转轴式两种支承和安装方式。

定轴式车轮是把车轮安装在固定机架的心轴上，如图 1-96 所示。轮毂与心轴之间可以装滑动轴承，也可以装滚动轴承，车轮绕心轴能够自由转动。驱动转矩是与车轮固定在一起的齿圈传递给车轮的。由于是开式齿轮传动，齿轮磨损严重，检修过程中更换车轮或齿圈时需要抽出心轴。图 1-96 所示的中心轴中心的虚线孔是润滑孔。

转轴式车轮是把车轮安装在转动轴上。主动车轮通过转轴来传递转矩，如图 1-97 所示。不传递转矩的车轮是从动车轮，它没有图 1-97 中所示的轴伸。轴承安装在特制的角型轴承箱内。

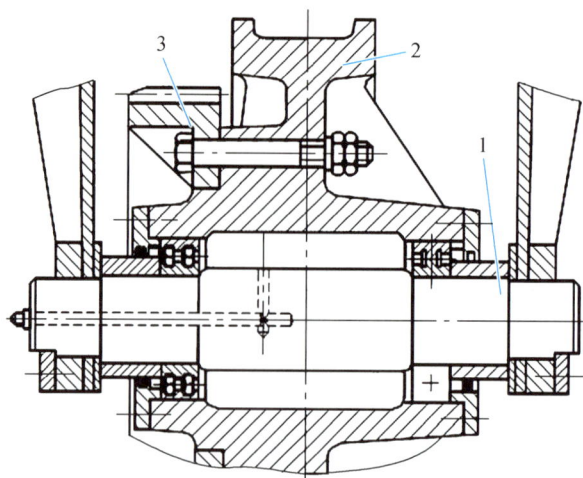

1—固定心轴；2—车轮；3—齿圈。

图 1-96　装在固定心轴上的车轮

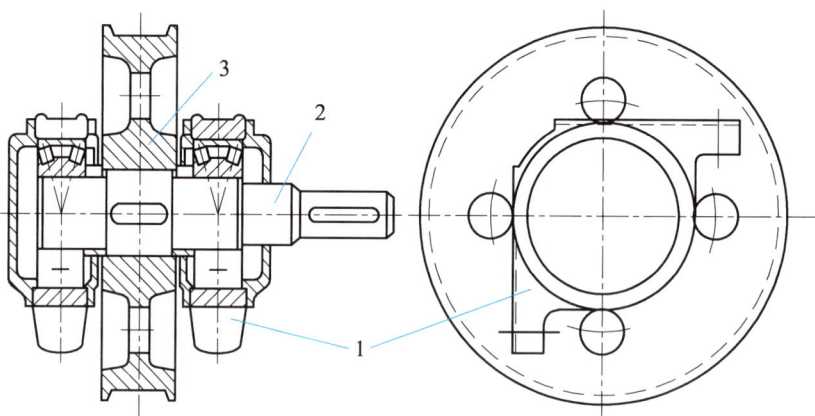

1—角形轴承箱；2—转轴；3—车轮。

图 1-97　装在固定心轴上的车轮

　　角型轴承箱和车轮形成一个组件，该组件通过专用螺栓固定在起重机机架上，检修更换方便。角型轴承箱一般采用自动调心的滚子轴承，容许一定程度的安装误差和机架变形，降低了对安装、检修的要求。

知识点二、天车轨道

　　起重机车轮运行的轨道，常采用铁路钢轨。当轮压较大时，采用起重机专用钢轨。有时也使用方钢作为代用的钢轨。起重机用钢轨如图 1-98 所示。

　　钢轨的轨顶有凸顶和平顶两种。圆柱形车轮踏面与平顶钢轨的接触为线接触；圆柱形或圆锥形踏面的车轮与凸顶钢轨接触为点接触。

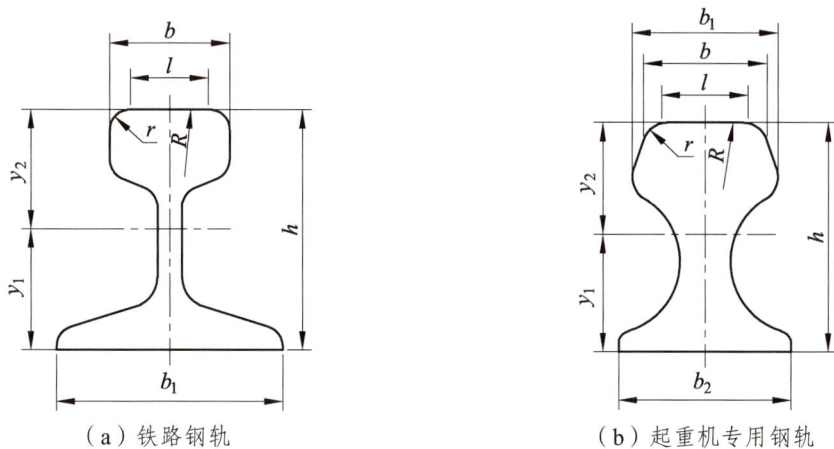

（a）铁路钢轨　　　　　　（b）起重机专用钢轨

图 1-98　起重机用钢轨

从理论上看，线接触比点接触要好，承载能力大。实际上，由于制造安装及起重机在不同载荷时的不同变形，造成车轮不同程度的偏斜，使圆柱形的车轮与平顶钢轨在接触线的压力分布不均，有时甚至只在轨道边缘的一个点上接触，产生很大的挤压应力，更容易磨损。点接触的凸顶钢轨对不可避免的车轮倾斜现象具有很好的适应性。实践证明，采用凸顶钢轨时车轮的使用寿命比采用平顶钢轨的长。起重机大多采用凸顶钢轨。

起重机专用钢轨通常用碳、锰的质量分数较高的钢材制成，使其具有较高的强度和韧性，顶面又有足够的硬度，详见《起重机用钢轨》（YB/T 5055—2014）。根据 YB/T 5055—2014 规定，钢轨的材料牌号和专用钢轨的力学性能要求分别见表 1-24 和表 1-25。

表 1-24　钢轨材料牌号专用钢轨化学成分

牌号	化学成分（质量分数）/%						
	C	Si	Mn	Cr	V	P	S
U71Mn	$0.65 \sim 0.76$	$0.15 \sim 0.58$	$0.70 \sim 1.40$	—	—	$\leqslant 0.035$	$\leqslant 0.030$
U75V	$0.71 \sim 0.80$	$0.50 \sim 0.80$	$0.75 \sim 1.05$	—	$0.04 \sim 0.12$	$\leqslant 0.035$	$\leqslant 0.030$
U78CrV	$0.72 \sim 0.82$	$0.50 \sim 0.80$	$0.70 \sim 1.05$	$0.30 \sim 0.50$	$0.04 \sim 0.12$	$\leqslant 0.035$	$\leqslant 0.030$
U77MnCr	$0.72 \sim 0.82$	$0.10 \sim 0.50$	$0.80 \sim 1.10$	$0.25 \sim 0.40$	—	$\leqslant 0.035$	$\leqslant 0.025$
U76CrRE	$0.71 \sim 0.81$	$0.50 \sim 0.80$	$0.80 \sim 1.10$	$0.25 \sim 0.35$	$0.04 \sim 0.08$	$\leqslant 0.035$	$\leqslant 0.025$

表 1-25　专用钢轨抗拉强度和断后伸长率

牌号	抗拉强度 R_m/MPa	断后伸长率 A/%
U71Mn	$\geqslant 880$	$\geqslant 9$
U75V	$\geqslant 980$	$\geqslant 9$
U78CrV	$\geqslant 1\,080$	$\geqslant 8$
U77MnCr	$\geqslant 980$	$\geqslant 9$
U76CrRE	$\geqslant 1\,080$	$\geqslant 9$

注：热钢取样检验时，允许断后伸长率比规定值降低 1%（绝对值）。

钢轨的选择见表 1-26，铁轮钢轨型号中的数字表示这种钢轨单位长度的质量（kg/m），方钢的型号则是以边长来表示的。

表 1-26　钢轨的选择

车轮直径/mm	200	300	400	500	600	700	800	900
起重机的专用钢轨	—	—	—	—	—	QU70	QU70	QU80
铁轮钢轨	P15	P18	P24	P38	P38	P43	P43	P50
方钢/mm	40	50	60	80	80	90	90	100

起重钢轨横截面如图 1-99 所示，起重钢轨尺寸及质量具体尺寸规格见表 1-27 所示。

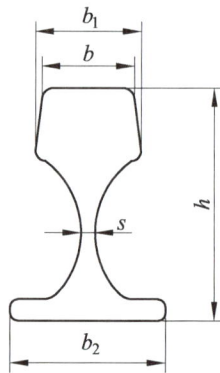

b—顶宽；b_1—顶下宽；b_2—底宽；s—腰宽；h—轨高。

图 1-99　起重钢轨尺寸

表 1-27　起重钢轨尺寸及质量

型号	截面尺寸/mm					截面面积/cm²	理论质量/（kg/m）
	h	b	b_1	b_2	s		
QU70	120	70	76.5	120	28	67.30	52.8
QU80	130	80	87	130	32	81.13	63.69
QU100	150	100	108	150	38	113.32	88.96
QU120	170	120	129	170	44	150.44	118.10

轨道在金属梁和钢筋混凝土上的固定方法如图 1-100 所示。钢轨可以采用螺栓压板固定在金属梁上的轨道上，也可以采用钩条把轨道固定在金属梁上。对于混凝土梁，可以用压板固定在钢筋混凝土梁上的轨道上，不过需要预埋螺栓。目前还有把轨道直接用焊接压板固定的方法，固定牢固可靠，不过在调整轨道时需要用碳弧气刨取下压板。

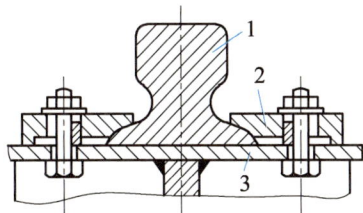

（a）用螺栓压板固定在金属梁上的轨道　　　　（b）用压板固定在钢筋混凝土梁上的轨道

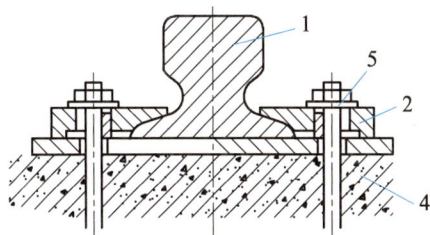

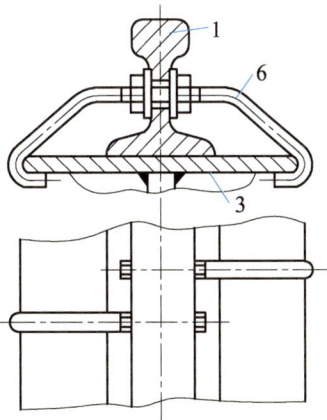

（c）用钩条固定在金属梁上的轨道

1—轨道；2—压板；3—金属梁；4—钢筋混凝土梁；5—螺栓；6—钩条。

图 1-100　轨道的固定

知识点三、天车车轮和轨道检修

1. 车轮的检修

天车在正常工作时，大车的轮缘与轨道侧面应保持一定的间隙。大车在运行中，如果轮缘与轨道侧面没有间隙，就会产生挤压和摩擦的现象，这种现象就是大车啃轨。如果不影响使用，不能认为是啃轨。啃轨是指大车轮缘与轨道侧面之间的挤压和摩擦已达到使轮缘和轨道侧面有明显的磨损，增加了天车运行的阻力，严重时可导致天车脱轨。

正常情况下中级工作类型的天车，经常啃轨的大车车轮使用寿命一般为1~2年，正常的大车车轮使用寿命是啃轨车轮的4~5倍。所以，检查和排除大车啃轨故障，对保证人身和设备的安全以及天车的正常运行、延长天车使用寿命、提高生产效率，具有很大的意义。

（1）大车啃轨的现象。

① 大车轨道侧面有一条明显的磨损痕迹，如表面带有毛刺，说明啃轨道已经达到一定程度。

② 大车轮缘内侧有明显的磨损痕迹，轨道顶面有很多光亮的斑痕。

③ 大车行走时，有明显的间隙变化。

④ 大车起动或停车时，车身有明显的摇摆现象。

⑤ 严重啃轨的，能听出磨损的切削声。

（2）大车啃轨的原因。

① 车轮的加工精度不符合图样的技术要求。分别驱动时，车轮加工精度不符技术要求就会引起两侧车轮运转速度的差别，导致整个车体倾斜而产生车轮啃道。

② 车轮歪斜的原因一般是车轮装配质量不高、精度有偏差或使用过程中车架变形。车轮踏面中心线不平行于轨道中心线。车轮是一个刚性结构，它的行走方向永远向着踏面中心线的方向。当车轮沿轨道走一定距离后，轮缘便与轨道侧面摩擦而产生啃轨。

③ 传动系统传动不良：

a. 车轮直径不相等，导致天车两个主动轮的线速度不等，或者其中一个车轮的传动系统有卡住现象，使车体扭斜，造成啃轨。

b. 齿轮传动系统的间隙相差太大，或者一端的轴因滚键而松动，起动时一端转动滞后使车体倾斜，造成啃轨。

c. 分别驱动时，两端的制动器调整不均，其中一端可能在半制动状态下运行，造成两端的主动轮转速不等，使车体倾斜，造成啃轨。

④ 桥架变形或桥架的金属结构变形，使车轮的安装位置发生对角线偏差，当超过允许值时就引起对角啃轨现象。

⑤ 轨道顶面倾斜会使车轮轮缘与轨道侧面摩擦，轨道顶面有过多的油污会使主动轮打滑、车体扭斜，造成啃道。

（3）防止大车啃轨的方法。

① 要严格控制车轮的制造工艺，车轮直径误差一般不得超过 $D/1\,000$（D 为大车车轮的直径）。

② 要严格执行安装车轮和轨道的精度要求。

③ 传动系统要严格按照技术要求安装，桥架的制造必须符合技术要求。

（4）啃轨的检查方法。

① 轨道的检查。利用水平仪、弹簧秤和钢卷尺等测量仪器对轨道各部位进行检查。

② 机械传动系统的检查。利用卡钳测量两主动车轮直径的差值。检查机械传动系统的制动器、联轴器、减速机的齿轮传动是否有过大间隙和松动的地方。

③ 测量大车车轮的对角线。将天车开到直线性较好的一段轨道处，对准车轮踏面中心划一条直线，沿直线吊一线锤，使锤尖对准轨道上的一点，打一冲眼，以同样的方法测量其余三点，如图 1-101 所示。测量完毕后，开走天车，再使用弹簧秤与钢卷尺测量四个冲眼对角线的距离。还可以测出跨距、轮距，以及利用四个冲眼计算出轨道侧面与轮缘间的间隙值。

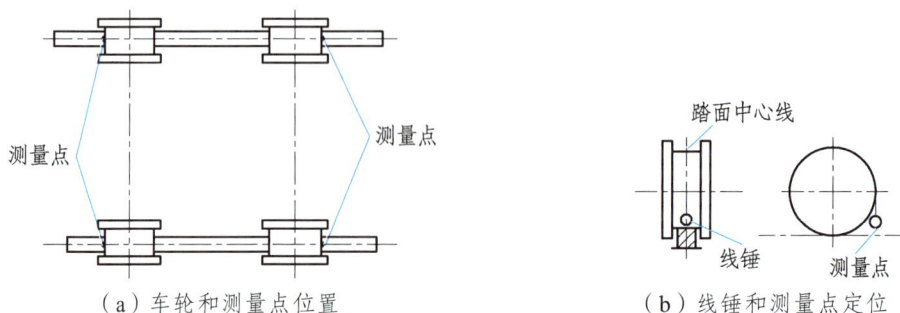

（a）车轮和测量点位置　　　　　　　　（b）线锤和测量点定位

图 1-101　对角线测量方法示意

④ 车轮的直线性和垂直度的检查。车轮的直线性可以选择一条比较平直的轨道为基准，与轨道外侧相平行地拉一条钢丝，钢丝与轨道外侧的距离为 a，再使用钢直尺测出两轮四个点到钢丝的距离如 D_1、D_2、D_3 和 D_4 的值。车轮直线性检查如图 1-102 所示。

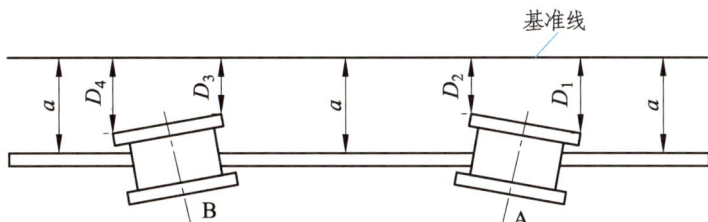

图 1-102　车轮直线性的检查

用下面公式求出轮 A 和轮 B 的平行度偏差。

轮 A 的平行度偏差 $\delta_A = （D_1 - D_2）/2$

轮 B 的平行度偏差 $\delta_B = （D_4 - D_3）/2$

则两轮直线性偏差为：

$$\delta = \delta_A - \delta_B = （D_1 - D_2）/2 - （D_4 - D_3）/2$$

（5）大车啃轨的修理方法。

① 对角线的调整。

一般采用移动和调整位置不正确车轮的方法来消除车轮对角线安装误差造成的影响。但移动主动轮会涉及到传动系统，给修理带来很大的麻烦。因此应尽可能移动和调整被动车轮，但不移动主动轮就无法调整和修复的情况除外。

② 重新移动车轮的位置。

大车啃轨也可以通过移动车轮的位置来解决。车轮位置不对，不仅影响轮跨、轮距、对角线，还会影响同一轨道上两个车轮的同轴度。在移动时，把车轮的四块键板割掉，重新找正、定位，按移动记号将轮子和键板装好，拧紧螺栓。然后空车试运行，观察啃轨情况。如仍有啃轨，应继续调整。若无啃轨现象，将键板和定位板点固焊定位。

2. 车轮部件的更换

车轮部件的更换步骤主要包括：

（1）卸下车轮轴端联轴器的连接螺栓。

（2）卸下车轮组角型轴承箱与端梁连接的紧固螺栓。

（3）利用起重机的起重螺杆或千斤顶把起重机桥架顶起，使车轮踏面离轨道顶面的距离为 10 mm，撬动车轮组并沿轨道面拆卸出来。

（4）把预先组装的带有轴端齿轮联轴器半体的主动车轮组吊运到起重机轨道上。

（5）将车轮组靠近安装位置，调整千斤顶使车体缓慢下降，穿紧固螺栓，拧上螺母，确保安全。

（6）适当紧固水平方向螺栓，再相应紧固垂直方向的螺栓，交替进行。在紧固的同时扳动车轮，检查车轮转动是否灵活，检查车轮的水平偏斜度和垂直偏斜度。

（7）对准车轮轴端齿轮联轴器半体与减速器从动轴联轴器半体的螺孔，穿入连接螺栓并紧固。

（8）一切正常后将车体落下。

另一端主动车轮也采用同样步骤进行更换。为了保证两端传动一致，确保起重机运行正常，两端主动车轮必须同时更换。为了保证两端机械传动间隙一致，减速器从动轴端的齿轮联轴器也同时更换。

采用一种高效更换整套起重机部件的维修方法，对于起重机的维修非常重要。这样可以保证维修工作安全可靠、停机时间短、生产效率高，不仅适用于更换大车、小车车轮，也适用于吊钩组、减速器、保护箱等机、电部件的维修。

更换过程应合理组织，指定专人指挥，安全员清理现场无关人员，注意安全。

3. 轨道的检修

大小车纵横行走轨道是桥式起重机设备实现稳定运行的关键，轨道的质量及其安装质量对起重机设备运行有着非常大的影响。为了桥式起重机保持安全稳定的运行状态，钢轨需要满足两个要求：一是钢轨质量达标；二是轨道安装规范。设备运行过程中，常常因各种因素导致起重机设备轨道发生一系列故障如位移、变形等。轨道问题导致啃轨的原因主要包括：

（1）轨道安装不合理。

两个导轨表面之间的高度差不能高于标准要求，一般不超过 10 mm。一旦导轨表面高度差超过 10 mm，桥式起重机在运行过程中很容易出现啃轨或侧滑的现象，从而影响施工进度。因此，在安装桥式起重机轨道时，一定要严格按照相关标准，将安装误差缩减到最小。此外，两个导轨表面横向偏差也不可超出标准要求，一般不超过 10 mm，一旦超过这个数值，也会引发啃轨现象。

（2）承轨梁安装不规范。

对于桥式起重机轨道而言，承轨梁是其不可或缺的一部分。目前桥式起重机轨道所采用的承轨梁主要分为混凝土承轨梁和钢承轨梁。不论是制作工艺还是安装工艺，这两种承轨梁均存在着明显差异。承轨梁的制作与安装质量直接关系到桥式起重机后期的运行状态。然而在实际安装过程中，承轨梁的高低差和平整度均与实际标准严重不符，以至于桥式起重机在运行过程中出现了啃轨现象。为了避免这类问题的发生，安装人员应严格按照标准规定，对承轨梁的尺寸进行严格管控，同时根据正确的操作流程进行规范安装，最大程度地降低发生的啃轨概率，确保桥式起重机能够安全稳定的运行。

任务实战

一台天车需要更换车轮，试制订车轮更换操作规程。

_____

_____

_____

_____

任务评价

完成本任务学习后，根据自身学习体会，结合任务评价表的内容进行评价。

任务评价表

姓　名		组　别		班　级			
日　期		综合评价等级					
评价 指标	评价标准		分值	评价方式			
				自我评价 （30%）	小组评价 （30%）	教师评价 （40%）	单项 得分
课前 预学	课前预习本任务相关知识，查找相关资料		5				
	完成任务引导题目		5				
课堂 参与	认真听讲和练习		10				
	积极参与小组讨论，并有详细笔记		10				
课堂 互动	积极回答教师问题		5				
	和小组成员有效合作，尊重他人		5				
	小组活动中能围绕主题发表自己的观点		10				
自主 探究	独立思考、自主学习，会发现问题		10				
	主动寻求解决问题的方法		10				
	善于观察、分析、思考，能提出创新观点		5				
综合 素养	具有一定的安全意识、责任意识、规范意识		5				
	具有吃苦耐劳的精神和严谨认真的学习态度		5				
学习 成果	在规定时间内完成本人的分工任务		10				
	完成拓展任务		5				

任务七 天车的安全防护装置检修

任务引导

引导问题 1：天车上有哪些安全防护装置？

_____

_____

_____

引导问题 2：杠杆式超载限制器是如何工作的？

_____

_____

_____

_____

引导问题 3：电子式超载限制器是如何工作的？

_____

_____

_____

_____

引导问题 4：_____的作用是防止因为下降距离过大而使钢丝绳在卷筒上缠绕的圈数少于安全圈数而造成重物坠落事故。

引导问题 5：_____是天车大车、小车与轨道终端或天车与天车之间相互碰撞时起缓冲作用的安全装置。

相关知识

知识点一、天车安全装置类别

为了保证天车安全运行和避免造成人身伤亡事故，在起重设备上配备有各类安全防护装置。桥式起重机和门式起重机上装设的安全防护装置名称、要求程度和要求范围见表1-28。起重机的安全防护装备主要包括超载限制器、位置限制器、偏斜调整装置、缓冲器、防风装置、防碰撞装置等。

表 1-28　天车的安全防护装置

安全防护装置名称	桥式起重机		门式起重机	
	要求程度	要求范围	要求程度	要求范围
超载限制器	应装	额定起重量大于20 t的	应装	额定起重量大于10 t的
	宜装	动力驱动，额定起重量为 3～20 t 的	宜装	动力驱动，额定起重量为 5～10 t 的
上升极限位置限制器	应装	动力驱动的	应装	动力驱动的
下降极限位置限制器	宜装		宜装	
运行极限位置限制器	应装	动力驱动的并且在大车和小车运行的极限位置(单梁吊的小车可除外)	应装	动力驱动的并且在大车和小车运行的极限位置
偏斜高调整显示装置	宜装		宜装	跨度等于或大于40 m 时
联锁保护装置	应装	由建筑物登上起重机的门与大车运行机构之间，由司机室登上桥架的舱门与小车运行机构之间。设在运动部分的司机室在进入司机室的通道口门与小车运行机构之间	应装	装卸桥设在运动部分的司机室，应装在进入司机室的通道口与小车运动机构之间的
缓冲器	应装	在大车、小车运行机构或轨道端部	应装	在大车、小车运行机构或轨道端部
夹轨钳和锚定装置或铁鞋	宜装	露天工作的	应装	露天工作的

安全防护装置名称	桥式起重机		门式起重机	
	要求程度	要求范围	要求程度	要求范围
登机信号按钮	宜装	具有司机室的		（装卸桥司机室位于运动部分的应装）
防倾翻安全钩	应装	单主梁起重机在主梁一侧落钩的小车架上	应装	单主梁门式起重机在主梁一侧落钩的小车架上
检修吊笼	应装	在司机室对面靠近滑线一端		
导轨板和支承架	应装	动力驱动的大车运行机构上	应装	在大车运行机构
轨道端部止挡	应装		应装	
导电滑线防护板	应装			
暴露的活动零部件的防护罩	宜装		宜装	
电气设备的防雨罩	应装	露天工作的	应装	露天工作的

知识点二、超载限制器

超载限制器又称起重量限制器，其作用是防止起重机超载吊运。

超载吊运时，限制器能够防止起重机向不安全方向继续动作，但允许起重机向安全方向继续动作，同时发出声光报警信号。

超载限制器主要分为机械型超载限制器和电子型超载限制器。

1. 机械型超载限制器

机械型超载限制器的基本原理是吊运的重量通过杠杆、偏心轮或弹簧控制开关的动作来控制电动机的起停。

（1）杠杆式超载限制器。

杠杆式超载限制器如图 1-103 所示，主要组件包括杠杆、弹簧及控制开关。

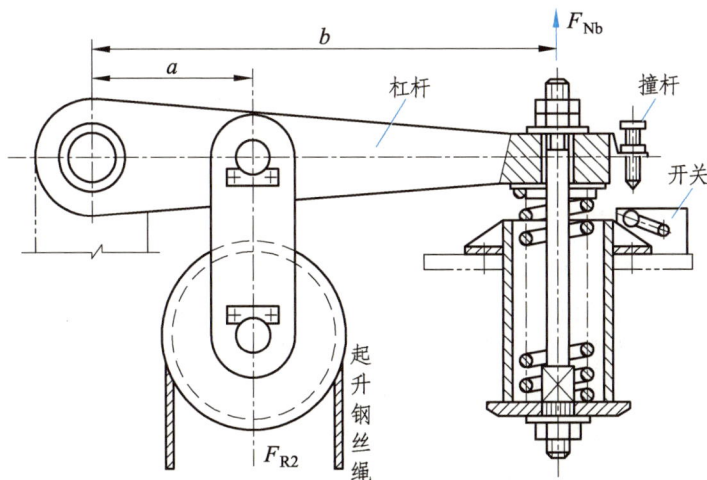

图 1-103　杠杆式超载限制器

杠杆式超载限制器

当起吊重量小于额定重量时，起升力矩小于弹簧的力矩，撞杆不动作；当起吊重量大于额定重量时，起升力矩大于弹簧的力矩，撞杆动作，触动与起升线路连锁的控制开关，电动机断电，起升机构停止调运，起到超载限制作用。撞杆行程是可调的。

（2）弹簧式超载限制器。

弹簧式超载限制器如图 1-104 所示，主要由弹簧 13、控制开关 5 等组成。

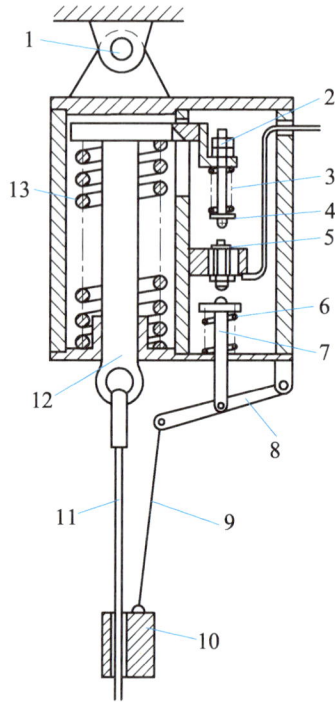

弹簧式超载限制器

1—支铰；2—调节螺母；3、6、13—弹簧；4—触杆；5—控制开关；7—拉杆；
8—杠杆；9—链条；10—重锤；11—钢丝绳；12—滑杆。

图 1-104　弹簧式超载限制器

当起吊重量小于额定起重量时，弹簧 13 压缩量较小，与起升钢丝绳连接的滑杆 12 向下的移动量小，起升机构正常运行。起吊重量大于额定起重量时，弹簧 13 压缩量大，滑杆 12 触动控制开关 5，起升机构停止运动，从而限制超载。触杆 4 的行程同样可以调节。

图 1-104 显示了上升极限位置限制器的作用。当吊钩滑轮组上升到极限位置时，托起重锤 10，在弹簧 6 的作用下，拉杆 7 上移，触动控制开关 5，使起升机构停止动作。

2. 电子型超载限制器

电子型超载限制器主要由载荷传感器、测量放大器和显示器等组成。

载荷传感器是在一块弹性金属上粘贴电阻应变片，这些电阻应变片构成一个平衡电桥回路。载荷传感器受力时，应变片变形导致电阻值发生变化，电桥失衡，产生一个输出电压。

由于电桥的输出电压信号比较微弱，需要用放大电路进行电压和功率放大，以驱动微型电机旋转，电机转角反映载荷大小。放大后的电桥输出电压经过 A/D 转换后在电子显示器上显示载荷质量。

载荷的控制和报警是通过比较放大器输出电压与设定电压来实现的。当负荷达到额定起重量的 90% 时，比较器控制电路开启，发出警报；当负荷达到设定值时，比较器控制继电器，中断起升回路，吊钩只能下降，不能上升，起到过载保护作用。

载荷传感器（也称为过荷重计）可以安装在滑轮上，如图 1-105 所示；也可以安装在钢丝绳上，如图 1-106 所示。

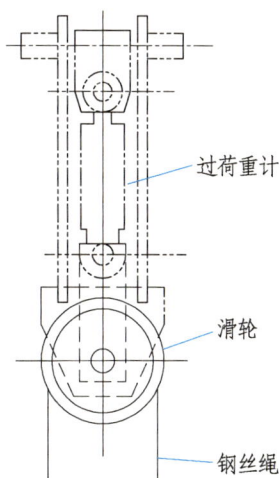

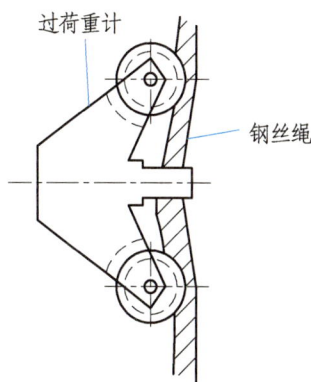

图 1-105　载荷传感器安装在平衡轮支架上　　　　图 1-106　载荷传感器安装在钢丝绳上

3. 超载限制器的安全要求

超载限制器的安全要求主要包括以下内容：

（1）电子型限制器的综合误差不大于 ±5%，机械型限制器的综合误差不大于 ±8%。

超载限制器的综合误差计算方法可表示为：

$$综合误差 = （动作点 - 设定点）/设定点 × 100\%。$$

其中：动作点——超载限制器启动控制开关动作时的实际起重量；

设定点——预先设定的超载限制器启动控制开关动作时的起重量。

设定点的调整值不大于起重机在正常工作条件下可吊运的额定起重量。超载限制器动作点不大于 110% 额定起重量。设定点宜调整在 100%～105% 额定起重量。

（2）当载荷达到额定起重量的 90% 时，应能发出提示性报警信号。

（3）装设超载限制器后，应能根据其性能和精度情况进行调整或标定。当起重量超过额定起重量时，应能自动切断起升动力源，发出禁止性报警信号。

知识点三、位置限制器

1. 上升与下降极限位置限制器

上升极限位置限制器的作用是防止吊钩或其他吊具过卷扬，拉断钢丝绳并使吊具坠落而造成事故，因此起升机构装有上升极限位置限制器。

下降极限位置限制器的作用是防止吊钩或其他吊具下降距离过大而使钢丝绳在卷筒上缠绕的圈数少于安全圈数，造成重物坠落事故。

上升与下降极限位置限制器主要有重锤式和螺杆式两种。重锤式上升极限位置限制器如

图 1-107 所示，主要由重锤和限位开关组成。

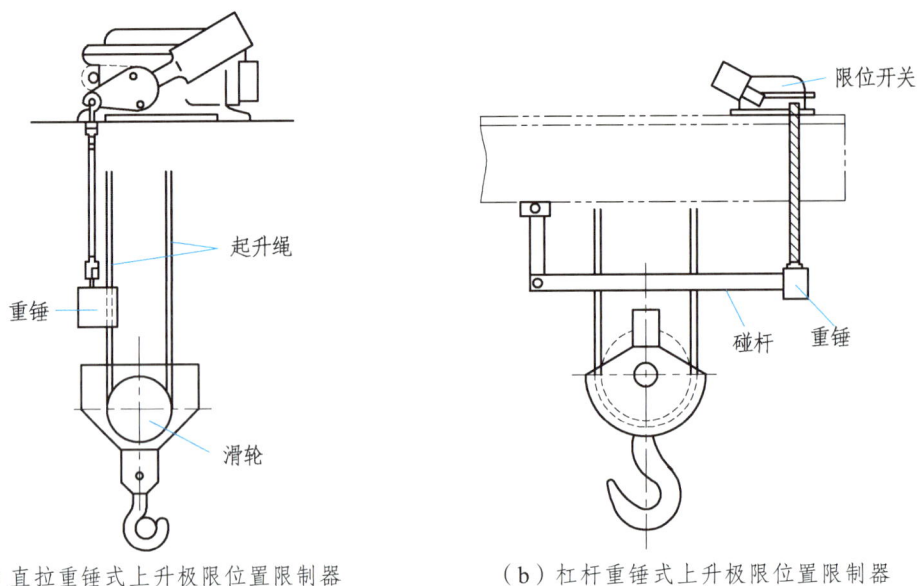

（a）直拉重锤式上升极限位置限制器　　　　（b）杠杆重锤式上升极限位置限制器

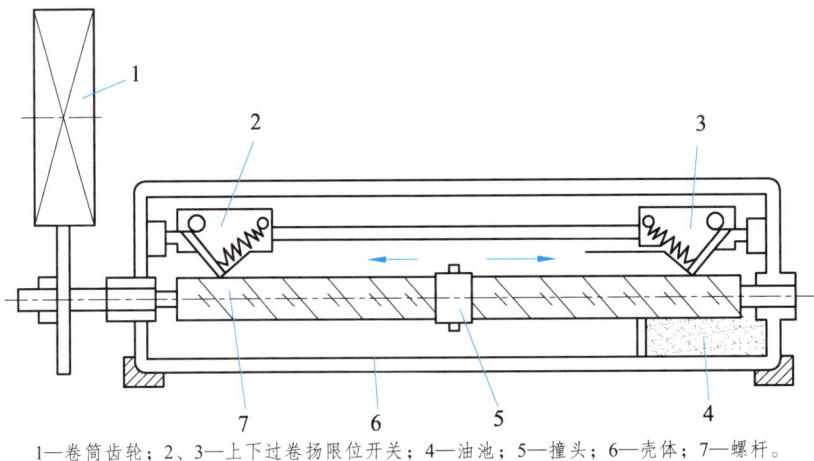

图 1-107　重锤式上升极限位置限制器

当吊钩起升到极限位置时，吊钩碰到重锤或碰到碰杆抬起重锤，重锤的动作引起限位开关动作，起升机构断电，吊钩停止起升。

螺杆式上升极限位置限制器如图 1-108 所示。螺杆通过齿轮和卷筒连接，随着卷筒正反转，螺母左右运动，吊钩上升或下降到极限位置时，螺母上的撞头撞动限位开关 3 或 2，升降机构断电，吊钩不再上升或下降。

重锤式上升极限位置限制器

1—卷筒齿轮；2、3—上下过卷扬限位开关；4—油池；5—撞头；6—壳体；7—螺杆。

图 1-108　螺杆式极限位置限制器

当起升机构上升到规定极限位置时，应能自动切断电动机电源；当有下降限位要求时，应设有下降深度限位器，除能自动切断电动机电源外，钢丝绳在卷筒上的缠绕除了不计固定钢丝绳的圈数外，还应至少保留两圈。

螺杆式极限位置限制器

上升极限位置限制器和下降极限位置限制器的要求与检验主要包括：安全检验主要是功能试验。在检验人员现场监视下，进行空钩起升，吊钩或吊具达到额定起升极限位置时起升系统断电吊钩不能继续上升，说明上限位动作。否则，应检修上升极限位置限位器或更换上升极限位置限位器。

2. 运行极限位置限制器

运行极限位置限制器又称为行程开关。当天车的大车或小车运行到极限位置时，撞开行程开关，切断运行机构电路，使大车或小车停止运行。

常用的直杆式极限位置限制器如图 1-109 所示，由一个行程开关和触发行程开关的安全尺构成。当大车或小车运行到极限位置时，安全尺推动限位开关的转臂转动，电路断开，电机停转，运行机构制动器使大车或小车停转。

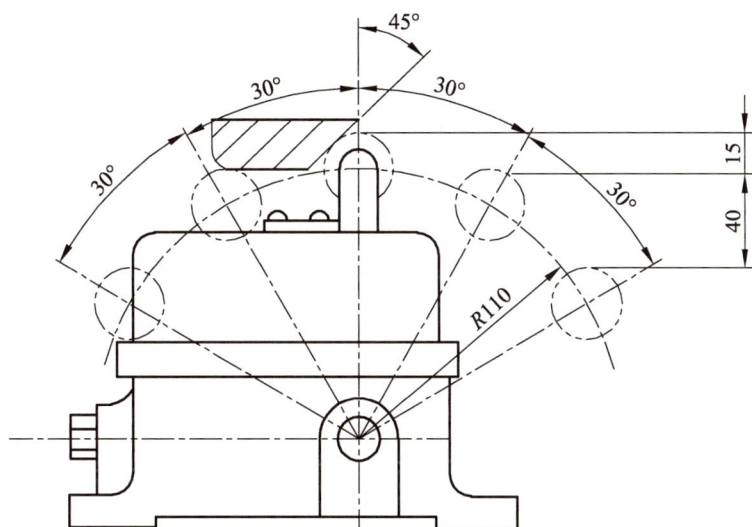

图 1-109　直杆式极限位置限制器

行程开关必须具有坚固的外壳、良好的绝缘性能并且密封性能较好，在室外或粉尘场所能起到有效保护作用。触点不应有明显磨损和变形，应能准确复位。限位开关动作灵敏可靠。上升极限位置限制器的动作距离，一般是指吊钩滑轮组与上方接触物的距离并且应不小于 250 mm。

知识点四、偏斜调整装置

当门式起重机和装卸桥的跨度超过 40 m 时，由于大车运行不同步、车轮打滑和制造安装误差，经常会出现天车一腿超前、一腿滞后的偏斜运行现象。偏斜运行的起重机会使起重机的金属结构产生较大的应力和变形，造成车轮啃轨，增大运行阻力，加速车轮和轨道磨损，因此需要装设偏斜调整和显示装置。

常用的偏斜调整和显示装置有凸轮式和电动式。

1. 凸轮式偏斜调整装置

凸轮式偏斜调整装置如图 1-110 所示。门式起重机和装卸桥的两条支腿刚度不同，一条是刚度较大的刚性支腿，另一条是刚度较小的柔性支腿。当两个支腿出现偏斜时，通过柔性支腿的转动臂 5 带动拨叉 6，转动凸轮 2。凸轮形状如图 1-111 所示。

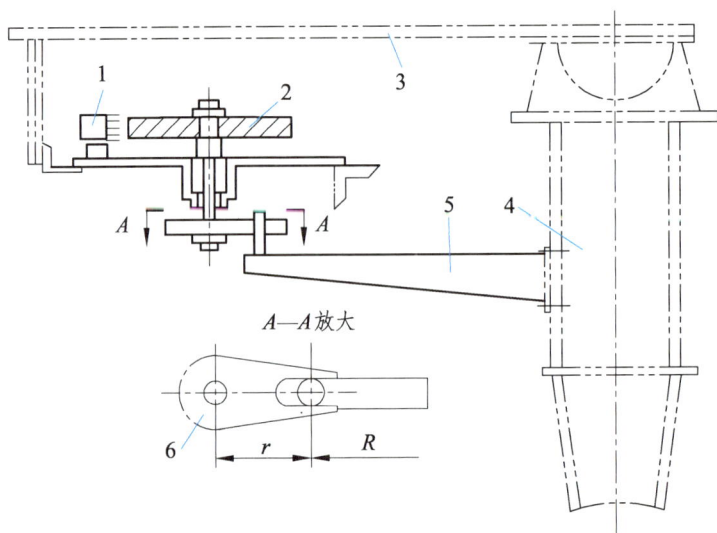

1—开关；2—凸轮；3—桥架；4—柔性支腿；5—转动臂；6—拨叉。

图 1-110　凸轮式偏斜调整装置

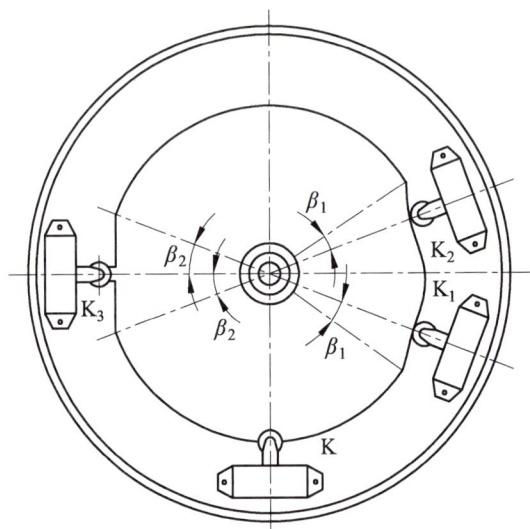

图 1-111　凸轮的形状

凸轮式偏斜调整装置

当两条腿的偏斜量不超标（一般在 5/1 000 跨度）时，凸轮转动角度小于 β_1，纠偏电动机开关 K 不动作；偏斜量超过允许值时，开关 K 动作，发出报警信号，同时纠偏电动机动作，柔性支腿运行速度加快或减慢，直至两条支腿平齐。

天车前进时，如果刚性支腿超前，柔性支腿滞后，凸轮顺时针转动，开关 K_1 动作，柔性支腿加速；反之则凸轮逆时针转动，开关 K_2 动作，柔性支腿减速。

天车后退时，发生偏斜时的凸轮转动方向与上述方向相反，各个开关和纠偏电动机的动作也与天车前进时相反。

纠偏电机可以使柔性支腿速度增减约 10%，如果纠偏速度不够或纠偏开关故障，偏斜量达到允许极限值（一般为 7/1 000 跨度）时，凸轮转过 β_2，偏斜量极限开关 K_3 动作，超前支腿断电停运，直到偏斜消除后再接通电源。

2. 电动式纠偏调整装置

电动式纠偏调整装置如图 1-112 所示。两个电动式偏斜调整装置 2 布置在刚性支腿同一侧轨道上，通过线路连接起来。偏斜调整装置的滚轮 4 顶在轨道侧面。两支腿没有偏斜时，两个偏斜调整装置里的铁心位移量相同，电桥平衡；偏斜时，铁心位移量不同，电桥失衡，发出信号，并通过与纠偏机构联锁构成偏斜调整装置。

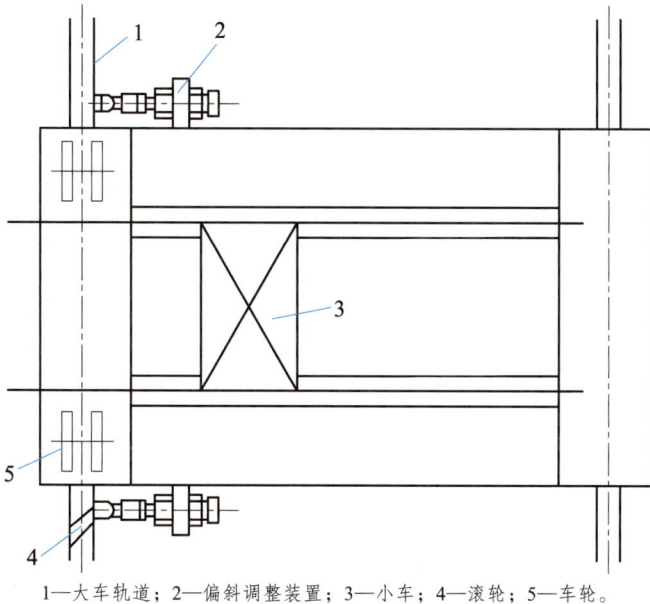

1—大车轨道；2—偏斜调整装置；3—小车；4—滚轮；5—车轮。

图 1-112　电动式偏斜调整装置

偏斜调整装置的检验主要包括：偏斜调整装置是否有效；偏斜调整装置的精度。

有效性检验必须在天车处于停止状态才能进行，检查拨动开关和机械信号传输系统，检验其转动是否灵活。然后观察天车运行状况，电气开关的通断，运行偏斜时的自动调整性能。

检验偏斜调整装置的精度时，用经纬仪测出开关动作时的偏斜量，并与显示值对比。

知识点五、缓冲器

缓冲器是指大车、小车与轨道终端或天车与天车之间相互碰撞时起缓冲作用的安全装置。天车上常用的缓冲器有橡胶缓冲器、弹簧缓冲器和液压缓冲器。

1. 橡胶缓冲器

橡胶缓冲器如图 1-113 所示，依靠橡胶的变形吸收能量，从而达到缓冲的目的。橡胶缓冲器的特点是结构简单、弹性变形量小、缓冲量小，只能适用于车体运行速度小于 50 m/min、环境温度为 −30 ~ 50 ℃的情况。

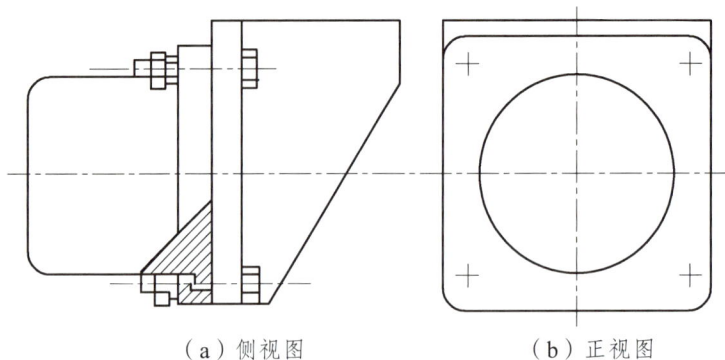

（a）侧视图 　　（b）正视图

图 1-113　橡胶缓冲器

橡胶缓冲器

小车弹簧缓冲器

2. 弹簧缓冲器

小车和大车的弹簧缓冲器分别如图 1-114 和图 1-115 所示。

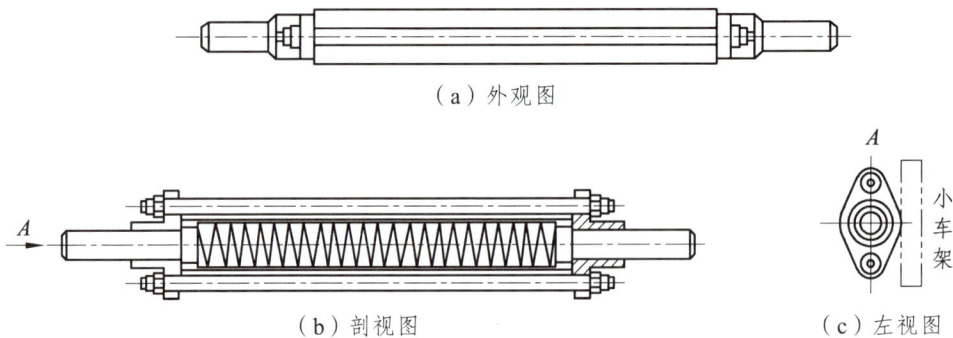

（a）外观图

（b）剖视图　　　　　　　（c）左视图

图 1-114　小车弹簧缓冲器

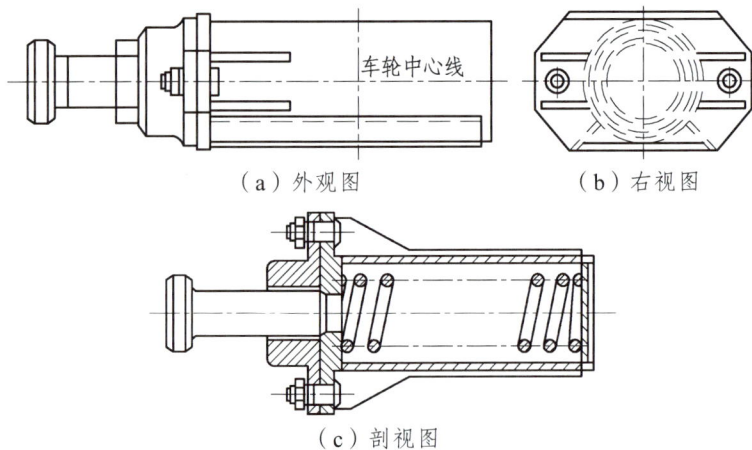

（a）外观图　　　　　　（b）右视图

（c）剖视图

图 1-115　大车弹簧缓冲器

弹簧缓冲器结构简单，弹簧安装在铸钢外壳内的推杆上，适用于运行速度在 50～120 m/min 的天车。弹簧缓冲器的特点是结构简单、维修方便、使用可靠，对工作温度没有特殊要求，吸收能量大，缺点是有强烈的"反坐力"。

当大车、小车运行到极限位置或两车相撞时，推杆被撞，推杆另一端与缓冲器里的弹簧接触，弹簧受到压缩而长度缩短吸收能量，缩短距离为缓冲行程。

3. 液压缓冲器

液压缓冲器如图 1-116 所示，主要由弹簧、液压缸、活塞及撞头和芯棒组成，适用于运行速度大于 120 m/min 的天车。液压缓冲器的特点是能够维持恒定的缓冲力，平稳可靠，可使缓冲行程减为 1/2。缺点是结构复杂，维修麻烦，对密封要求高，并且工作性能受温度影响。

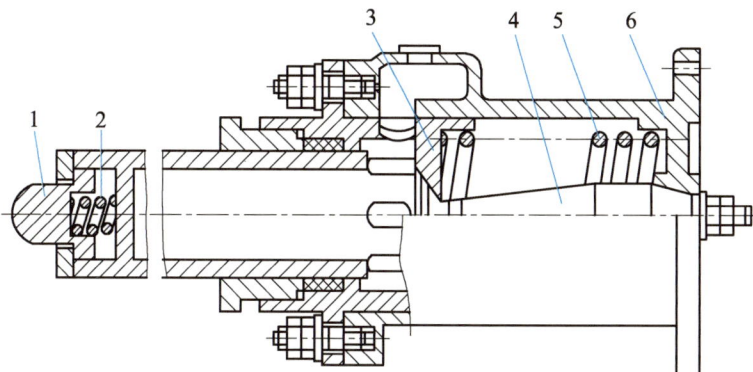

1—撞头；2、5—弹簧；3—活塞；4—心棒；6—液压缸。

图 1-116　液压缓冲器

当天车运行到极限位置或两车相撞时，撞头受到撞击带动液压缸活塞运动，液压缸中的油受压从活塞一侧流到另一侧。

通过设计合适的芯棒形状，可以保证液压缸里的压力在缓冲过程中恒定而达到匀减速的缓冲，使天车或小车柔和地在最短距离内停住。

对缓冲器零件进行试验：在桥式和门式起重机的大、小车运行机构或轨道的端部都应装设缓冲器，要求缓冲器零件的性能可靠，试验后零件应无损坏，连接无松动，无开焊。

对起重机缓冲器进行检验：主要检查起重机在低速碰撞后缓冲器的完好性。

知识点六、防风装置

露天工作的桥式起重机和门式起重机，为了防止被大风直吹而造成倾翻事故，必须装设防风装置。天车上常用的防风装置包括夹轨器和锚定装置。

1. 夹轨器

夹轨器又称夹钳，通过夹钳口夹住轨道，使起重机不能滑移，从而达到防风吹动的目的。夹轨器分为手动夹轨器、电动夹轨器、手电两用夹轨器。

（1）手动夹轨器。

手动夹轨器如图 1-117 所示，特点是结构简单、成本低、操作方便以及夹紧力有限、动作慢，适用于中小型起重机。

垂直螺杆夹轨器如图 1-117（a）所示，使用时转动手轮 1，使螺杆 2 上下移动。当螺杆 2 向下移动时先使联接板 5 碰到轨道顶面，进行高度定位。然后通过连杆 3 使夹钳臂 4 绕连接板 5 的铰点转动从而使钳口 6 夹紧轨道。当螺杆向上移动时，先使钳口松开，然后将夹钳臂提高，离开轨道顶面，钳口松开轨道。

水平放置的螺杆夹轨器如图 1-117（b）所示，通过螺杆上的两端螺纹旋转方向的不同实现夹钳臂的夹紧和松开。夹钳臂上的螺孔旋向与螺杆相配合，也分左旋和右旋。

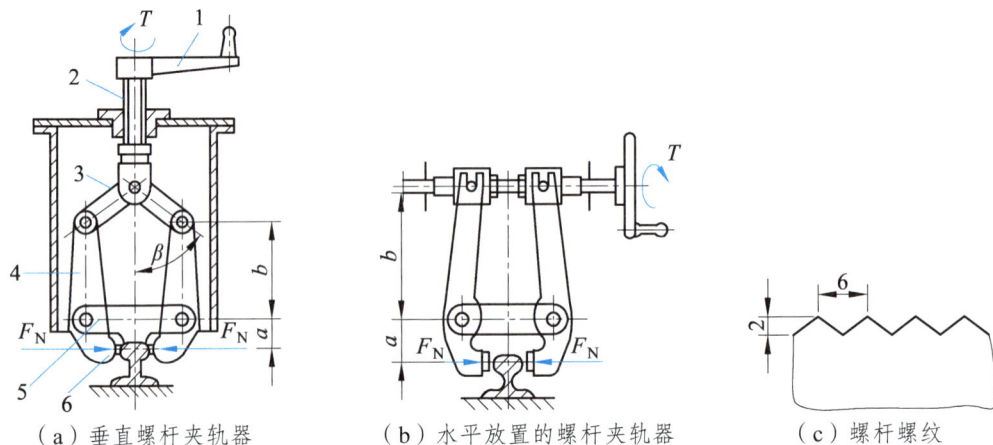

（a）垂直螺杆夹轨器　（b）水平放置的螺杆夹轨器　（c）螺杆螺纹

1—手轮；2—螺杆；3—连杆；4—钳臂；5—联接板；6—钳口。

图 1-117　手动螺杆夹轨器

（2）手电两用夹轨器。

手电两用夹轨器如图 1-118 所示，由电动机 2、圆锥齿轮 1、螺杆 9、塔形弹簧 5、夹钳 6 和 7 等组成。

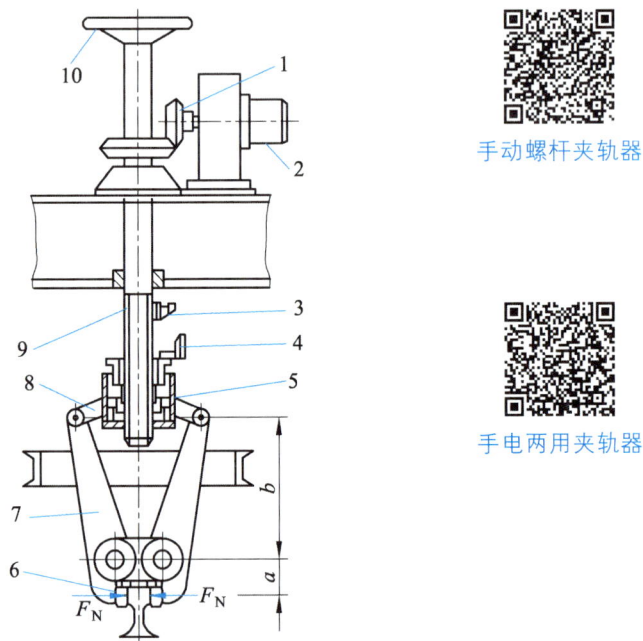

手动螺杆夹轨器

手电两用夹轨器

1—圆锥齿轮；2—电动机；3—限位开关；4—安全尺；5—塔形弹簧；6—钳口；7—钳臂；8—连杆；9—螺杆；10—手柄。

图 1-118　手电两用夹轨器

104

手电两用夹轨器主要靠电动机工作带动螺杆传动，压缩塔形弹簧产生夹紧力。弹簧的作用是保持夹紧力，防止夹钳松弛。松钳时，螺杆带动螺母推到一定位置后触动终点限位开关，运行机构方可通电运行。遇到电气故障或停电时可以摇动手柄 10 夹紧。

（3）电动夹轨器。

图 1-119 是一种楔形重锤式电动夹轨器，其提升机构包括电动机 10、减速器 8、卷筒 7、制动器 11、安全制动器 9 以及滑轮、钢丝绳等。

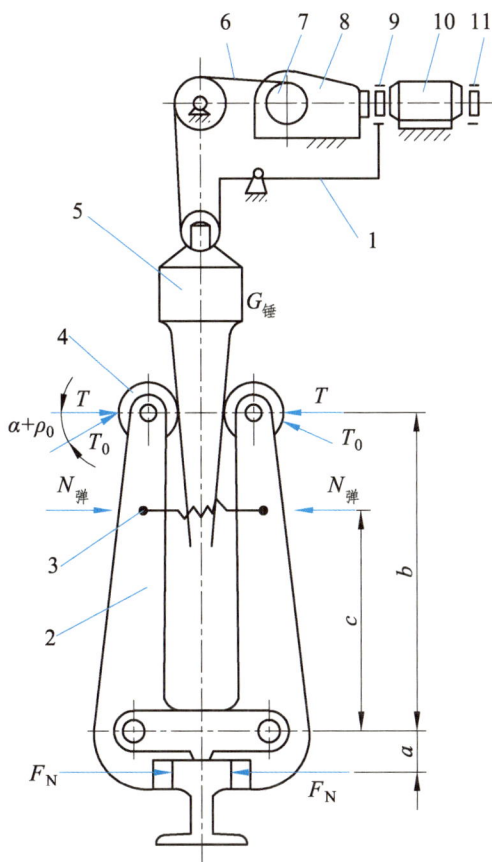

楔形重锤式夹轨器

1—杠杆系统；2—钳臂；3—弹簧；4—滚轮；5—楔形重锤；6—钢丝绳；7—卷筒；
8—减速器；9—安全制动器；10—电动机；11—制动器。

图 1-119　楔形重锤式夹轨器

当需要夹紧时，电机开动，放下钢丝绳，楔形重锤靠自重下降，重锤降到极限位置时，安全制动器 9 自动闭合，阻止钢丝绳继续放出。此时重锤克服弹簧力，迫使夹钳臂上端分开，下端夹紧轨道。

当需要松钳时，电动机 10 驱动卷筒 7，提升重锤 5。当重锤上升到一定高度时（松钳）撞开第一限位开关，使天车运行机构电动机通电。继续提升撞开第二个限位开关，使电动机 10 停电，同时接通制动器 11 使卷筒制动，使重锤悬吊不下滑，此时天车运行机构方可开动。

这种电动夹轨器的缺点是重锤自重较大，滚轮容易磨损。

夹轨器的铰点应动作灵活，无锈蚀和卡阻现象。夹轨器上钳时，钳口两侧能紧紧夹住轨道两侧；松钳时，钳口能离开轨道，达到规定的高度和宽度。当钳口磨损量达到规定值时，钳口应修复或更换。夹轨器的电气联锁功能和限位开关的位置应符合要求。当钳口夹住轨道时，能触动限位开关，关闭电动机；当电动机关闭后，钳口就能夹紧轨道。松钳时，安全尺应能触动限位开关，运行机构方可通电运行。夹轨器的各零部件无明显变形、裂纹和过度磨损等情况。夹轨钳钳口应达到规定的高度和宽度。

2. 锚定装置和铁鞋止轮式防风装置

（1）锚定装置。

防风锚定装置主要有链条式和插销式两种，如图 1-120 所示。

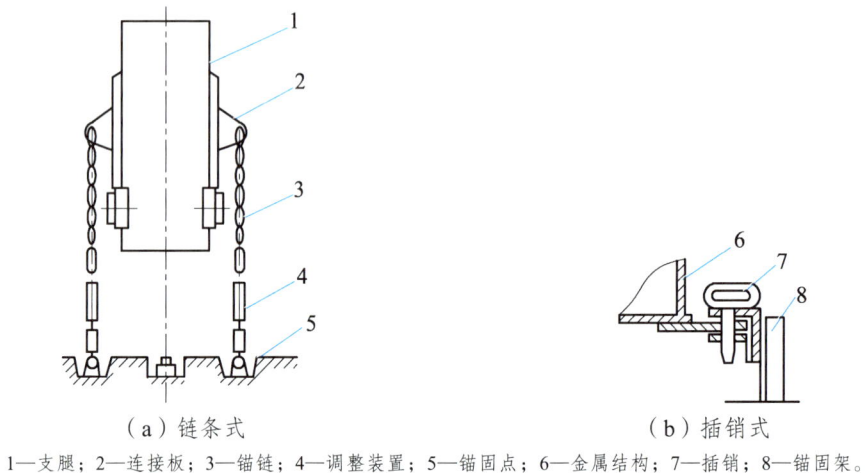

（a）链条式　　　　　　　（b）插销式

1—支腿；2—连接板；3—锚链；4—调整装置；5—锚固点；6—金属结构；7—插销；8—锚固架。

图 1-120　锚定装置

链条式锚定装置是用链条把天车与地锚固在起来，通过链条间的调整装置把链条调紧，防止链条松动使天车在大风吹动下产生较大的冲击。

插销式（插板式）锚定装置是用插销（或插板）把天车框架与地锚固在起来。

当风速超过规定值时（一般风速超过 60 m/s，相当于 10～11 级风），把天车开到设有锚定装置的地段，采用链条或插销（插板）把天车与锚定装置固定起来。

锚定装置要定期检查，锚链不允许开裂，链条的塑性变形伸长量不应超过原长度的 5%，链条磨损不应超过原直径的 10%，插销（插板）无变形、无裂纹、锚固螺栓无裂纹，锚固架无过大变形和裂纹。

（2）铁鞋止轮式防风装置。

铁鞋是一种防风装置，大风时铁鞋伸入车轮与轨道之间，依靠铁鞋和钢轨之间的摩擦起防风作用。铁鞋分为手动控制和电动控制两种。

手动控制的防风铁鞋如图 1-121 所示，将铁鞋和锚链的锚固功能相结合，通过一个自锁功能装置将夹轨装置固定在轨道上。为了防止天车滑动，锚链的一端连在天车上，另一端连在铁鞋上，这样就把天车固定在轨道上。

电动控制的防风铁鞋，利用电磁铁的电磁力和弹簧作用力来实现铁鞋的放下和移开，如图1-122 所示。

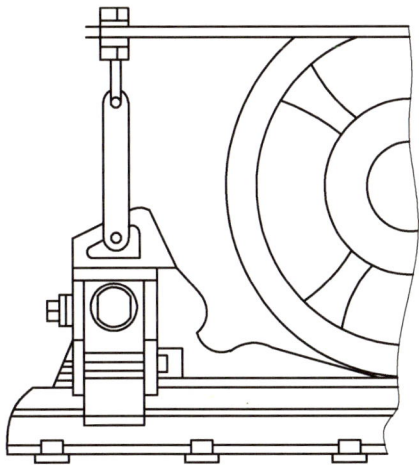

图 1-121　手动防风锚定铁鞋

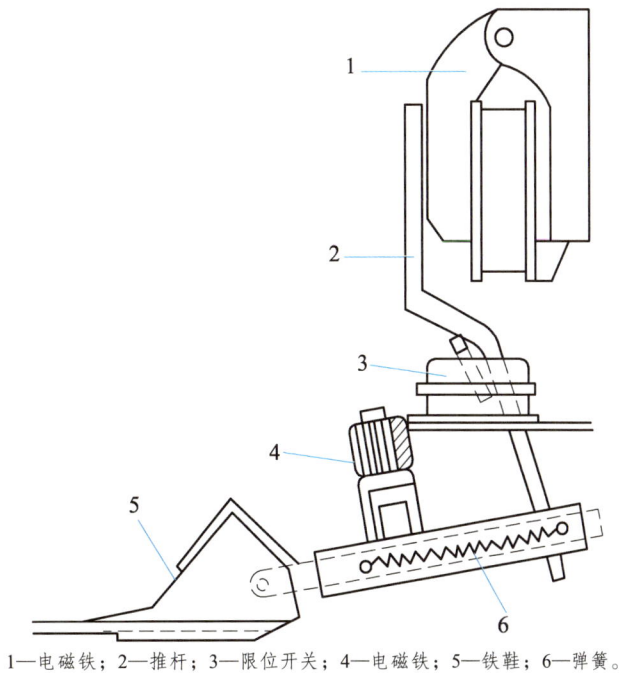

1—电磁铁；2—推杆；3—限位开关；4—电磁铁；5—铁鞋；6—弹簧。

图 1-122　电动防风铁鞋

铁鞋的检验：铁鞋落下时，铁鞋舌尖与车轮踏面和轨面都应接触。铁鞋前端厚度 δ 的取值范围：$0.008D \leqslant \delta \leqslant 0.012D$，$D$ 为车轮直径。铁鞋前端厚度 δ 对防风作用有很大影响。δ 较小时，天车车轮在风力不大时也很容易爬上铁鞋；δ 过大时，车轮不容易爬上铁鞋，起不到防风作用。当放下电动控制的铁鞋时，天车大车运行机构不能开动；当铁鞋移开轨道时，大车运行机构才能开动。各铰点和机构动作灵活，无卡阻现象，机构的各零部件无缺陷和损坏。

知识点七、防碰撞装置

为了防止同一轨道上几台天车之间发生相互碰撞，天车上应装设防碰撞装置。常用的防碰撞装置主要有超声波、微波和激光等几种。当天车运行到危险距离内时，防碰撞装置便会发出报警信号，切断天车运行机构电路，使天车停止运行，避免天车之间发生相互碰撞事故。

1. 超声波防碰撞装置

超声波防碰撞装置是利用回波测出天车之间的距离。当天车进入危险距离时，便发出报警信号，从而切断天车运行机构的电源，使天车停止运行，起到防止碰撞的作用。

超声波防碰撞装置主要由检测器、控制器和反射板组成。检测器安装在大车的走台上，反射板安装在另一台天车的相对位置上，控制器安装在司机室内。

检测器定期发出超声波，超声波的传播速度 $v = 340$ m/s，从发射到接收回波的时间间距为 t，检测器与反射板的距离为 s，则 $t = 2s/v$，当反射板进入设定距离内时，就能检测出该天车并发出报警信号。

2. 激光防碰撞装置

激光防碰撞装置由发射器、接收器和反射板组成。发射器经过交流-直流变换和脉冲调制，产生脉冲电流，通过半导体激光管产生平行光束。当天车之间的距离小于设定值时，光束投射到安装在另一台天车上的反射板上，反射回来的光线经过光-电转换和电信号放大，接通报警装置发出报警信号。

激光防碰撞装置的检出距离一般为 2～50 m，最大检出距离为 300 m。

激光防碰撞装置不受其他光、烟尘、雾气、声音的影响。

3. 设定距离

设定距离是指防止天车之间碰撞的最小距离，该值是人为设定的，其大小与天车的运行速度、制动距离等参数有关。

一般报警的设定距离值为 8～12 m，减速和停止的设定距离值为 6～15 m。

设定距离值与天车运行速度有关，见表 1-29。

表 1-29　设定距离值表

起重机运行速度/ (m · min⁻¹)	60～90	90～120	>120
设定跨度/m	4～7	8～12	10～20

知识点八、安全装置检修

在实际应用过程中，安全装置的检修应注意以下事项：

（1）安全装置必须按照安全操作规程操作、按照点检规程定期检查，发现问题及时处理。

（2）每个工作日观察天车运行状态、询问天车工操作是否有异常。

（3）如果天车大车或小车运行时每次撞到轨道才停止，可以判定是行程开关故障或线路故障。用万用表检查线路的通断，按下撞头时如果电路不通则说明行程开关损坏，需要更换。

（4）定期查看橡胶缓冲器，如果发现缓冲器老化则立即更换。

（5）每个工作日检查上升和下降行程开关是否正常动作。

（6）观察防碰撞装置是否动作。

（7）观察轨道挡铁是否松动，焊缝是否开裂。

（8）观察起升过程载荷显示是否正常。

任务实战

起重天车点检过程中发现小车运行一侧的极限位置限制器时好时坏，即有时可以停车，有时撞到轨道挡铁才停车，试分析原因。

_____

_____

_____

_____

任务评价

完成本任务学习后，根据自身学习体会，结合任务评价表的内容进行评价。

任务评价表

姓　名		组　别			班　级		
日　期			综合评价等级				
评价指标	评价标准		分值	评价方式			
				自我评价（30%）	小组评价（30%）	教师评价（40%）	单项得分
课前预学	课前预习本任务相关知识，查找相关资料		5				
	完成任务引导题目		5				
课堂参与	认真听讲和练习		10				
	积极参与小组讨论，并有详细笔记		10				
课堂互动	积极回答教师问题		5				
	和小组成员有效合作，尊重他人		5				
	小组活动中能围绕主题发表自己的观点		10				
自主探究	独立思考、自主学习，会发现问题		10				
	主动寻求解决问题的方法		10				
	善于观察、分析、思考，能提出创新观点		5				
综合素养	具有一定的安全意识、责任意识、规范意识		5				
	具有吃苦耐劳的精神和严谨认真的学习态度		5				
学习成果	在规定时间内完成本人的分工任务		10				
	完成拓展任务		5				

任务八　天车制动装置检修

任务引导

引导问题1：双块式电磁制动器的制动工作原理是什么？

_____

_____

_____

_____

_____

109

引导问题 2：如何调整制动电磁铁的行程？

_____

_____

_____

_____

引导问题 3：如何调整电磁制动器主弹簧工作长度？

_____

_____

_____

_____

引导问题 4：导致溜钩或溜车的原因有哪些？

_____

_____

_____

_____

_____

引导问题 5：在制动轮轮缘外侧对称地安装两个制动瓦块，并用杠杆系统把它们联系起来，使两个制动瓦块根据机构合闸或松闸的要求同时压紧或脱开制动轮，这种制动器就是_____。

相关知识

知识点一、制动器作用

天车是一种间歇动作的机械，需要不断地启动或制动。为了保证天车安全、准确地吊运物品，无论在起升机构中或是在运行机构、旋转机构中都应设有制动装置。

制动器不仅可以使正在运动的机构停下来，而且可以控制机构在适当的时间内停止下来，也就是使机构逐渐地减速直至停止。另外，不论机构是正向还是反向运动，都能起到制动效果。

知识点二、制动器工作原理

单块制动器的简图如图 1-123 所示，主要由制动轮 1、瓦块 2 和制动杠杆 3 组成。制动轮通常将键与机构上做旋转运动的轴固接在一起。制动轮轮缘外侧安装瓦块，瓦块固定在杠杆上。在制动杠杆端部合闸力的作用下，瓦块压紧在制动轮上，靠摩擦力进行制动。

单块制动器在制动时对制动轮轴会产生很大的径向作用力，使轴弯曲，所以单块制动器只用于小起重量的手动起重机械。

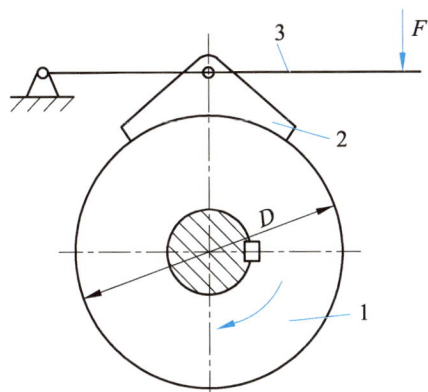

1—制动轮；2—瓦块；3—制动杠杆。

图 1-123　单块制动器

在制动轮轮缘外侧对称地安装两个制动瓦块，并用杠杆系统把它们联系起来，使两个制动瓦块根据机构合闸或松闸的要求，同时压紧或脱开制动轮。双块制动器适用于需要正、反转的机构，如起重机的起升机构或运行机构。

在驱动机构的电动机通电工作的同时，制动器上的松闸装置通电推动制动杆松闸，使瓦块脱开制动轮，机构运转。在电动机断电不工作时，松闸装置不通电，依靠弹簧、重锤或元件自重产生的作用力合闸制动，使机构速度降低直至停止。

这种能实现机构断电制动、通电运转的制动器称为常闭式制动器。在起重机械突然断电的情况下，常闭式制动器使机构合闸制动，保证人身设备安全。

双块制动器所用的松闸装置包括制动电磁铁和电动推杆两类。制动电磁铁包括交流和直流、长行程和短行程、液压等电磁铁。电动推杆包括电动液压推杆和电动离心推杆。

ZWZ 系列 A 型直流（短行程）电磁铁块式制动器如图 1-124 所示。

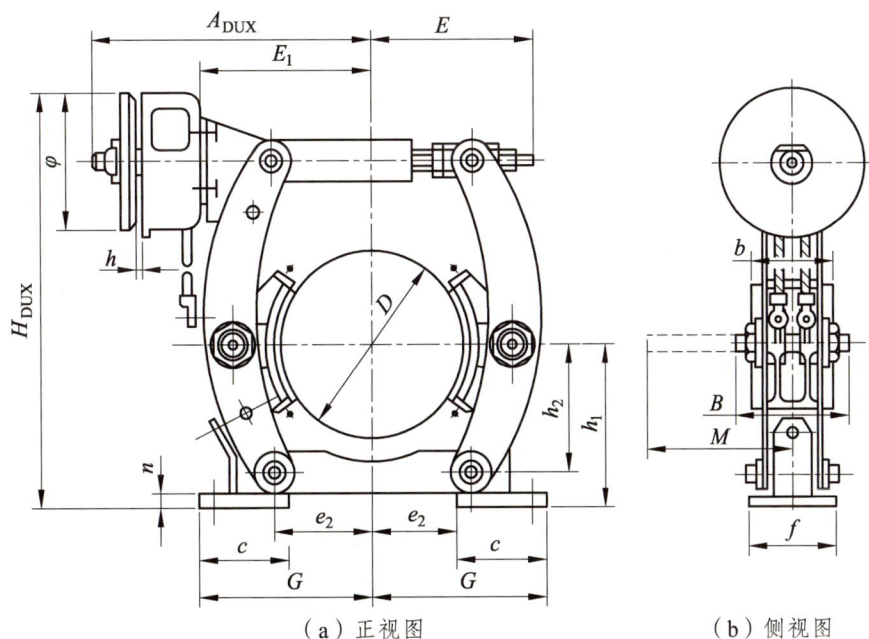

（a）正视图　　　　　　　　（b）侧视图

图 1-124　ZWZ 系列 A 型直流（短行程）电磁铁块式制动器

交流（短行程）电磁铁块式制动器的构造图和原理图分别如图 1-125（a）、（b）所示。制动件为装在两制动杠杆 2 上的瓦块 3，瓦块的工作面一般都衬上片状的石棉橡胶辊压带或石棉钢丝制动带。工作时，靠主弹簧 9 的张力来实现合闸，靠直接装在右制动杆上的短行程电磁铁来实现松闸。

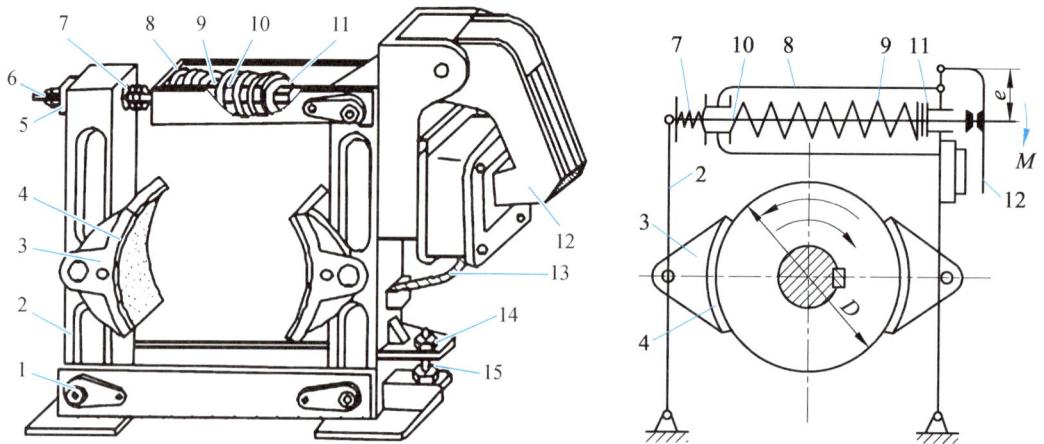

（a）构造图 　　　　　　　　　（b）原理图

1—底座；2—制动杆；3—瓦块；4—制动片；5—夹板；6—小螺母；7—辅助弹簧；8—框形拉板；9—主弹簧；
10—中心拉杆；11—螺母；12—衔铁；13—导电卡子；14—背螺母；15—调整螺母。

图 1-125　交流（短行程）电磁铁块式制动器

螺母 11 共有 3 个，紧贴主弹簧的螺母用于调整主弹簧长度，称为调整螺母；中间螺母用于防止调整弹簧螺母松动，称为背螺母；第 3 个螺母用于拆卸闸瓦时使制动杆张开，称为张开螺母。

当电磁铁断电时，主弹簧 9 左端推动框形拉板 8，使右制动杆压向制动轮；主弹簧 9 右端推动中心拉杆 10 上的螺母 11，使左制动杆也压向制动轮，机构处于制动状态。此时主弹簧 9 张开，辅助弹簧 7 压缩。

当机构运转时，电磁铁通电，吸引衔铁 12 使它绕上部铰链顺时针方向转动，将中心拉杆 10 向左推移，同时将框形拉板 8 向右拉，使两个制动杆往外摆动，两制动瓦块 3 与制动轮脱开。此时主弹簧被压缩，辅助弹簧张开。

块式制动器所用的松闸装置是电磁铁，它的行程通常小于 5 mm，称为短行程电磁铁。它的优点是动作迅速，但制动时冲击大，不平稳，松闸力也小，只能用于制动力矩比较小的制动轮（直径 300 mm 以下）机构。

此外还有一种长行程电磁铁，它的行程通常大于 20 mm，通过杠杆系统可以产生很大的松闸力，适用于大型制动器。

知识点三、短行程电磁铁双块制动器的调整

交流（短行程）电磁铁
块式制动器

1. 调整电磁铁行程

电磁铁行程的调整过程如图 1-126 所示。为了获得制动瓦块合适的张开量，应调整电磁铁的行程，即衔铁与电磁铁的距离。调整的方法是利用扳手把住调整螺母 1，使用另一把扳手转动中心拉杆方头 2，这样中心拉杆就可以左右移动，电磁铁调节行程应为 3 ~ 4.4 mm。

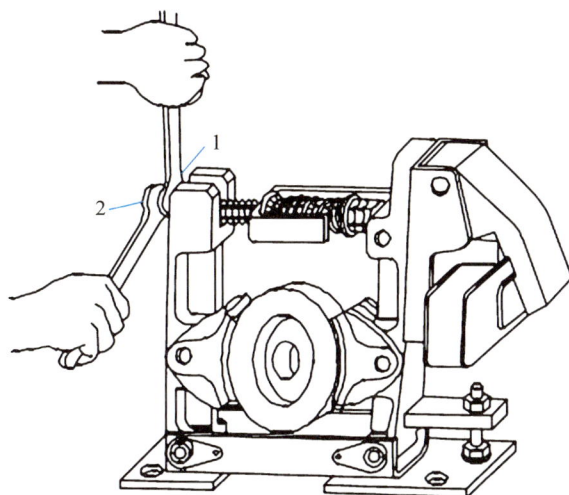

1—调整螺丹；2—中心拉杆方头。

图 1-126　调整电磁铁行程

2. 调节主弹簧工作长度

主弹簧工作长度的调节过程如图 1-127 所示。有时制动瓦块与制动轮之间的间隙虽然合适，但溜钩（溜车）距离还是较大，说明主弹簧偏松，所产生制动力矩不足。这时为获得合适的制动力矩，应调整主弹簧。

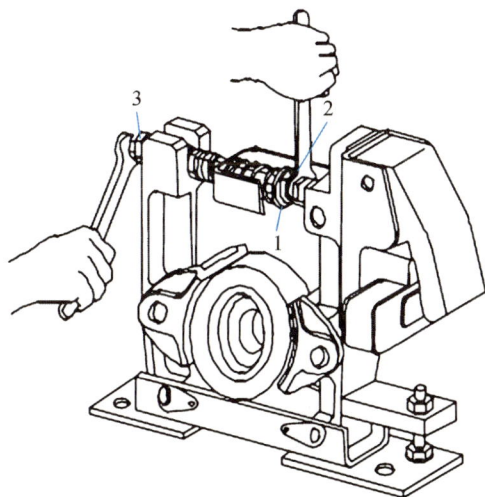

1—调整螺母；2—背螺母；3—中心拉杆方头。

图 1-127　调整主弹簧

调整的方法：使用一把扳手把住中心拉杆方头 3，使用另一把扳手通过转动主弹簧调簧螺母 1 来调整主弹簧长度，然后拧紧背螺母 2，防止调整螺母 1 松动。

3. 调整两制动瓦块与制动轮的间隙

两制动瓦块与制动轮的间隙的调整过程如图 1-128 所示。起重机在工作过程中，有的制动器松闸时会出现一个瓦块脱离而另一个瓦块还在制动的现象，这不仅影响机构的运动，还使瓦块加速磨损，此时应进行调整。先将衔铁推在铁心上，制动瓦块即松开，然后转动螺母。调整制动瓦块与制动轮之间的单侧间隙为 0.6～1 mm，要求两侧间隙均等。

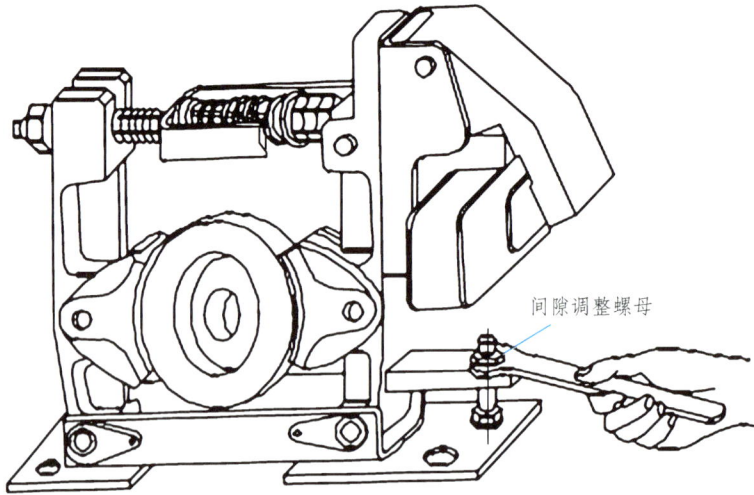

图 1-128　调整制动瓦块与制动轮间隙

知识点四、块式制动器的制动轮、瓦块及摩擦材料

起升机构的制动轮，其材质应不低于 45 钢或 ZG340-640。为了使制动轮耐磨，可进行表面热处理，硬度为 45～55 HRC，表面深度 2 mm 处的硬度不低于 40 HRC。运行机构的制动轮可采用球墨铸铁，材质应不低于 QT500-7。在起重机中并不单独加工和安装制动轮于轴上，往往将联轴器的一个半体或对称半联轴器同时作为制动轮。

制动瓦块采用钢或铸铁制造。为了提高与制动轮之间的摩擦因数，在制动瓦块工作面上常覆盖摩擦材料。摩擦材料主要有棉织制品、石棉织制品、石棉压制带和粉末冶金摩擦材料。

棉织制品的工作温度小于 100 ℃，允许单位压力低，故应用较少。石棉织制品由石棉纤维和棉花编织而成并浸以能增加强度的沥青或亚麻仁油，这是一种常用的材料，它的摩擦因数 μ 为 0.35～0.4，最高工作温度为 175～200 ℃，允许单位压力为 0.05～0.6 MPa。

石棉压制带又称石棉橡胶辊压带，是用短纤维石棉与橡胶及少量硫黄混合压制而成的，应用较为广泛。石棉压制带的性能好，摩擦因数 μ 为 0.42～0.53，最高工作温度为 220 ℃，允许单位压力为 0.05～0.6 MPa。还有一种石棉钢丝制动带应用也较为广泛。

知识点五、液压推杆式制动器

液压推杆式制动器可以克服电磁块式制动器冲击力大的缺点。该类制动器的松闸动力依靠液压推动器中推杆的上下运动来实现，再通过三角形杠杆牵动斜拉杆完成制动，是一种新型的长行程制动器。

液压推动器由驱动电动机和液压泵组成。通电时，电动机带动叶轮旋转，在活塞内产生压力，迫使活塞迅速上升，固定在活塞上的垂直推杆及三角形板同时上升，克服主弹簧的作用力，并经杠杆作用将制动瓦松开。断电时，叶轮减速并停止，活塞在主弹簧及自重作用下迅速下降，使油重新流入活塞上部，通过杠杆将制动瓦紧抱在制动轮上，实现制动。液压推杆块式制动器的优点是工作平稳，无噪声；允许每小时通电次数达 720 次，使用寿命长。缺点是合闸较慢，容易发生漏油。该类制动器适用于运行机构上使用。图 1-129 所示为液压推杆块式制动器结构简图。

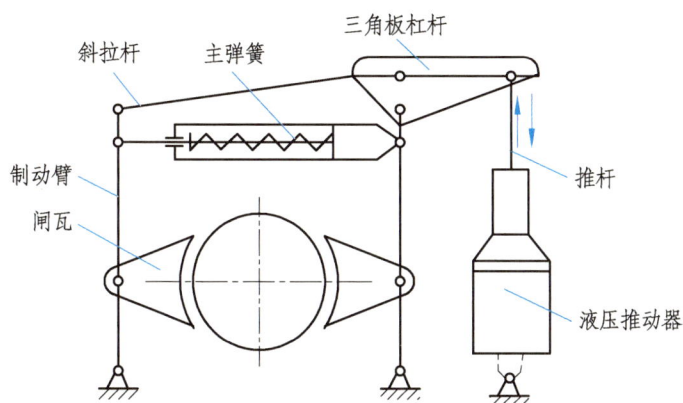

图 1-129　液压推杆式制动器结构简图

液压推杆式制动器
结构简图

知识点六、制动器的检修

1. 溜钩和溜车

在生产中，天车常常发生溜钩或溜车现象。所谓溜钩或溜车，就是天车手柄已扳回零位要求天车停止上升、下降或前进、后退，但在实际制动过程中重物仍下滑或天车仍然运动，而且下滑或运动的距离很大，超过规定的允许值（一般允许值为 $v \div 100$，其中 v 为额定起升速度）。更严重的是有时重物一直溜到地面，引起事故。

（1）产生溜钩或溜车的原因。

① 制动器工作频繁，使用时间较长，其销轴、销孔、制动瓦衬等磨损严重，制动时制动臂及其瓦块产生位置变化，导致制动力矩发生脉动变化。制动力矩变小，就会产生溜钩现象。

② 制动轮工作表面或制动瓦衬有油污，出现卡塞现象，使制动摩擦因数减小而导致制动力矩减小，从而造成溜钩或溜车。

③ 制动轮外圆与孔的中心线不同心，径向圆跳动超过技术标准。

④ 制动器主弹簧的张力较小，主弹簧的螺母松动，都会导致溜钩或溜车。

⑤ 主弹簧材质差或热处理不符合要求，弹簧已疲劳、失效，也会产生溜钩或溜车现象。

⑥ 长行程制动器的重锤下面增加了支持物，使制动力矩减小。

（2）排除溜钩或溜车故障的措施。

① 磨损严重的制动器闸架及松闸器，应及时更换，排除卡塞物。

② 制动轮工作表面或制动瓦衬，要使用煤油或汽油清洗干净，去掉油污。

③ 制动轮外圆与孔的中心线不同心时，要修整制动轮或更换制动轮。

④ 调紧主弹簧螺母，增大制动力矩。

⑤ 调节相应顶丝和副弹簧，以使制动瓦与制动轮间隙均匀。

⑥ 制动器的安装精度差时，必须重新安装。

⑦ 排除支持物，增加制动力矩。

2. 天车不能吊运额定起重量

天车不能吊运额定起重量的原因主要包括：

（1）起升机构的制动器调整不当。

不能吊起额定负载，除了起升电动机额定功率不足的原因，也可能是起升机构制动器调整不当。

① 制动器调整得太紧。起升机构工作时，制动器未完全松开，使起升电动机在制动器闸瓦的附加制动力矩作用下运转，增加了电动机的运转阻力，导致起升机构不能吊起额定负载。

② 制动器的制动瓦与制动轮两侧间隙调整不均匀，使起升电动机在制动负荷作用下运转，造成电动机发热，运转困难。

（2）制动器张不开。

① 制动器传动系统的铰链被卡塞，使闸瓦脱不开制动轮。

② 动、静磁铁极间距离过大，使动、静磁铁吸合不上；或因电压不足吸合不上，而张不开闸。

③ 短行程制动器的制动螺杆弯曲，触碰不到动磁铁上的板弹簧，所以当磁铁吸合时不能推动制动螺杆产生轴向移动，从而不能推开左右制动臂而张不开闸。

④ 主弹簧张力过大，磁铁吸力不能克服张力而不能松开闸。

⑤ 电磁铁制动线圈或某处接线断路，电磁铁不产生磁力而无法吸合，使制动器张不开闸，影响吊运额定起重量。

（3）液压电磁铁的制动器张不开。

① 油液型号、标准选用不当，液力传动受阻，或因油液内杂质多而使油路堵塞，造成闸松不开。

② 叶轮被卡住导致闸松不开。

（4）起升机构传动部件的安装精度不符合技术要求。

① 因为安装误差导致制动器闸架中心高，与制动轮不同心。松闸时，制动瓦的下边缘仍然与制动轮有摩擦，使起升阻力增大，消耗起重电动机的功率。

② 卷筒轴线与减速器输出轴线不同心。

任务实战

一台天车运行时出现制动距离过长现象，试分析其原因并给出解决方案。

_____

_____

_____

_____

任务评价

完成本任务学习后，根据自身学习体会，结合任务评价表的内容进行评价。

姓　　名		组　　别			班　　级	
日　　期		综合评价等级				

评价指标	评价标准	分值	评价方式			
			自我评价（30%）	小组评价（30%）	教师评价（40%）	单项得分
课前预学	课前预习本任务相关知识，查找相关资料	5				
	完成任务引导题目	5				
课堂参与	认真听讲和练习	10				
	积极参与小组讨论，并有详细笔记	10				
课堂互动	积极回答教师问题	5				
	和小组成员有效合作，尊重他人	5				
	小组活动中能围绕主题发表自己的观点	10				
自主探究	独立思考、自主学习，会发现问题	10				
	主动寻求解决问题的方法	10				
	善于观察、分析、思考，能提出创新观点	5				
综合素养	具有一定的安全意识、责任意识、规范意识	5				
	具有吃苦耐劳的精神和严谨认真的学习态度	5				
学习成果	在规定时间内完成本人的分工任务	10				
	完成拓展任务	5				

练习思考题

1. 判断题

（1）设计滑轮时，滑轮直径按照标准的尺寸系列选取。　　　　　　　　　（　　）

（2）发现钢丝绳断股和打结应停用更换。 （　　）

（3）单块制动器在制动时会对制动轮轴产生很大的径向作用力，使轴弯曲，所以单块制动器只用于小起重量的手动起重机械上。 （　　）

（4）有时制动瓦块与制动轮之间的间隙虽然合适，但溜钩（溜车）距离还是较大，说明主弹簧偏松，所产生制动力矩不足。为了获得合适的制动力矩，应调整辅助弹簧。 （　　）

（5）一般的电磁吸盘用于起吊 200 ℃以下的物品，有特殊散热装置的电磁吸盘方可用于起吊更高温度物品。 （　　）

（6）根据数量的不同，颚板可分为双颚板抓斗和多颚板抓斗（多爪抓斗），多颚板抓斗常为两个颚板。 （　　）

（7）起重机在工作中，有的制动器松闸时会出现一个瓦块脱离而另一个瓦块还在制动的现象，这不仅影响机构的运动还使瓦块加速磨损，此时应进行调整。 （　　）

（8）为提高与制动轮之间的摩擦系数，在制动瓦块工作面上常覆盖摩擦材料。 （　　）

（9）Qu70 是起重机专用钢轨。 （　　）

（10）浮动轴只有一对外部支承。 （　　）

2. 填空题

（1）对于有轮缘的车轮，起重机走斜时常发生轮缘与轨道的强烈摩擦和严重磨损，这种现象称为_____或_____。

（2）轨道方钢的型号是以横截面_____来表示的。

（3）调整制动瓦块与_____之间的单侧间隙时要求两侧间隙均等。

（4）为了获得制动瓦块合适的张开量，应调整电磁铁的行程，即_____与_____的距离。

（5）为了提高与制动轮之间的摩擦因数，在制动瓦块工作面上常覆盖_____材料。

（6）单块制动器在制动时对制动轮轴会产生很大的径向_____，使轴弯曲，所以单块制动器只用于小起重量的手动起重机械。

（7）抓斗是一种装运_____物料的自动取物装置。

（8）吊钩出现表面裂纹后应_____。

（9）卷筒材料一般由不低于_____或_____的材料铸造。

（10）小车起升机构的传动方式分为_____传动和_____传动两种。

3. 单项选择题

（1）如果钢丝绳直径 d 为 18 mm，系数 h 取 20，则滑轮最小卷绕直径应为（　　）mm。

A. 180　　　　　　　B. 90　　　　　　　C. 480　　　　　　　D. 360

（2）滑轮槽磨损不均匀的原因不包括（　　）。

A. 超载　　　　　　　　　　　　B. 材质不均匀

C. 安装不合格　　　　　　　　　D. 绳轮接触不均匀

（3）关于钢轨轨顶叙述正确的是（　　）。

A. 钢轨的轨顶有凸顶和平顶两种

B. 圆柱形车轮踏面与平顶钢轨的接触为点接触

C. 圆柱形或圆锥形踏面的车轮与凸顶钢轨接触为线接触

D. 起重机大多采用平顶钢轨

（4）小车行走打滑的原因及处理方法不包括（　　　）。

A. 轨道上有油或冰霜，需要清除油和冰霜

B. 轮压不均匀，需要调整轮压

C. 起动过快，需要改善电动机的启动方法或选用绕线转子异步电动机

D. 轨道安装误差过大

（5）关于中小起重量的桥式起重机所采用的卷筒与减速器低速轴直接连接方式，叙述错误的是（　　　）。

A. 减速器低速轴伸出端做成扩大的阶梯轴，内孔加工成喇叭孔形状，外部铣有外齿轮

B. 连接形式结构简单，制造方便，成本低

C. 喇叭口作为卷筒轴的支承，装有调心球轴承；齿轮联轴器的一半是外齿轮，另一半联轴器是一个内齿圈，与卷筒的左轮毂做成一体

D. 卷筒轴的另一端由一个单独的装有调心球轴承的轴承座支承

（6）关于起重机轨道材料叙述正确的是（　　　）。

A. 钢轨通常用碳、锰的质量分数较低的钢材制成　　B. 不必进行热处理

C. 有较高的强度和韧性，顶面又有足够的硬度　　D. 延展性好

（7）关于浮动轴结构叙述错误的是（　　　）。

A. 浮动轴结构允许径向和角度微量偏移　　B. 浮动轴结构允许轴向的微量窜动

C. 配用的联轴器则采用半齿联轴器或全齿联轴器　　D. 可提高对长轴传动系统的安装要求

（8）天车"三合一"驱动装置模块不包括（　　　）。

A. 制动器　　　　　　　　　　　　B. 监视器

C. 电机　　　　　　　　　　　　　D. 减速器

（9）标准厂房跨度一般选择（　　　）。

A. 16 m　　　　　　　　　　　　　B. 19 m

C. 22 m　　　　　　　　　　　　　D. 24 m

（10）关于均衡车架叙述错误的是（　　　）。

A. 采用均衡车架装置可以增加轮压

B. 车轮直径的大小主要根据轮压来确定，轮压大的轮径应大

C. 由于受到厂房和轨道承载能力的限制，轮压又不宜过大

D. 均衡车架实际上是一个杠杆系统，把安装车轮的车架铰接在起重机机体上，铰接保证了各车轮轮压相等

4. 多项选择题

（1）钢丝绳可能出现的缺陷包括（　　　）。

A. 断股　　　　　　　　　　　　　B. 断丝

C. 打结　　　　　　　　　　　　　D. 磨损

（2）吊钩可能出现的故障包括（　　　）。

A. 裂纹　　　　　　　　　　　　　B. 磨损

C. 变形　　　　　　　　　　　　　D. 气蚀

（3）滑轮槽磨损不均匀的处理方法包括（　　　）。

A. 重新安装
B. 修补磨损处
C. 轮槽磨损超过轮槽壁厚 30%时更换
D. 轮槽底径磨损超过钢丝绳直径 25%时更换

（4）关于长型吊钩组结构，叙述正确的是（　　　）。

A. 在吊钩螺母与吊钩横梁间装有推力轴承，这样吊钩就固定在吊钩横梁上，不能绕吊钩钩颈轴线旋转
B. 吊钩横梁支承在两边拉板的孔中（间隙配合），使横梁和吊钩能绕水平轴线旋转。横梁两端各加工一环形槽并用定轴挡板固定在拉板上，以防横梁轴向移动
C. 滑轮轴两端也支承在拉板上，但由于滑轮轴两端加工成扁缺口，定轴挡板卡在其中，所以滑轮轴既不能转动也不能移动
D. 滑轮轴承上还有润滑装置；吊钩螺母处有可靠的防松装置；吊钩横梁上的推力轴承附有防尘装置

（5）下列与卷筒长度的确定相关因素是（　　　）。

A. 提升高度
B. 所采用滑轮组形式
C. 卷筒直径
D. 钢丝绳直径

（6）关于单块制动器，叙述正确的是（　　　）。

A. 单块制动器主要由制动轮、瓦块和制动杠杆组成
B. 制动轮通常都用键与机构上做旋转运动的轴固接在一起
C. 制动轮轮缘外侧安装着瓦块，瓦块固定在杠杆上
D. 在制动杠杆端部合闸力的作用下，瓦块压紧在制动轮上，靠摩擦力进行制动

（7）桥式起重机的起升机构包括（　　　）。

A. 电动机
B. 传动装置
C. 卷绕装置
D. 取物装置和制动装置

（8）关于长型吊钩组，叙述正确的是（　　　）。

A. 滑轮的两边安装着拉板
B. 拉板的上部有滑轮轴，下部有吊钩横梁，它们平行地装在拉板上
C. 滑轮组滑轮数目单、双均可
D. 横梁中部垂直孔内装着吊钩，吊钩尾部有固定螺母

（9）卷筒材料可以酌情选择（　　　）。

A. HT250
B. ZG230～450
C. HT200
D. Q235

（10）小车三条腿的可能处理方法有（　　　）。

A. 车轮直径偏差过大，需要检查并按照图纸加工车轮
B. 安装不合理，需要重新调整安装车轮
C. 轨道安装误差过大，调整轨道
D. 小车架变形，需要矫正小车架

5. 简答题

（1）如何区分起重机起升范围和起升高度？

（2）起重机划分工作级别的目的是什么？

（3）为什么额定起重量在 16 t 以上的起重机要设有主钩和副钩？

（4）为什么在选用起重机时，要注意建筑物（厂房）跨度与起重机跨度应符合相关的要求？

（5）为什么天车一般采用箱型桥架？

（6）为什么要求天车的桥架有一定上拱？

（7）天车为什么要采用起重滑轮组？

（8）如何理解起重滑轮组的倍率？卷筒所受载荷和倍率之间是什么关系？

（9）如何判断起重滑轮组是单一滑轮组还是双联滑轮组？

（10）为什么短型吊钩组只能用于偶数倍率滑轮组？

项目二　泵检修

项目描述

泵是一种常见的流体通用机械设备，广泛用于工业和农业的各个领域。本项目主要介绍离心泵的工作原理、主要参数、型号规则和选择，离心泵检修，轴流泵检修，深井泵检修，潜水泵检修。学生通过学习，对泵和泵系统有一个简洁而又系统的理解，为将来从事与泵相关的工作打下坚实基础。

教学目标

知识目标	能力目标	素质目标
（1）熟悉离心泵的工作原理和主要零部件； （2）熟悉离心泵的型号规则； （3）熟悉离心泵的调节原理和方法； （4）熟悉离心泵的典型故障和原因； （5）了解轴流泵、深井泵、潜水泵的工作原理	（1）能叙述离心泵的工作原理； （2）能识别离心泵的型号； （3）能识别离心泵的主要零件； （4）能调节离心泵； （5）能根据典型故障现象判断泵的故障并提出解决方案。 （6）能叙述轴流泵、深井泵、潜水泵的工作原理，判断常见故障原因	（1）培养学家国情怀、科学精神和责任担当意识； （2）树立设备检修作业"安全第一"的观念； （3）具备良好的团队协作精神、严谨求实的工作态度； （4）具备节能环保和可持续发展的意识

任务导航

任务一　离心泵工作原理

任务二　离心泵选择

任务三　离心泵调节

任务四　离心泵检修

任务五　轴流泵检修

任务六　深井泵检修

任务七　潜水泵检修

引导问题 1：普通离心泵在使用前为什么要灌泵？

_____

_____

_____

_____

引导问题 2：离心泵系统安装压力表和真空表后有什么好处？

_____

_____

_____

_____

引导问题 3：离心泵工作时产生轴向力的主要原因是什么？

_____

_____

_____

_____

_____

引导问题 4：离心泵必须和_____、_____、阀门等组成系统才能使用。

引导问题 5：单级泵轴向力的平衡主要有_____、_____、_____3 种办法。

知识点一、离心泵的工作原理

1. 离心泵的分类

泵是用来输送液体的机械，通过泵把原动机的机械能变为液体的动能和压力能。泵分为叶片泵、容积泵和喷射泵三类。

叶片泵依靠泵内高速旋转的叶轮所产生的叶片与液体之间的相互作用力，将机械能传给液体，使液体的压力能增加，达到输送液体的目的，如离心泵、轴流泵等，其中离心泵得到广泛应用，输水的管道泵就是离心泵。容积泵依靠泵内工作容积的变化而吸入或排出液体并提高液体的压力能，如活塞式泵、回转式齿轮泵等。喷射泵利用工作流体（液体或气体）的能量来输送液体，如水喷射泵、蒸汽喷射泵等。

离心泵类型很多，一般根据用途、叶轮、吸入方式、压出方式、扬程、泵轴位置等来分类，主要包括：

（1）离心泵按用途可分为清水泵、杂质泵、耐酸泵。

（2）离心泵按叶轮结构可分为闭式叶轮离心泵、开式叶轮离心泵、半开式叶轮离心泵。

① 闭式叶轮离心泵，叶片左右两侧都有盖板，如图 2-1（a）所示，适用于输送无杂质的液体如清水、轻油等。

② 开式叶轮离心泵，叶片左右两侧没有盖板，如图 2-1（b）所示，适用于输送污浊液体，如泥浆等。

③ 半开式叶轮离心泵，叶轮在吸入口一侧没有盖板（前盖板），它只有后盖板，如图 2-1（c）所示，适用于输送有一定黏性、容易沉淀或含有杂质的液体。

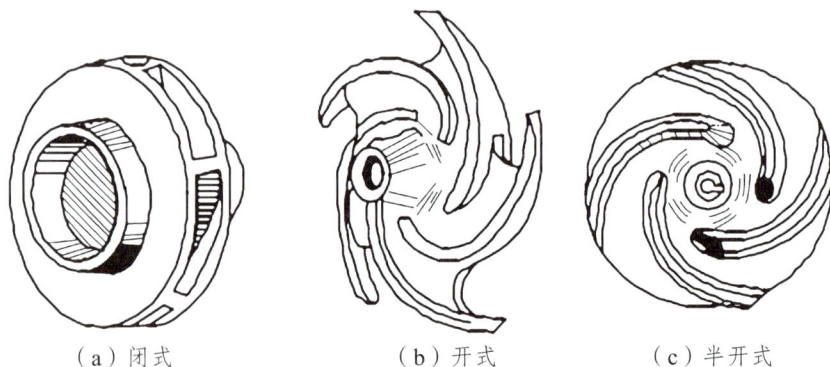

（a）闭式　　　　　　　　（b）开式　　　　　　　　（c）半开式

图 2-1　离心泵叶轮

（3）离心泵按叶轮数目可分为单级、多级离心泵。

① 单级离心泵只有一个叶轮，扬程较小，一般不超过 50～70 m。

② 多级离心泵，泵的转动部分（转子）由多个叶轮串联，如图 2-2 所示，泵的扬程随叶轮数的增加而提高，扬程最大可达 2 000 m。

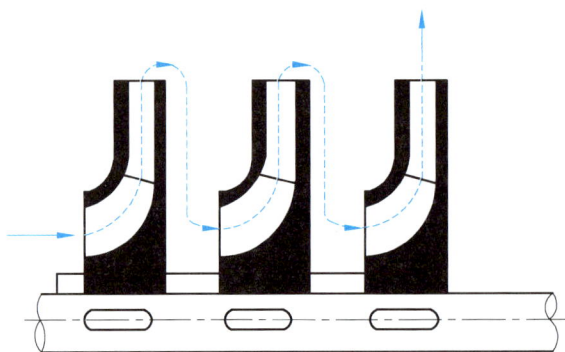

图 2-2　多级泵的串联叶轮简图

泵的调节动画

（4）离心泵按泵的吸入方式可分为单吸式和双吸式离心泵。

① 单吸式离心泵液体从一侧进入叶轮，这种泵结构简单，制造容易，但叶轮两侧所受液体

总压力不同，因而有一定的轴向推力。

② 双吸式离心泵，液体从两侧同时进入叶轮，如图2-3所示，这种泵结构复杂，制造困难，主要的优点是流量大，轴向力平衡。

2. 离心泵的工作原理

离心泵的工作原理如图2-4所示。泵的主要工作部件为安装在轴上的叶轮1，叶轮上均匀分布着一定数量的叶片2。泵壳3是一个逐渐扩大的扩散室，形状如蜗壳，工作时壳体不动。泵的入口与插入液池一定深度的吸入管8相连，吸入管的另一端装有底阀7，泵的出口则与阀门5和排出管6相连。

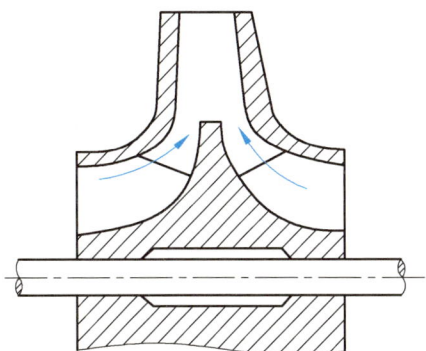

图2-3 离心泵双吸式叶轮

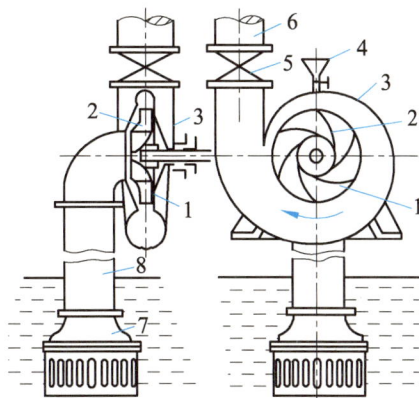

1—叶轮；2—叶片；3—泵壳；4—漏斗；5—阀门；
6—排出管；7—底阀；8—吸入管。

图2-4 离心泵工作原理简图

离心泵启动前，吸入管和泵内必须充满液体。漏斗4冲灌液体（称为灌泵），然后关闭漏斗下方的阀门开泵。开泵后，叶轮高速旋转，其中的液体随着叶片一起旋转，速度迅速升高，在离心力的作用下液体飞离叶轮向外射出。射出的液体在泵壳扩散室内速度逐渐变慢，压力逐渐增加，然后从泵出口、排出管流出。此时，在叶轮中心处由于液体被甩向周围而形成既没有空气又没有液体的真空低压区，液池中的液体在池面大气压力的作用下推开底阀7经吸入管8流入泵内。液体连续不断地从液池中被抽吸上来又连续不断地从排出管6流出。

普通离心泵，若液面高度低于叶轮高度，启动时应预先灌水，很不方便。为了在泵内存水，吸入管进口需带底阀。泵工作时，底阀造成很大的水力损失。所谓自吸泵，就是在启动前不需要灌水，经短时间运转，靠泵本身的作用即可把水吸上来并投入正常运行。

自吸泵在第一次使用前先在泵壳内灌满水（或泵壳内自身存有水），以后使用过程中不需要灌泵。启动后叶轮高速旋转使叶轮槽道中的水流向涡壳，这时入口形成真空，使进水逆止阀打开，吸入管内的空气进入泵内，并经叶轮槽道到达外缘。如果自吸泵自带真空泵，第一次使用时都不需要灌泵。

3. 离心泵系统

离心泵本身不能单独工作，必须和电机、管路、阀门等组成系统才能使用。为了及时掌握泵的工作状态，还需要安装压力表和真空表来监测离心泵工作时的出口压力和进口压力。

离心泵工作原理简图

离心泵系统如图 2-5 所示，由离心泵 3、电动机、吸入管 2、排出管 8 和阀门等组成。底阀 1 由单向阀和防污网组成。底阀上的单向阀只允许液体从吸液池流进吸入管，不允许反方向流动，它的主要作用是保证泵在启动前能灌满液体，而周边的防污网则起着防止液池中的杂物被吸入泵中的作用。单向阀 7 在停泵时靠排出管中的液体压力自动关闭，防止液体倒流泵内冲坏叶轮。截止阀 6 的用途是在开、停或检修泵时截断流体，对于小型泵装置，截止阀还用于调节泵的流量。真空表 4 和压力表 5 分别用于测量泵的入口和出口的压力，运行检查时，可以观察表的示数变化情况，分析判断泵的运行是否正常。

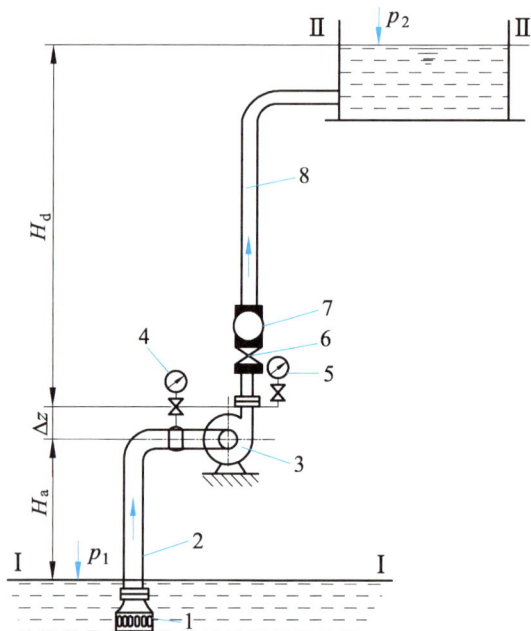

离心泵装置示意图

1—底阀；2—吸入管；3—离心泵；4—真空表；5—压力表；6—截止阀；7—单向阀；8—排出管。

图 2-5 离心泵装置示意

知识点二、离心泵的结构

1. IS 型离心泵

IS 型离心泵是一种单级单吸轴向吸入离心泵，用于输送不超过 80 ℃的清水或类似清水的液体。这种泵的特点是扬程高、流量小，结构简单，耐用且维修方便。

IS 型离心泵共 33 个基本型号，近 100 个规格，但零件通用化程度却高达 91%，这么多规格的泵，只配用了 4 个尺寸规格的轴和 4 个悬架部件。

IS 型离心泵如图 2-6 所示，由泵壳 3、泵壳后壳 5、叶轮 4、轴 6、悬架部件 7 和托架 11 等组成，托架对悬架起着辅助支承的作用。泵壳内腔为截面逐渐扩大的蜗壳形流道，吸水室与泵壳铸造成一面逐渐扩大的蜗壳形流道，吸水室与泵壳铸为一体。泵轴左端安装叶轮，右端通过联轴器与电动机相连。

叶轮的前后盖板与泵壳、泵壳后盖之间采用圆柱面式密封环 1、2 作间隙密封，将泵的吸入部分与排出部分隔开，叶轮的后盖板上开有平衡孔 a，用以平衡轴向推力。

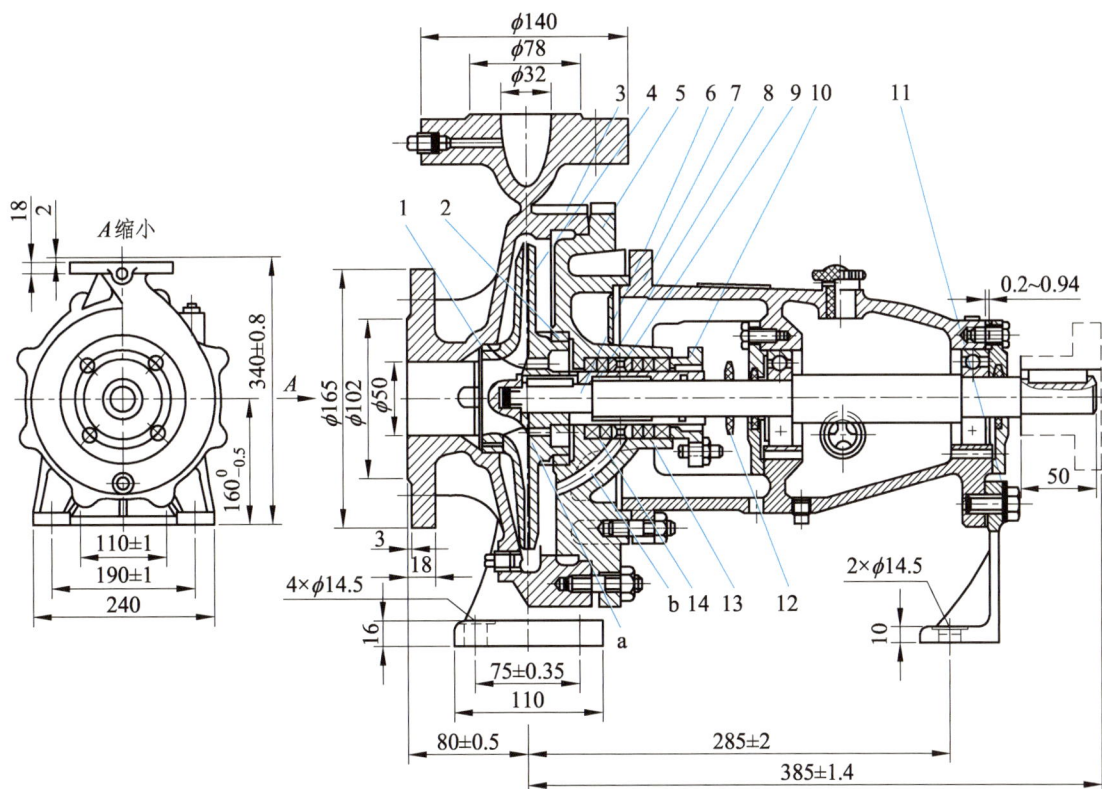

（a）侧视图　　　　　　　　　　　　　　（b）剖视图

1、2—密封环；3—泵壳；4—叶轮；5—泵壳后壳；6—轴；7—悬架部件；8—轴套；9—填料环；10—填料压盖；11—托架；12—挡圈；13、14—油浸石棉盘根；a—叶轮后盖上的平衡孔；b—后盖孔道。

图 2-6　IS 型离心泵

泵轴由悬架部件内的两个滚动轴承支承。泵壳后盖的填料函中填上油浸石棉盘根 13、14 和填料环 9 进行密封，并用填料压盖 10 调整对石棉盘根的压紧程度。

泵轴上安装的橡胶挡圈 12 起着甩掉从填料压盖内孔处流出的液滴的作用，同时防止填料压盖调整太松或石棉盘根丧失弹性及润滑作用后造成的液体直接向滚动轴承处喷射的现象。

IS 型离心泵

从结构上看，IS 型离心泵的优点是在拆下联轴器的中间连接件及托架后，不动泵壳、进出管路和电动机，就可以拆除泵壳后盖、叶轮及悬架部件，进行维修或更换零件。

2. 单级双吸水平中开式离心泵

单级双吸水平中开式离心泵是一种流量较大的泵，可分为 S 型和 Sh 型。

S 型泵的结构比 IS 型泵复杂些，如图 2-7 所示。S 型泵的吸入和压出短管均在泵轴心线下方，吸入口和排出口中心连线为水平方向，且与转动轴线成垂直位置。

泵壳沿轴心线的水平面上下分开（即水平中开），上半部称为泵盖，用双头螺栓固定在下半部分泵体上，这样的结构无须拆卸进出管路和电动机，便可检查泵内全部零件并进行维修。

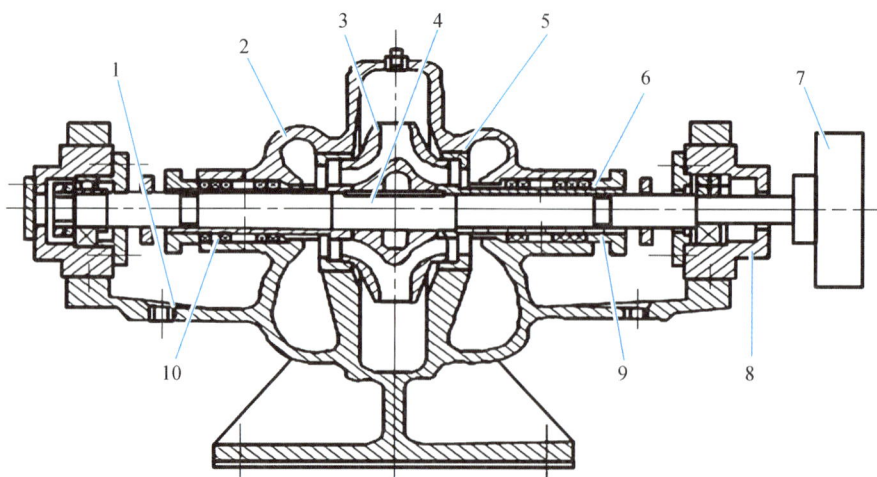

单级双吸水平
中开式离心泵

1—泵体；2—泵盖；3—叶轮；4—轴；5—密封环（S 型）；6—轴套；7—联轴器；8—轴承座；9—填料压盖；10—填料。

图 2-7　单级双吸水平中开式离心泵

3. 单吸多级离心泵

为了提高泵的扬程，可把几台泵串联起来使用，也可把几个叶轮串联在一起制成多级泵。单吸多级离心泵可分为蜗壳式多级泵（水平中开式多级泵）和分段式多级泵。D 型分段式多级泵应用较为广泛，此处重点介绍此类离心泵。

D 型单吸多级离心泵结构如图 2-8 所示，利用长螺栓将一级吸入段、若干级中段和一级压出段串联固接在一起。泵的首级叶轮入口直径比后级叶轮大，因而液体在入口处流速较低，这样可提高泵的允许安装高度。优点是中段各级的壳体均为单一的圆筒形，容易制造、可互换性好，可根据所需扬程选择不同级数。缺点是装拆麻烦，检修时需拆开连接管路。

单吸多级离心泵（D 型）

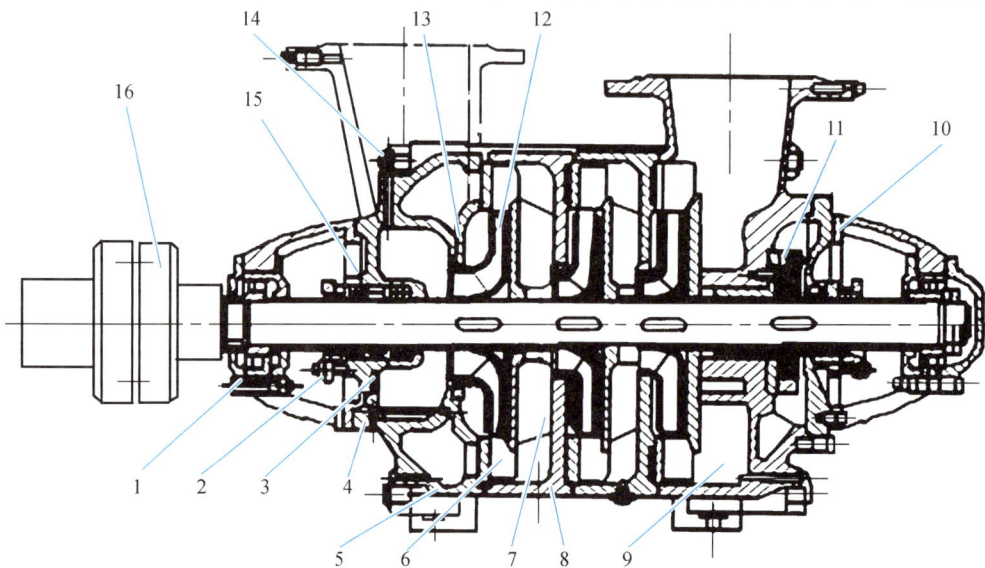

1—轴承；2—填料压盖；3—盘根；4—水封管；5—吸入段；6—导叶；7—返水圈；8—中段；9—压出段；10—平衡盘；
11—平衡盘衬环；12—叶轮；13—密封环；14—放气孔；15—填料环；16—联轴器。

图 2-8　单吸多级离心泵（D 型）

D 型单吸多级离心泵除末级（压出段）外，其余各级都没有螺旋形的压出室，而是以导叶代替，将液体导向下一级的吸入口。由于各级叶轮都同向排列，轴向力很大，一般都采取一些措施来平衡轴向力。

知识点三、轴向力平衡装置

1. 轴向力产生的原因

泵在工作时，作用在叶轮等转子组件上的沿泵轴方向的分力叫作轴向力。轴向力产生的原因主要分为如下两种：

（1）第一种轴向力产生于叶轮受力的不平衡。

单吸式离心泵在工作时叶轮两侧作用力不相等，产生了一个从泵腔指向吸入口的轴向推力。

在泵尚未工作时，泵内过流零部件上液体压力都一样，不会产生轴向推力。但当泵正常工作时，吸入口处液体压力为 p_1，叶轮出口处压力 p_2，液体除经叶轮出口排出外，尚有少量的压力也等于 p_2 的液体流到泵壳与叶轮后盖板之间的空隙处，如图 2-9 所示。

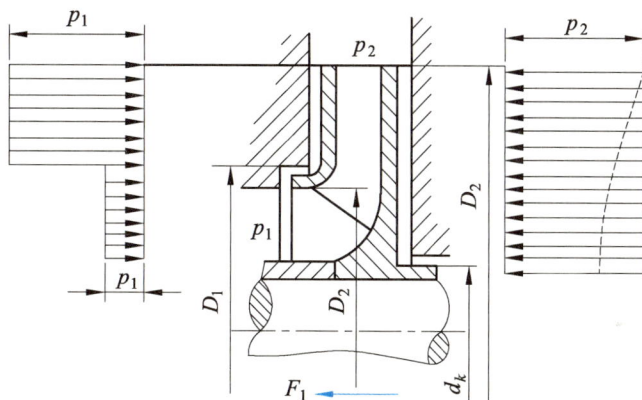

图 2-9　轴向推力示意

由图 2-9 可见，叶轮两侧在密封环直径 D_1 以外的环形面积上压力分布是对称的，轴向作用力抵消，而在轮毂直径 d_k 与密封环直径 D_1 之间的吸入口处环形投影面积上却存在着压力差，于是便产生了轴向推力 F_1。实际上压力的分布如图 2-9 中虚线所示的抛物线，越靠近轮毂压力越小。

（2）第二种轴向力是反冲力，它是在泵刚启动时产生的。

吸入管流入泵内的液体作轴向流动，进入叶轮后转变为径向流动，由于流动方向的改变，产生了反冲力 F_2。

反冲力 F_2 与轴向力 F_1 方向相反，在泵正常工作时 F_2 与 F_1 相比数值很小，可以忽略不计。但在启动瞬间，由于泵的正常压力尚未建立，所以反冲力的作用较为明显，泵在启动时转子向后窜动就说明了这一点。为此，应注意避免频繁启动泵。

对于立式水泵，转子的重力也是轴向的，用 F_3 表示，其方向指向下方叶轮入口。在各种轴向力中，F_1 是最主要的轴向力。

综上所述，总的轴向力为

$$F = F_1 - F_2 + F_3 \tag{2-1}$$

对卧式泵，由于转子重力方向与轴垂直，所以总轴向力为

$$F = F_1 - F_2 \tag{2-2}$$

2. 轴向力平衡装置

由于存在轴向力，泵的转动部分会发生轴向窜动，从而引起磨损、振动和发热，使泵不能正常工作，因此必须采用平衡装置来部分地或全部地平衡轴向力。

离心泵平衡轴向力的方法很多，单级泵和多级泵由于轴向力相差较大，采用的平衡装置也不同。

（1）单级泵轴向力的平衡。

单级泵轴向力的平衡方法主要包括开平衡孔、设置平衡管、采用双吸叶轮 3 种办法。

图 2-10（a）和图 2-6（a）所示的是在叶轮后盖板靠近轮毂处钻几个孔（平衡孔）来平稳轴向力的方法。

图 2-10（b）所示的是在壳体外用一根管子将叶轮后盖板靠近轮毂处的液体引回到泵吸入口处来平稳轴向力的方法，这根管子就是平衡管。

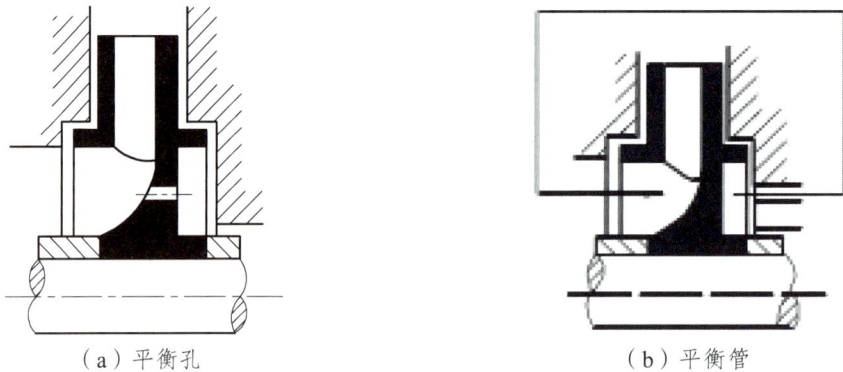

（a）平衡孔　　　　　　　　　　　　　（b）平衡管

图 2-10　平衡孔和平衡管

这两种方法的目的是使叶轮后的压力等于叶轮前的压力，从而使轴向力平衡。为防止高压液体的内泄漏，保证叶轮后压力能降下来，图 2-6 中的密封环 2 就是在叶轮后盖板与泵壳后盖之间设置的密封环。

对于流量较大的单级离心泵和少数的多级泵采用双面进水的叶轮即双吸叶轮，轴向力由于结构的对称而得到平衡。

尽管采取了各种措施，轴向力仍难以全部平衡，所以轴承仍要承受一些轴向力，有的还采用推力轴承。

（2）多级泵轴向力的平衡。

多级泵轴向力的平衡方法主要包括叶轮对称布置和采用平衡盘、平衡鼓等方法。

将叶轮成对反向地装在同一根轴上，各叶轮轴向力相互抵消。这种方法对平衡轴向力有较好的效果，但存在着各级之间流道长且彼此重叠的缺点，使泵壳的铸造复杂，成本较高，一般只应用于 2～4 级离心泵。

在分段式多级离心泵上采用平衡盘平衡轴向力的方法，这种装置如图 2-11 所示。平衡盘 1 装在末级叶轮 4 的后面，与平衡环 2 形成一个径向间隙 δ_0 不变、轴向间隙 δ_1 可变的平衡盘装置。

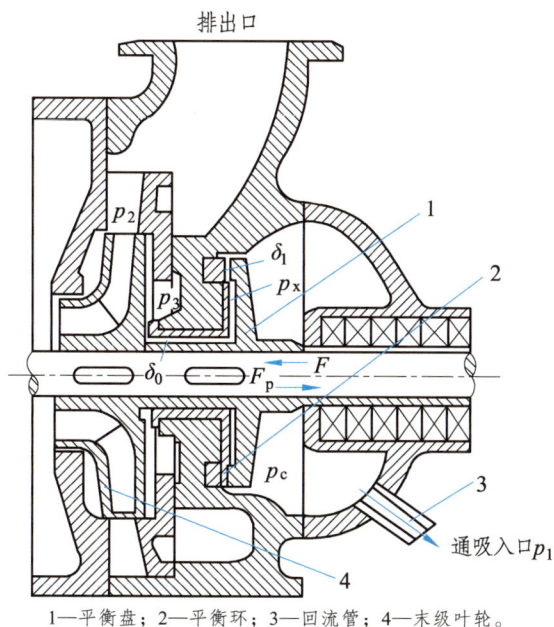

排出口

1—平衡盘；2—平衡环；3—回流管；4—末级叶轮。

图 2-11 平衡盘装置

泵工作时，液体在压力 p_3 的作用下，经间隙 δ_0 进入平衡盘前压力为 P_x 的环状室，然后通过间隙 δ_1 流入平衡盘后的平衡室，并由此经回流管 3 与第一级叶轮的吸入口（即多级泵的吸入口）相通。吸入口处压力 P_1 小于平衡室的压力 P_c。

当轴向力 F 增加时，平衡盘随同叶轮一起向左窜动，间隙 δ_1 减小，液体流动的阻力增加，泄漏量减小，环状室压力 P_x 上升，而平衡室压力 P_c 有所降低。

因此，平衡盘两侧的压力差 ΔP_p（ $= P_x - P_c$）增加，平衡力 F_p（等于 ΔP_p 乘以平衡盘的投影面积）也增加，由于这个自左向右的平衡力 F_p 大于自右向左的轴向力 F，迫使泵轴向右位移，直至 $F_p = F$ 为止。若 $F_p < F$，泵轴向右窜动，δ_1 增大，则 ΔP_p 减小，F_p 减小，泵轴向左移动，直至 $F_p = F$，停止在新的平衡位置上。

由于力 F_p 和力 F 的平衡是一种动态平衡，所以泵轴始终是在某一平衡位置做左右窜动。

知识点四、密封装置

泵体内液体压力较吸入口压力高，所以泵体内液体总会向吸入口泄漏。为了防止这种内泄漏，采用了图 2-6 中间隙密封的密封环 1、2，这是第一种密封装置。

泵体和轴之间存在着间隙。为防止泵体内高压液体大量泄漏，同时防止空气渗入泵内，在旋转的泵轴和静止的泵体之间必须装上旋转密封装置，这是第二种密封装置。

泵轴旋转密封装置的形式主要有填料密封、机械密封、浮动环密封和迷宫密封等。这里只简要地介绍轴旋转密封的前两种密封形式。

1. 填料密封装置

离心泵中应用最广泛的是填料密封。图 2-6 所示的 IS 型离心泵，填料密封是在轴套 8 和与它对应的这部分泵体之间的空间-填料函内填充填料 14（如油浸石棉盘根），并用填料压盖 10 轴向压紧，使填料径向胀大，靠静止的填料和旋转的轴套外圆表面的接触来实现的。填料函内充满填料，填料压盖应适当压紧，使经轴套与压盖间隙泄漏的液体呈滴状流出。

如果压盖压得过紧，填料与轴套表面的摩擦将迅速增加，严重时有发热、冒烟现象，造成填料、轴套的明显磨损。如压盖压得过松，填料不能充分填满间隙，造成泄漏增加甚至形成连续液流流出，使泵效率降低。

从图 2-6 可以看出，填料函里除填料外，还有一填料环 9（或称水封环），由两半拼合组成，如图 2-12 所示。从图 2-6 的后盖孔道 b 引来的高压液体，通过环上的槽和孔渗入到填料处，起液封、润滑及冷却轴套的作用。

填料密封所用的填料又称盘根，一般经编织并压成矩形断面，使用时按轴套圆周剪成适当长度，一圈圈地放进填料函。对于非金属的软填料，也有以多圈螺旋形式放入。

填料的材料根据使用条件而不同，可以分为软填料、半金属填料和金属填料等几种。

1-环圈空间；2-水孔。

图 2-12 填料环

软填料就是由非金属材料制成，可分为用石棉、棉纱、麻等纤维经纺线后编结而成，再浸渍润滑脂、石墨或聚四氟乙烯树脂，以适应于不同的液体介质。这种填料只用于温度不高的液体。

半金属填料是由金属和非金属材料组合制成的，将石棉等软纤维用铜、铅、铝等金属丝添加石墨、树脂编织压制成形，这种填料一般用于中温液体。

金属填料则不含非金属材料。这种填料是将巴氏合金或铜、铝等金属丝浸渍石墨、矿物油等润滑剂压制而成的，一般为螺旋形。金属填料的导热性好，可用于温度低于 150 ℃、圆周速度小于 30 m/min 的场合。

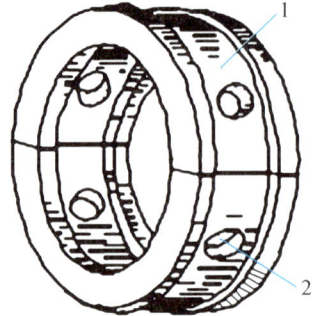

2. 机械密封装置

机械密封装置具有摩擦力小、使用寿命长、不泄漏或少泄漏等优点。原来用填料密封的离心泵根据需要改为机械密封，可以取得良好效果。这里介绍一种 EX 型机械密封的结构，如图 2-13 所示。

静环和动环是机械密封的最主要元件。静环 5 及静环密封圈 6 装于压盖中并与泵体固定在一起，动环 4 及其组件则随轴旋转。

有些机械密封为了使静环可靠地与压盖或泵体固定在一起，采用防转销防止静环的旋转。为了使动环组件能可靠地随轴旋转，常加上一个弹簧座，利用紧定螺钉将其固定在轴上。压盖密封圈和静环密封圈 6 都是静密封，它们使从泵

1—弹簧；2—压板；3—动环密封圈；4—动环；5—静环；
6—静环密封圈；7—压盖；8—压盖密封圈；9—泵体。

图 2-13 EX 型机械密封

和轴间隙流出的液体无法从压盖和泵体端面泄漏。动环密封圈 3 是轴上的静密封，用以防止液体沿轴表面的泄漏。动静环之间的密封是旋转的端面密封，这里才是机械密封的密封处，动环靠弹簧 1 和液体压力的作用压紧静环，使两环端面紧密贴合，渗入端面间的一层液体薄膜起着平衡压力和润滑的作用。

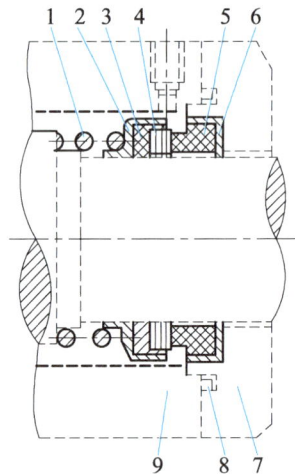

EX 型机械密封

另外，为防止高温对液膜的破坏以及液体中所含固体颗粒对端面密封的破坏，还可以从泵体或压盖处通入冷却液或冲洗液，对机械密封装置进行冷却或冲洗。

机械密封是一种端面密封，其主要功能是将较易泄漏的轴向密封转化为较难泄漏的端面密封和静密封。

机械密封装置的动、静环材料，按照被密封液体介质的不同而配对相应材料，机械密封装置的结构类型也有多种，所以应根据实际情况选用。

任务实战

有了填料密封，离心泵为什么还发展了机械密封技术？

_____

_____

_____

_____

任务评价

完成本任务学习后，根据自身学习体会，结合任务评价表的内容进行评价。

任务评价表

姓 名		组 别		班 级			
日 期			综合评价等级				
评价指标	评价标准		分值	评价方式			
				自我评价（30%）	小组评价（30%）	教师评价（40%）	单项得分
课前预学	课前预习本任务相关知识，查找相关资料		5				
	完成任务引导题目		5				
课堂参与	认真听讲和练习		10				
	积极参与小组讨论，并有详细笔记		10				
课堂互动	积极回答教师问题		5				
	和小组成员有效合作，尊重他人		5				
	小组活动中能围绕主题发表自己的观点		10				
自主探究	独立思考、自主学习，会发现问题		10				
	主动寻求解决问题的方法		10				
	善于观察、分析、思考，能提出创新观点		5				
综合素养	具有一定的安全意识、责任意识、规范意识		5				
	具有吃苦耐劳的精神和严谨认真的学习态度		5				
学习成果	在规定时间内完成本人的分工任务		10				
	完成拓展任务		5				

引导问题 1：离心泵为什么存在最大安装高度？

_____

_____

_____

_____

引导问题 2：离心泵有哪些参数？

_____

_____

_____

_____

引导问题 3：为什么是离心泵入口而不是出口发生汽蚀？

_____

_____

_____

_____

引导问题 4：泵的选择有哪两种方法？

_____

_____

_____

_____

引导问题 5：离心泵的能量损失包括_____、_____、_____3 项。

相关知识

知识点一、离心泵性能参数

1. 流　量

离心泵的流量是指单位时间内排到管路系统的液体体积，一般用 Q 表示，常用单位为 m^3/h 等。离心泵的流量与泵的结构、尺寸和转速有关。

2. 扬 程

单位质量液体具有的能量可以用液柱高度来表示，称为水头。水头表示液体的能量，包括液体静压、势能和动能，液体在某处的各种能量总和称为在该处的总水头。单位质量液体通过泵所增加的能量，也就是泵所产生的总水头，称之为扬程（m）。

为了计算扬程，在图 2-3 所示系统中取吸入液面为-Ⅰ，排出液面为Ⅱ-Ⅱ。假设这两处的液面压力分别为 P_1、P_2（Pa），液体流速分别为 v_1、v_2（m/s），并假设 H_s、H_d 分别为泵入口至吸入液面、泵出口至排出液面的垂直距离；h_s、h_d 分别为吸入管路、排出管路的水头损失，Δz 为压力表与真空表安装点的垂直距离，ρ 为液体的密度（kg/m³），g 为重力加速度（9.81 m/s²）。

用伯努利方程式导出泵扬程 H（m）的计算式为

$$H = \frac{P_2 - P_1}{\rho g} + \frac{v_2^2 - v_1^2}{2g} + H_g + H_d + h_s + h_d + \Delta z \qquad (2\text{-}3)$$

当吸液池和排液池均与大气相通时，$P_1 = P_2 = P_b$，其中 P_b 为环境大气压力。当池内液面面积很大时，$v_1 \approx 0$，$v_2 \approx 0$，则式（2-3）可简化为

$$H = H_s + H_d + h_s + h_d + \Delta z \qquad (2\text{-}4)$$

由图 2-5 可知，$H_s + H_d + \Delta z$ 为泵将液体提升的垂直高度，即几何扬程 H_g。$h_s + h_d$ 为吸入管路和排出管路水头损失之和，用 $\sum h$ 来表示，则式（2-4）可简化为

$$H = H_g + \sum h \qquad (2\text{-}5)$$

在同样的情况下，即 $P_1 = P_2 = P_b$，且 $v_1 \approx 0$，$v_2 \approx 0$ 时，经过推导，式（2-4）的扬程 H 也可用压力表和真空表的读数 P_v 和 P_z 来表示。

$$H = \Delta z + \frac{P_v}{\rho g} + \frac{P_z}{\rho g} + \frac{v_d^2 - v_s^2}{2g} \qquad (2\text{-}6)$$

式（2-6）中的 v_s、v_d 为吸入管、排出管中的液体流速，可根据输液流量和吸入管、排出管的直径求出。

3. 功 率

（1）有效功率 P_u。
泵的有效功率是指单位时间内泵输送出的液体获得的有效能量，也称输出功率。
（2）轴功率 P_a。
泵的轴功率是指单位时间内由原动机传到泵轴上的功，也称输入功率（W 或 kW）。

4. 效 率

离心泵在实际运转过程中，由于存在各种能量损失，致使泵的实际（有效）压头和流量均低于理论值，而输入泵的功率比理论值高。反映能量损失大小的参数称为效率。

离心泵的能量损失包括容积损失、水力损失、摩擦损失。

（1）容积损失。

容积损失是指泄漏造成的损失，无容积损失时泵的功率与有容积损失时泵的功率之比称为容积效率 η_v。闭式叶轮的容积效率值为 0.85～0.95。

（2）水力损失。

水力损失是指由于液体流经叶片和蜗壳的沿程阻力、流道面积和方向变化带来的局部阻力以及叶轮通道中的环流和漩涡等因素造成的能量损失，这种损失可用水力效率 η_h 来反映。

额定流量下，液体的流动方向与叶片的入口角相一致，这时水力损失最小，水力效率最高，其值为 0.8～0.9。

（3）摩擦损失。

由于高速旋转的叶轮表面与液体之间的摩擦，泵轴在轴承、轴封等处的机械摩擦造成的能量损失可用机械效率 η_m 来反映，其值为 0.96～0.99。

离心泵的总效率由容积效率、水力效率、机械效率 3 部分构成，即离心泵的总效率与泵的类型、尺寸、加工精度、液体流量及性质等因素有关。通常，小泵的总效率为 50%～70%，而大型泵的总效率可达 90%。

5. 转　速

转速 n 为泵轴每分钟转动的次数，单位为 r/min。中小型泵的转速一般等于异步电动机的转速，这样便于泵和电动机直接传动，常用的转速为 2 900 r/min、1 450 r/min、970 r/min、730 r/min。

6. 比转数

叶片式泵（如离心泵、轴流泵、混流泵等）的叶轮有不同的形状。在泵的性能参数中有一个既反映泵的基本形状又反映泵的基本性能（如流量、扬程、转速）的综合参数——比转数，又称比转速，可用下式计算。

$$n_x = \frac{3.65n\sqrt{Q}}{H^{\frac{3}{4}}} \tag{2-7}$$

式中　n——泵的转速（r/min）；

　　　Q——泵的流量（m³/s）；

　　　H——泵扬程（m）。

比转数是无量纲数。同一台泵在不同工况下有不同的比转数，一般取最高效率工况时的比转数作为泵的比转数。

比转数和泵的叶轮形状、性能曲线的变化规律见表 2-1。

大流量小扬程泵的比转数大；小流量大扬程泵的比转数小。

比转数小的泵，叶轮出口宽度小，叶轮外径 D_2 大，D_2 与叶轮进口处直径 D_0 的比值达到 3。叶轮中的流道狭长，流量小但扬程高。这种情况所采用的叶片泵可以是离心泵。

当叶轮形状结构的变化 D_2/D_0 为 1.1～1.2、比转数为 300～500 时，这种叶片泵就成了混流泵。当 D_2/D_0 为 0.8、比转数为 500～1 000 时，叶片泵则变为轴流泵。

表 2-1 比转数和叶轮形状与性能曲线的关系

水泵类型	离心泵			混流泵	轴流泵
	低比转数	中比转数	高比转数		
比转数	50~80	80~150	150~300	300~500	500~1 000
叶轮简图					
尺寸比	$\dfrac{D_2}{D_0} \approx 2.5$	$\dfrac{D_2}{D_0} \approx 2.0$	$\dfrac{D_2}{D_0} \approx 1.8 \sim 1.4$	$\dfrac{D_2}{D_0} \approx 1.2 \sim 1.1$	$\dfrac{D_2}{D_0} \approx 0.8$
叶片开关	圆柱形叶片	进口处圆扭曲 出口处圆柱形	扭曲形叶片	扭曲形叶片	扭曲形叶片
工作性能曲线					

7. 汽蚀余量

（1）汽蚀。

汽蚀是液体汽化造成的对泵过流零部件（液流经过泵时所接触到的零部件）的破坏现象。

在一定大气压力和温度下，液体开始气化的压力称为液体在这个温度时的饱和气压（Pa），大气压力和海拔的关系见表 2-2，水的气化压力（饱和蒸气压）与温度的关系见表 2-3。

表 2-2 大气压力与海拔的关系

海拔/m	−600	0	100	200	300	400	500	600	700	800
大气压 $\dfrac{p_b}{D_{a}}$/Pa	113 000	103 000	102 000	61 000	10 000	98 000	97 000	96 000	95 000	94 000

表 2-3 水的饱和蒸汽压与温度的关系

温度 t/℃	0	6	10	20	30	40	50	60	70	80	90	100
水的饱和蒸汽压 $\dfrac{p_v}{D_{a}}$/Pa	610	931	1 226	2 334	4 240	7 380	12 180	19 900	31 200	47 400	70 500	101 325

泵中压力最低处位于叶轮进口附近，当此处压力降低到当时温度的饱和气压时，液体就开始气化，大量气泡从液体中逸出。当气泡随液体流至泵的高压区时，在外压的作用下气泡骤然凝缩为液体，周围的液体以极高速度冲向原有气泡占据的空间，从而产生很大的水力冲击。

由于每秒钟有许多气泡凝缩成液体，于是就产生许多次很大的冲击压力。在这个连续的局部冲击负荷作用下，泵中过流零部件表面逐渐产生疲劳破坏，出现很多剥蚀的麻点，随后连片呈蜂窝状，最终出现剥落的现象。除了冲击造成的损坏外，液体在气化的同时，还会析出溶于其中的氧气，使过流零部件氧化而腐蚀。

在机械剥蚀和化学腐蚀共同作用下，过流零部件被破坏的现象称为汽蚀现象，非金属材料也会发生汽蚀现象。图 2-14 所示为受汽蚀破坏的叶轮。

在汽蚀现象发生的同时，还伴随着振动和噪声。由于气泡堵塞了泵叶轮的流道，使流量、扬程减少，效率下降。汽蚀现象对泵正常运行是十分有害的。

泵气蚀完全是由于泵叶轮吸入侧的压力过低所致。为此应设法减少吸入管路的损失，并合理确定泵的安装高度。

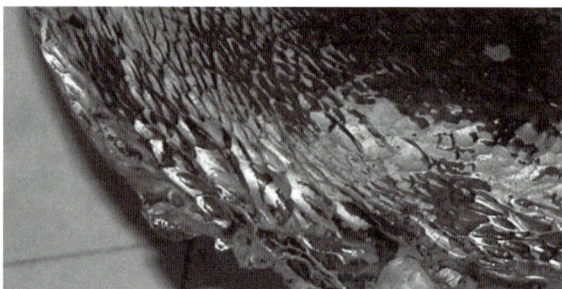

图 2-14　受汽蚀破坏的叶轮

（2）允许吸上真空高度和最大安装高度。

泵在正常工作时所允许的吸入口最大真空度，称为允许吸上真空高度。由于允许吸上真空高度用液体的液柱表示，故称其为高度。

允许吸上真空高度与泵的几何安装高度（泵中心至吸入液面的垂直距离）有关。

已知标准大气压等于 101 325 Pa（也曾用 760 mmHg 或 10.33×10^3 mmH$_2$O 表示），如果用泵来抽水，吸水池里的水是在大气压力的作用下被吸入泵内的，更确切地说是被大气压力"压入"泵内的。若泵的吸入口处为绝对真空，那么水泵最大吸水高度应为 10.33 m。实际上，泵的吸入口处不可能是绝对真空，并且水在流经底阀、弯头、直管段时都要产生水头损失。因此，在大气压下工作的水泵，不可能有这么高的吸水高度。因此，每一型号规格的水泵都存在着一个小于 10.33 m 的最大吸上真空高度 H_{sc}。

泵的吸上真空高度 H_{sc} 由试验确定。由于在 H_{sc} 下工作时泵仍有可能产生汽蚀，为了保证离心泵在运行时不产生汽蚀，同时又有尽可能大的吸上真空高度，需要留 0.3 m 的安全量，即将试验得出的值减去 0.3 m 作为泵的允许最大吸上真空高度，又称允许吸上真空高度，以 H_{sa}(m)表示。

$$H_{sa} = H_{sc} - 0.3 \qquad\qquad （2-8）$$

已知泵的允许吸上真空高度，泵的允许最大安装高度（m）可用下式确定。

$$H_{an} = H_{sa} - \frac{v_s^2}{2g} - h_s \qquad\qquad （2-9）$$

在泵的性能表中，有时用汽蚀余量表示汽蚀性能，而不用允许吸上真空高度来表示。国外将汽蚀余量称为净正吸上水头用 NPSH 表示。汽蚀余量分为有效汽蚀余量（NPSH）$_a$ 和必需汽蚀余量（NPSH）$_r$，有的资料把它们分别写为 Δh_a 和 Δh_r，一般泵性能表中只提供（NPSH）$_r$ 即 Δh_r 的数据。

$$允许安装高度 = 标准大气压 - 必须气蚀余量 - 管道损失 - 安全量 \quad （2\text{-}10）$$

式中：标准大气压取值 10.33 m；安全量取值 0.3 m。

知识点二、离心泵的型号

1. IS 型离心泵的型号

IS 型离心泵的型号意义如下所示。

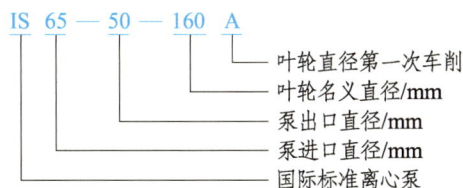

部分 IS 型离心泵的型号见表 2-4 所示。

表 2-4　部分 IS 型离心泵型号

| 型号 | 转速 n /（r/min） | 流量 Q | | 扬程 H/m | 效率 η/% | 功率/kW | | 必需汽蚀余量（NPSHr）r/m | 叶轮名义直径/m | 可代替老产品型号 |
		/（m³/h）	/（L/S）			轴功率	电机功率			
50-32-125	2 900	7.5 12.5 15	2.08 3.47 4.17	20	60	1.13	2.2	2.0	130	$1\frac{1}{2}$BA-6 $1\frac{1}{2}$B-16
	1 450	3.75 6.3 7.5	1.04 1.74 2.08	5	54	0.16	0.55	2.0		
50-32-125A	2 900	6.72 11.2 13.4	1.86 3.11 3.74	16	60	0.81	1.1		116.5	$1\frac{1}{2}$BA-6A $1\frac{1}{2}$B17A
	1 450	3.36 5.6 6.7	0.93 1.56 1.86	4	54	0.04	0.22			
50-32-160	2 900	7.5 12.5 15	0.93 1.56 1.86	32	54	2.02	3	2.0	158	2DA-8×4
	1 450	3.75 6.3 7.5	1.04 1.74 2.08	8	48	0.29	0.55	2.0		

型号	转速n / (r/min)	流量Q		扬程 H/m	效率 η/%	功率/kW		必需汽蚀余量（NPSHr r/m	叶轮名义直径 /m	可代替老产品型号
		/ (m³/h)	/ (L/S)			轴功率	电机功率			
50-32-160A	2 900	7.02	1.95	28			2.2		148	2DA-8×3
		11.7	3.25							
		14	3.9							
	1 450	3.51	0.97	7	48	0.23	0.40	2.0		
		5.9	1.64							
		7.02	1.95							
50-32-160B	2 900	6.5	1.81	24	54	1.32	1.5		137	
		10.8	3.01							
		13	3.62							
	1 450	3.25		6	48	0.18	0.22			
		5.4	1.5							
		6.5								
50-32-200	2 900	7.5	2.08	50	48	3.45	5.5	2.0	198	2DA-8×6
		12.5	3.47							
		15	4.17							
	1 450	3.75	1.04	12.5	42	0.51	0.75	2.0		
		6.3	1.74							
		7.5	2.08							
50-32-200A	2 900	7.02	1.95	44	48	2.91	4	2.0	185.5	2DA-8×5
		11.7	3.25							
		14	3.9							
	1 450	3.51	0.97	11	42	0.33	0.55	2.0		
		5.9	1.64							
		7.02	1.95							
50-32-200B	2 900	6.53	1.81	38	48	2.34	3	2.0	172.5	2DA
		10.8	3.01							
		13.1	3.63							
	1 450	3.26	0.91	9.5	42	0.42	0.55	2.0		
		5.4	1.5							
		6.53	1.81							
50-32-250	2 900	7.5	2.08	80	38	7.16	11	2.0	250	40D40×2
		12.5	3.47							
		15	4.17							
	1 450	3.75	1.04	20	32	1.07	1.5	2.0		2DA-8×9
		6.3	1.74							
		7.5	2.08							

型号	转速 n / (r/min)	流量 Q / (m³/h)	/ (L/S)	扬程 H/m	效率 η/%	功率/kW 轴功率	电机功率	必需汽蚀余量（NPSHr） r/m	叶轮名义直径 /m	可代替老产品型号
50-32-250A	2 900	7.02	1.95	70	38	5.87	7.5	2.0	234	2DA-8×8
		11.7	3.25							
		14	3.9							
	1 450	3.51	0.97	17.5	32	0.88	1.5	2.0		
		5.9	1.64							
		6.53	1.81							
50-32-250B	2 900	65.3	1.81	60	38	4.65	5.5	2.0	216.5	2DA-8×7
		10.8	3.01							
		13.1	3.63							
	1 450	3.26	0.91	15	32	0.69	1.1	2.0		
		5.4	1.5							
		6.53	1.81							
65-50-125	2 900	15	4.17	20	69	1.97	3	2.0	130	2BA-19
		25	6.94							
		30	8.33							
	1 450	7.5	2.08	5	64	0.27	0.55			2B19
		12.5	3.47							
		15	4.17							
65-50-125A	2 900	13.4	3.73	16	69	1.42	2.2	2.0	116.5	2BA-9A
		22.4	6.22							
		26.9	7.46							
	1 450	6.72	1.86	4	64	0.19	0.22	2.0		2B19A
		11.2	3.11							
		13.4	3.73							
65-50-160	2 900	15	4.17	32	65	3.35	5.5	2.0	158.5	2BA-6
		25	6.94							
		30	8.33							
	1 450	7.5	2.08	8	60	0.45	0.75	2.0		2B31
		12.5	3.47							
		15	4.17							
65-50-160A	2 900	14	3.89	28	65	2.73	4	2.0	148	2BA-6A
		23.4	6.5							
		28	6.48							
	1 450	7	1.94	7	60	0.37	0.55	2.0		2B31A
		11.7	3.25							
		14	3.89							

2. S 型泵的型号

S 型泵的型号意义如下所示。

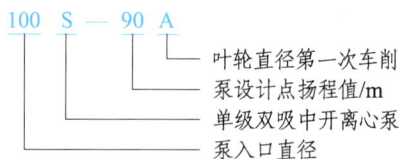

```
100 S — 90 A
                 叶轮直径第一次车削
                 泵设计点扬程值/m
                 单级双吸中开离心泵
                 泵入口直径
```

部分 S 型离心泵的型号如表 2-5 所示。

表 2-5　部分 S 型离心泵型号

型号	流量 Q		扬程 H/m	转速 n / (r/min)	效率 η / %	功率/kW		必需汽蚀余量 （NPSHr）/m	重量 W 泵/底座/kg
	/ (m³/h)	/ (L/S)				轴功率	配用功率		
1505-100	160	44.5	100	2 950	78	55.9	75	4.5	168/112
150S-78	160	44.5	78	2 950	74	46	55	4.5	158/112
150S-78A	140	39	60		72	31.5	45		158/95
150S-50	160	44.5	50	2 950	79	27.6	37	4.5	147/112
150S-50A	140	39	39		75	19.9	30		147/95
150S-50B	133	36.9	36		70	18.6	22		147/80
200S-95	280	78	95	2 950	77	94.4	25	5	240/-
200S-95A	268	74.5	87		75	84.8	110		240/-
200S-95B	245	68	72		74	64.9	75		240/-
200S63	280	78	63	2 950	81	59.5	75	5	187/135
2005-63A	245	68	48		77	41.6	55		187/124
200S-42	280	78	42	2 950	85	37.7	45	5	219/108
200S-42A	245	68	36		80	30	37		219/108
250S-65	485	134.7	65	1 450	79	108.5	132	3.8	518/-
250S-65A	420	116.7	48		77	71.2	90		518/-
2505-39	485	134.7	39	1 450	83	62	75	3.8	400/240
250S-39A	420	116.7	29		78	42.5	55		400/233
2508-24	485	134.7	24	1 450	86	36.9	45	3.8	370/201
250S-24A	420	116.7	20		83	27.6	37		370/201
250S-14	485	134.7	14	1 450	85	21.7	30	3.8	305/225
250S-14A	420	116.7	10		81	14.1	18.5		305/215
3005-90	790	219	90	1 450	80	242	320	4.8	840/-
300S-90A	756	210	78		74	217	280		840/-
300S-90B	720	200	67		73	180	220		840/-
300S-58	790	219	58	1 450	84	148.2	180	4.8	599/-

3. D 型泵的型号

D 型泵的型号意义如下所示。

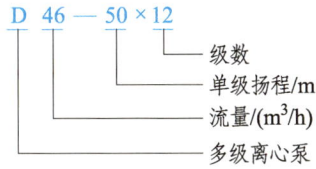

$$D\ 46-50\times 12$$

- 级数
- 单级扬程/m
- 流量/(m³/h)
- 多级离心泵

部分 D 型离心泵的型号如表 2-6 所示。

表 2-6　部分 D 型离心泵型号

型号	流量 Q		扬程 H	转速 n	轴功率 P_a	电机		效率 η	必需汽蚀余量（NPSHr）	泵口径		泵量
						功率 P	型号			吸入	吐出	
	/(m³/h)	/(L/s)	/m	/rpm	/kW	/kW		/%	/m	/mm	/mm	/kg
D	3.75	1.04	76.5		2.3			34	2			
DG												
DM6-25×3	6.3	1.75	75	2 950	2.77	5.5	Y132S₁-2	46.5	2	40	40	90
DF												
DY	7.5	2.08	73.5		3			50	2.5			
D	3.75	1.04	102		3.06			34	2			
DG												
DM6-25×4	6.3	1.75	100	2 950	3.69	7.5	Y132S₂-2	46.5	2	40	40	100
DF												
DY	7.5	2.08	98		4			50	2.5			
D	3.75	1.04	127.5		3.38			34	2			
DG												
DM6-25×5	6.3	1.75	125	2 950	4.61	7.5	Y132S₂-2	46.5	2	40	40	110
DF												
DY	7.5	2.08	122.5		5			50	2.5			
D	3.75	1.04	153		4.59			34	2			
DG												
DM6-25×6	6.3	1.75	150	2 950	5.54	11	Y160M₁-2	46.5	2	40	40	120
DF												
DY	7.5	2.08	147		6			50	2.5			
D	3.75	1.04	178.5		5.36			34	2			
DG												
DM6-25×7	6.3	1.75	175	2 950	6.46	11	Y160M₁-2	46.5	2	40	40	130
DF												
DY	7.5	2.08	171.5		7			50	2.5			

型号	流量Q		扬程H	转速n	轴功率 P_a	电机		效率 η	必需汽蚀余量 NPSHr	泵口径		泵量
						功率P	型号			吸入	吐出	
	/(m³/h)	/(L/s)	/m	/rpm	/kW	/kW		/%	/m	/mm	/mm	/kg
D	3.75	1.04	204		6.12			34	2			
DG												
DM6-25×8	6.3	1.75	200	2 950	7.38	15	Y160M₂-2	46.5	2	40	40	140
DF												
DY	7.5	2.08	196		8			50	2.5			
D	3.75	1.04	229.5		6.89			34	2			
DG												
DM6-25×9	6.3	1.75	225	2 950	8.31	15	Y160M₂-2	46.5	2	40	40	150
DF												
DY	7.5	2.08	220.5		9			50	2.5			
D	3.75	1.04	255		7.65			34	2			
DG												
DM6-25×10	6.3	1.75	250	2 950	9.23	18.5	Y160L-2	46.5	2	40	40	160
DF												
DY	7.5	2.08	245		10			50	2.5			
D	3.75	1.04	280.5		8.42			34	2			
DG												
DM6-25×11	6.3	1.75	275	2 950	10.15	18.5	Y160L-2	46.5	2	40	40	170
DF												
DY	7.5	2.08	269		10.98			50	2.5			
D	3.75	1.04	306		9.18			34	2			
DG												
DM6-25×10	6.3	1.75	300	2 950	11.08	18.5	Y160L-2	46.5	2	40	40	180
DF												
DY	7.5	2.08	294		12			50	2.5			

表 2-6 中 D 表示多级卧式离心泵，DG 表示多级锅炉给水泵，DM 表示多级矿用离心泵，DF 表示多级耐腐蚀离心泵，DY 表示多级离心油泵。

知识点三、离心泵的选用

选用离心泵之前，由专业人员根据实际需求和管路特性给出最大流量 Q_{max} 和最大扬程 H_{max}，了解被输送的液体温度、密度以及工作地点的大气压力 P_b，根据这些参数换算为标准状况下的流量和扬程。下面以离心水泵为例介绍两种选用方法。

1. 根据水泵性能选择水泵

水泵生产厂家一般会提供水泵性能表供用户选择水泵。用户选择水泵的步骤主要包括：

（1）考虑到运行时的实际情况，为了满足使用要求，计算流量 Q 比所需的流量 Q_{max} 增大 5%～10%，计算扬程 H 应比所需的扬程 H_{max} 增大 10%～15%。

（2）由 Q、H 计算比转数 n_s，以确定泵的类型。

（3）在确定泵的类型后，查询泵性能表选出合适的泵的型号。

泵性能表一般列出表 2-4 所示的 3 组流量、扬程数值，中间一组的流量、扬程处于最高效率点，第一组和第三组的流量、扬程数值为高效率区靠边处工作点的数值。表 2-5 给出的一组流量、扬程对应最高效率点。如果计算的流量 Q、扬程 H 与泵性能表中某型号泵最高效率点的流量、扬程一致，那么就应选用这个型号。如不一致，也可选用高效率区内工作的泵。

对于 IS 型泵，计算流量为 10 m^3/h，扬程为 30 m，查询表 2-4，可以选择转速为 2 900 r/min、型号为 IS 50-32-160 的泵。

对于 S 型泵，计算流量为 250 m^3/h，扬程为 50 m，查询表 2-5，可以选择型号为 200 S-63 的泵。

对于 D 型泵，计算流量为 5 m^3/h，扬程为 200 m，查询表 2-6，可以选择型号为 D6-25×8 的泵。

2. 根据水泵综合性能图选择水泵

水泵综合性能图是将同一形式不同型号水泵的性能曲线以四边形方式表示在一个图上。IS 泵的综合性能如图 2-15 所示。

对于 IS 型泵，计算流量为 10 m^3/h，扬程为 30 m，根据图 2-15，可以选择 IS 50-32-160 型号的泵和 IS 65-40-315 型号的泵。

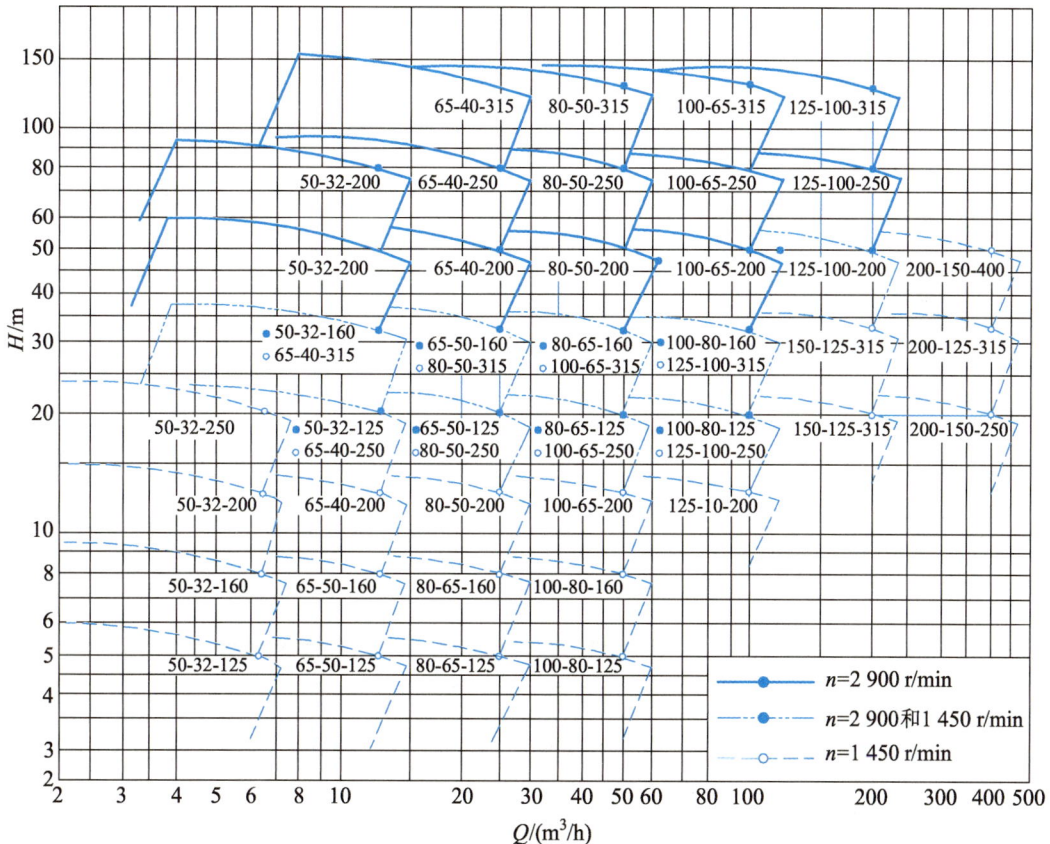

图 2-15 IS 泵综合性能

泵工作高效率区的关系曲线如图 2-16 所示。图中横坐标为流量，纵坐标为扬程。图中曲线

1—2 和过 O 点曲线表示某型号泵的叶轮未经车削时的 Q-H 曲线和 Q-η 曲线，曲线 3—4 表示这一型号泵允许车削的最小叶轮时的 Q-H 曲线。在曲线 1—2、3—4 之间还可作出这一型号不同叶轮直径的泵的一组 Q-H 曲线。曲线 1—3、2—4 是两条等效率曲线。

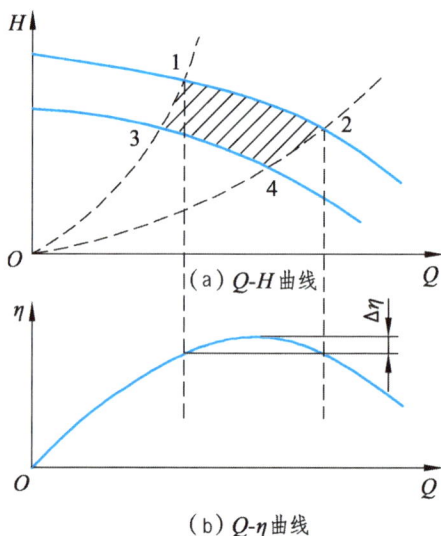

（a）Q-H 曲线

（b）Q-η 曲线

图 2-16　泵工作的高效率区

　　无论叶轮经过车削还是未经过车削，同型号泵的等效率点均在等效率曲线上，曲线 1—3、2—4 分别为最高效率点两侧比最高效率低 7%的等效率曲线，这 2 条等效率曲线之间的区域就是高效率区。

　　在选用泵时，根据计算流量、计算扬程的数值，在综合性能图上找出这 2 个参数值确定的坐标点。这个坐标点落在哪个四边形内，就可以选用此四边形对应型号的泵。坐标点落在四边形边线上，则泵叶轮不必车削坐标点落在四边形内其他位置，则叶轮可进行适当车削。

　　正确选用离心泵，可以避免很多故障的发生。除了根据流量、扬程的指标来选用离心泵，还应充分考虑吸入高度。在工况的变化范围内，吸入和排出管径、管路的布置、功率消耗等也是选择离心泵必须考虑的因素。

任务实战

　　1. 识别型号为 IS 50-32-250 的泵。

_____

_____

_____

　　2. 生产现场需要一台离心泵，要求泵的最大出口压力为 3 MPa，最大流量为 3.5 m^3/h，无其他特殊要求。请根据所学知识选择合适的离心泵。

_____

_____

_____

完成本任务学习后，根据自身学习体会，结合任务评价表的内容进行评价。

任务评价表

姓　名		组　别		班　级			
日　期		综合评价等级					
评价指标	评　价　标　准		分值	评价方式			
				自我评价（30%）	小组评价（30%）	教师评价（40%）	单项得分
课前预学	课前预习本任务相关知识，查找相关资料		5				
	完成任务引导题目		5				
课堂参与	认真听讲和练习		10				
	积极参与小组讨论，并有详细笔记		10				
课堂互动	积极回答教师问题		5				
	和小组成员有效合作，尊重他人		5				
	小组活动中能围绕主题发表自己的观点		10				
自主探究	独立思考、自主学习，会发现问题		10				
	主动寻求解决问题的方法		10				
	善于观察、分析、思考，能提出创新观点		5				
综合素养	具有一定的安全意识、责任意识、规范意识		5				
	具有吃苦耐劳的精神和严谨认真的学习态度		5				
学习成果	在规定时间内完成本人的分工任务		10				
	完成拓展任务		5				

任务三　离心泵调节

任务引导

引导问题 1：离心泵有哪几条特性曲线？

_____

_____

_____

_____

_____

引导问题 2：当离心泵不能满足要求时，有哪几种方法可以改变离心泵的性能？

_____

_____

_____

_____

引导问题 3：如何确定离心泵的工作点？

_____

_____

_____

_____

引导问题 4：管路中通过的_____与所需_____之间的关系曲线，叫作管路特性曲线。

引导问题 5：离心泵的调节是指泵在运行中的_____调节。

相关知识

- -

知识点一、离心泵的性能

1. 离心泵的基本方程式

液体在叶轮中的流动过程是相当复杂的，为简化分析过程，假设：叶轮有无限多个叶片，且叶片厚度为无限薄；泵中液体的压力、速度、密度都不随时间而变化，是一个稳定流；泵所输送的液体是理想的不可压缩的液体，不考虑液体的摩擦阻力。

液体在旋转叶轮的流道中流动，从叶轮处获得了能量，这种能量传递过程可用流体力学中的动量定理来推导，导出公式可表示为

$$H_{T\infty} = \frac{1}{g}(u_2 c_{2u} - u_1 c_{1u}) \tag{2-11}$$

式中　$H_{T\infty}$——无限多叶片时的理论扬程，单位为 m；

　　　g——重力加速度，单位为 m/s^2；

　　　u_1、u_2——叶轮进口、出口处的圆周速度，单位为 m/s；

　　　c_{1u}、c_{2u}——进口、出口绝对速度的圆周分速度，单位为 m/s。

式（2-11）为泵的基本方程式，又称欧拉方程式。它不仅适用于离心式泵和轴流式泵，也适用于离心式和轴流式风机。

一般在离心泵中，液体沿径向进入叶轮，$c_{1u} = 0$，泵的基本方程式可简化为

$$H_{T\infty} = \frac{1}{g}u_2 c_{2u} \tag{2-12}$$

由式（2-12）可知，叶轮所产生的扬程取决于 u_2 和 c_{2u} 的乘积，而由图 2-17 可知

$$c_{2u} = u_2 - c_{2r} \cot \beta_2 \qquad (2-13)$$

由式（2-12）、式（2-13）可得

$$H_{T\infty} = \frac{u_2}{g}(u_2 - c_{2r} \cot \beta_2) \qquad (2-14)$$

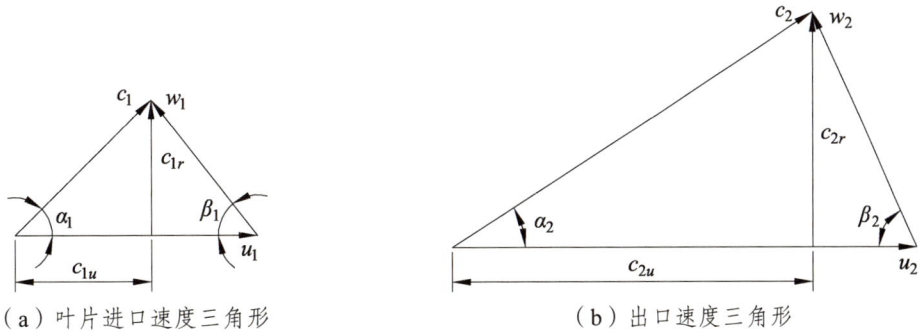

（a）叶片进口速度三角形　　　　　　　（b）出口速度三角形

图 2-17　叶片进、出口速度三角形

由图 2-17 可得

$$u_2 = r_2 \omega = \frac{\pi D_2 n}{60} \qquad (2-15)$$

理论扬程随叶轮圆周速度 u_2 的增大而增大，根据式（2-15）可知理论扬程随叶轮直径 D_2 和转速 n 的增大而增大。

假设系统中包含无限多个如图 2-18 所示的叶片，在相同的叶轮外形尺寸和相同转速条件下：

（1）当 $\beta_2 = 90°$ 时，叶片为径向出口，称为径向叶片，满足 $\cot \beta_2 = 0$、$H_{T\infty} = \frac{u_2^2}{g}$。

（2）当 $\beta_2 < 90°$ 时，称为后弯式叶片或后向叶片，满足 $\cot \beta_2 > 0$、$H_{T\infty} < \frac{u_2^2}{g}$。

（3）当 $\beta_2 > 90°$ 时，称为前弯式叶片或前向叶片，满足 $\cot \beta_2 < 0$、$H_{T\infty} > \frac{u_2^2}{g}$。

由此可见，随着 β_2 的增大，理论扬程 $H_{T\infty}$ 提高。但是随着 β_2 的增大，绝对速度 c_2 也增大，使液体流动的阻力提高，降低了效率。为此，离心泵总是采用后弯式叶片，一般 $\beta_2 = 20° \sim 30°$。

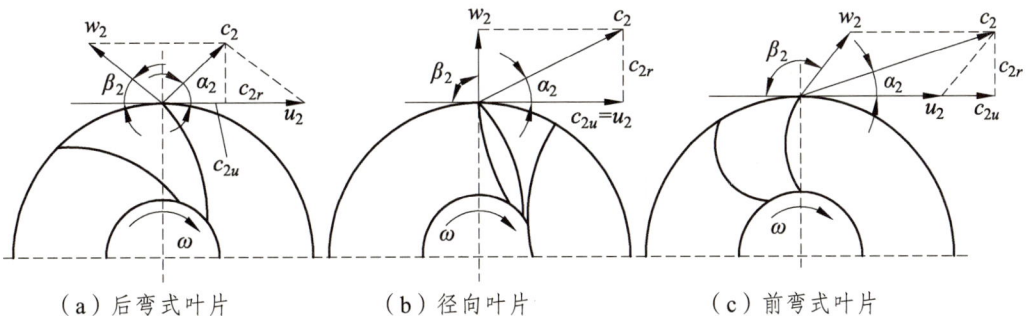

（a）后弯式叶片　　　　　　（b）径向叶片　　　　　　（c）前弯式叶片

图 2-18　叶轮叶片形式

2. 离心泵的特性曲线

当离心泵转速为某一定值时，用来表示扬程、功率、效率和允许吸上真空高度（或汽蚀余量）与流量等相互之间关系的曲线称为泵的性能曲线或特性曲线。

通常泵生产厂商在样本中提供的特性曲线如图 2-19 所示，特性曲线是以流量为横坐标，以扬程、轴功率、效率和允许吸上真空高度或必需汽蚀余量等为纵坐标所绘出的曲线，分别称为扬程曲线（Q-H）、功率曲线（Q-P_a）、效率曲线（Q-η）和汽蚀特性曲线。把这些曲线绘于同一直角坐标中，前三条曲线是基本特性曲线。利用这些曲线可以了解泵的性能，对正确地选择和经济合理地使用泵都起着很重要的作用。

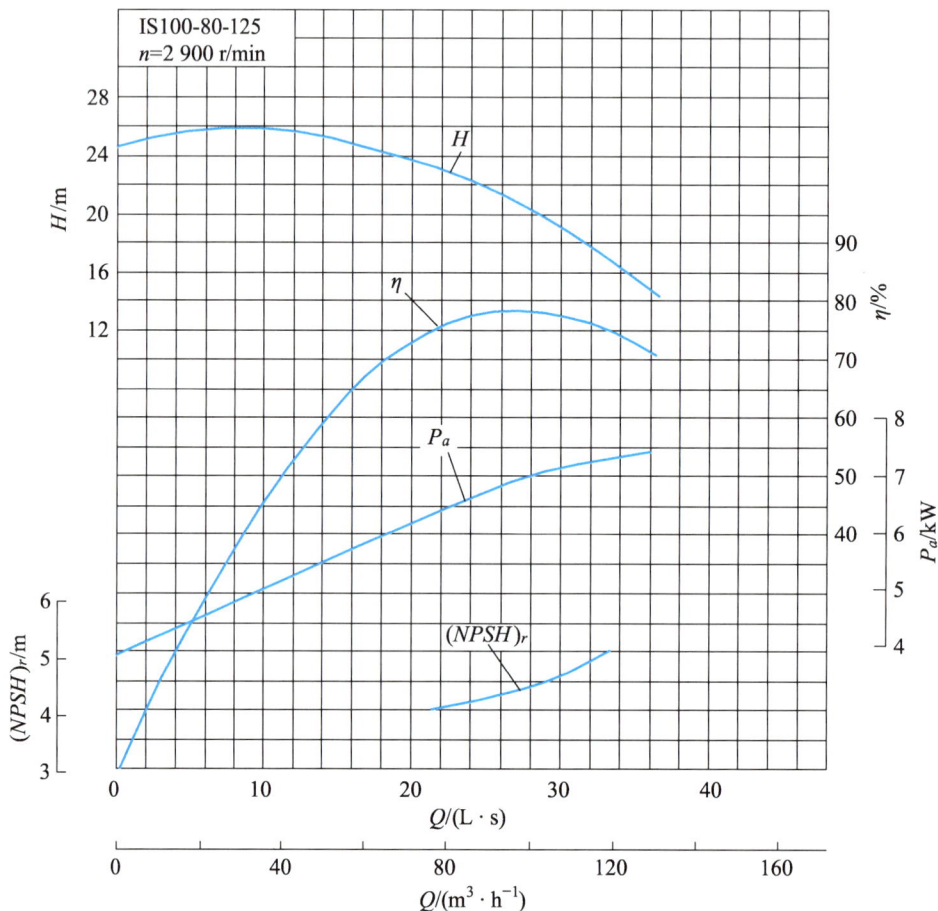

图 2-19　IS 100-80-125 泵特性曲线

（1）Q-H 曲线。

后弯叶片离心泵的曲线从形状上可分为以下 3 种。

① 驼峰特性曲线如图 2-20 中曲线 I 所示，曲线具有中间凸起两边下弯的特点。比转数小于 80 的离心泵，其 Q-H 曲线都是这样的。这类泵在极大值 A 点以左工作会出现不稳定工况，应使泵在 A 点以右工作。

② 平坦特性曲线。

平坦特性曲线如图 2-20 中曲线 II 所示，比转数为 80～150 的离心泵都是这种特性曲线，这类泵适用于流量调节范围较大，而压头变化要求较小的输液系统中。

③ 陡降特性曲线。

陡降特性曲线如图 2-20 中的曲线Ⅲ所示，一般比转数在 150 以上的离心泵，其 Q-H 曲线都是这个形状。这类泵适用于流量变化不大但要求压头变化较大的系统中，或在压头有波动时要求流量变化不大的系统中。如油库中一台泵为多个油罐分别输油，而各油罐之间距离和高度相差较大，可选用 Q-H 曲线陡降的离心泵。

离心泵工作时，一般是流量小时扬程高，当流量逐渐增加时扬程却逐渐降低。启动泵后排出阀门尚未打开时，压力表显示的压力较高，此时的流量为 0。随着排出阀门慢慢开大，流量逐渐增大，压力表上显示的压力则逐渐减小。

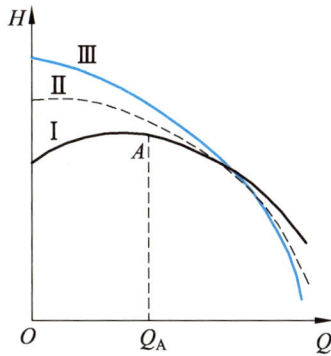

Ⅰ—驼峰特性曲线；Ⅱ—平坦特性曲线；Ⅲ—陡降特性曲线。

图 2-20　离心泵的 Q-H 特性曲线

（2）Q-P_a 曲线。

从图 2-19 的 Q-P_a 曲线走向可知，流量与功率同时增减。流量为 0 时，功率最小但不等于 0。开大排出阀门时流量增加，电流表指针上升，说明功率加大；关闭阀门时流量为 0，电流表指示的电流为最小，说明功率也最小。由此可知采用关阀启动比采用开阀启动所消耗的功率要小。为了节约电能，离心泵操作时应关阀启动。

（3）Q-η 曲线。

图 2-19 所示的 Q-η 曲线一般都是驼峰曲线，曲线上的最高点就是最高效率点。在图 2-19 所示的特性曲线图上取任意一个流量值，都可在 Q-H、Q-P_a、Q-η 曲线上找到与流量相对应的扬程、功率和效率值，通常把这一组相对应的参数称为工作状况，简称工况。

泵可以在各种工况下工作，但只有一个最佳效率的工况。过最高效率点作一垂线与各条曲线的交点，称为最佳工况点。最佳工况点的参数称为额定参数，常在水泵的铭牌上标出。

实际上泵很难处于最高效率点工作，因为在工作过程中流量等参数是经常变化的，不可能始终工作在最佳工况点。

在 Q-η 曲线的最高效率点两侧各划出一个比最高效率低 6%～8% 的范围，要求泵在此效率较高的范围内工作，这个范围称为泵的高效率区或称为泵的工作范围。

3. 改变离心泵的性能

如果正在使用的泵因为生产条件变化而不再适应生产需要，就需要改变泵的性能。改变离心泵性能的简单实用办法主要包括：

（1）改变转速。

若原泵的各参数为扬程 H_1、流量 Q_1、必需汽蚀余量（NPSH）$_{r1}$、功率 P_{a1} 和效率 η_1。当转速 n_1 变为 n_2 时，其他参数分别变为 H_2、Q_2、（NPSH）$_{r2}$、P_{a2} 和 η_2，则这两组参数的关系可表示为

$$\frac{a_1}{a_2}=\frac{n_1}{n_2}, \quad \frac{H_1}{H_2}=\left(\frac{n_1}{n_2}\right)^2 \tag{2-16}$$

$$\frac{(\text{NSPH})_{r1}}{(NSPH)_{r2}}=\left(\frac{n_1}{n_2}\right)^2 \tag{2-17}$$

$$\frac{P_{a1}}{P_{a2}}=\left(\frac{n_1}{n_2}\right)^2 \tag{2-18}$$

$$\eta_1 \approx \eta_2 \tag{2-19}$$

式（2-16）～（2-19）称为离心泵的比例定律，可以根据转速为 n_1 时的特性曲线作出转速为 n_2 时的特性曲线。

改变转速需要满足一定的限定条件。若采用提高转速的办法来增加流量、扬程，则转速的提高不宜超过 10%，以免损坏泵体、叶轮等。若采用降低转速的办法来改变泵的性能，则转速的降低不超过 20%，否则换算误差较大，特别是效率相差较大。

（2）车削叶轮外径。

若原泵叶轮外径为 D_{21}，在转数为 n 时的扬程、流量、轴功率分别为 H_1、Q_1、p_{a1}。经车削后叶轮外径为 D_{22}，其他参数分别变为 H_2、Q_2、p_{a2}。

对中、高比转数（$n_s=80\sim300$）泵，两组参数可表示为

$$\frac{a_1}{a_2}=\frac{D_{21}}{D_{22}} \tag{2-20}$$

$$\frac{H_1}{H_2}=\left(\frac{D_{21}}{D_{22}}\right)^2 \tag{2-21}$$

$$\frac{P_{a1}}{P_{a2}}=\left(\frac{D_{21}}{D_{22}}\right)^3 \tag{2-22}$$

对低比转数（$n_s=35\sim80$）泵，两组参数可表示为

$$\frac{a_1}{a_2}=\left(\frac{D_{21}}{D_{22}}\right)^2 \tag{2-23}$$

$$\frac{H_1}{H_2}=\left(\frac{D_{21}}{D_{22}}\right)^2 \tag{2-24}$$

$$\frac{P_{a1}}{P_{a2}}=\left(\frac{D_{21}}{D_{22}}\right)^4 \tag{2-25}$$

式（2-20）～（2-25）称为车削定律。叶轮外径车削后，一般效率都要降低。为了不使效率

降低过多，对叶轮的车削量应加以限制。

车削后的叶轮，在叶片的背面或前面（工作面）适当锉去或切去部分金属，如图 2-21 所示，可部分或完全消除效率的下降。

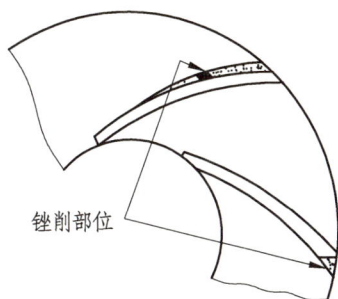

锉削部位

图 2-21　叶片锉去部位

知识点二、离心泵的调节

1. 管路特性曲线

管路中通过的流量与所需扬程之间的关系曲线称为管路特性曲线。泵需要与阀门和管路构成一个完整的系统才能正常工作，因此泵在工作时处于性能曲线上的工作点与管路有关。离心泵在某个管路系统的工况不仅取决于泵本身的性能曲线，还取决于整个系统的管路特性曲线。

管路的总水头损失 $\sum h$ 与流速或流量的平方成正比，令 $\sum h = RQ^2$ ，则

$$H = H_g + RQ^2 \qquad\qquad (2\text{-}26)$$

式中　R——管道系统的特性系数，或称阻力系数。

由式（2-26）可知，当流量变化时，所需的扬程也发生变化。式（2-26）就是系统管路特性曲线方程，根据这个方程所作出的管路特性曲线是一条抛物线形状的曲线，如图 2-22 所示的曲线 Ⅱ ，曲线的顶点在坐标 $H = H_g = 0$ 的点上。

2. 泵的工作点

运行中的泵总是与管路系统联系在一起，为准确地了解泵的工况，通常是将管道特性曲线与泵的性能曲线采用同一比例绘制于一张图上，如图 2-22 所示，两条曲线的交点 A 就是泵的工作点。

工作点 A 是能量供给与需求的平衡点。过 A 点作垂直线与泵特性曲线 $Q\text{-}H$、$Q\text{-}P_a$、$Q\text{-}\eta$、$Q\text{-}H_{s\alpha}$ 或 $Q\text{-}(NPSH)_r$ 相交，得到与 A 点相对应的 H_A、q_A、P_{aA}、η_A、$H_{s\alpha A}$ 或 $(NPSH)_{rA}$ 等参数，这组参数就是泵运行时的工作参数或工况。当工作点对应于效率曲线的最高点时，称为最佳工作点。

泵运行时应尽可能使工作点位于高效率区，否则不仅运行效率低，还可能引起泵的超载或发生汽蚀等事故。

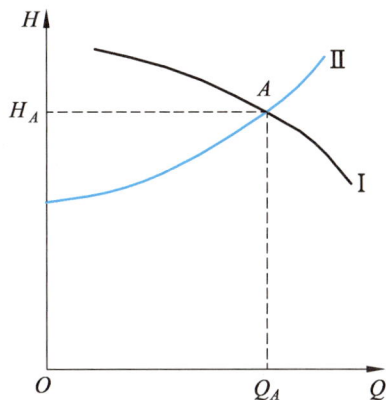

图 2-22　泵的工作点

3. 离心泵的并联工作

两台离心泵的并联工作，就是两台泵同时向同一排出管路输送液体的过程，目的是增加输出的流量。两台性能相同的泵并联工作时的性能曲线，如图 2-23 所示。

单台泵工作时的 $Q\text{-}H$ 曲线为 Ⅰ，管道特性曲线为 Ⅱ，两曲线的交点 A 就是工作点，此时流量为 Q_A，扬程为 H_A，对应的效率为 η_A。

两台泵并联时，$Q\text{-}H$ 曲线是在扬程不变的条件下，把流量加倍绘制而成的。图 2-23 中的曲线 Ⅲ 就是两台泵并联后的 $Q\text{-}H$ 特性曲线。

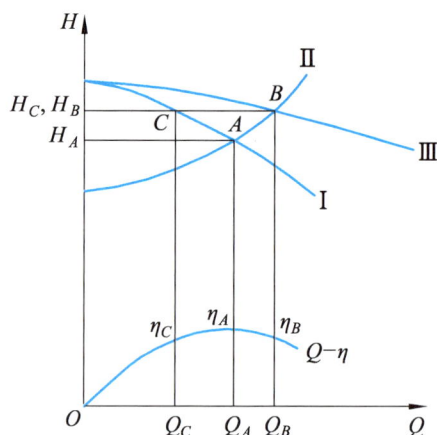

图 2-23　两台性能相同的泵并联工作的性能曲线

两台泵并联时的管路与单泵输液的管路相比，大部分输液管路是相同的，仅泵进口、出口处的管路有些不同，但进口、出口处的管路很短，可认为管道特性曲线不变。这样就可以将 Q-H 特性曲线Ⅲ与管道特性曲线Ⅱ的交点 B 视为两泵并联后的工作点。

两泵并联时每台泵的工作点既不是 A 点，也不是 B 点。这个工作点的扬程应与 B 点相同。所以由 B 点向左做一水平线与单泵 q-H 特性曲线交于 C 点，这就是两泵并联后每台泵的工作点。

由上述分析可知：单台泵输送液体时工作点为 A 点，流量为 Q_A，扬程为 H_A，效率为 η_A，处于最高效率点；两台泵并联输液时工作点为 B 点，流量为 Q_B，满足 $Q_A < Q_B < 2Q_A$，说明并联时流量并没有成倍增加。这是因为流量增大后，管道阻力也随之增大。B 点的扬程为 H_B，H_B 较 H_A 大，说明并联时扬程并非保持不变。

两泵并联后每台泵的工作点为 C 点，流量 Q_C 小于单泵输送液体时的 Q_A，但 $Q_C = 1/2\ Q_B$。每台泵的扬程 H_C 大于单泵输送液体时的 H_A，但 $H_C = H_B$。此时的效率 η_C 小于单泵输送液体时的效率 η_A。

除了将两台泵并联在一起的工作方式外，还有一种将两台同型号泵串联在一起工作的方式。这种工作方式就是把前一台泵的排出口与后一台泵的吸入口相接，以达到提高一倍扬程的目的。由于串联时泵受力较单独运转时大，易损坏，故很少采用，一般选用多级泵来满足对扬程的需求。

4. 离心泵的调节

离心泵的调节是指泵在运行过程中对流量的调节。流量的大小由泵的工作点决定，而工作点由泵和管路的特性曲线确定，所以改变泵或管路的任何一条特性曲线都可以改变流量。常用的离心泵的调节方法主要包括节流调节和变速调节。

（1）节流调节。

节流调节是指在泵的排出管路上安装截止阀或闸阀等，靠开大或关小阀门进行流量调节。这种调节的实质就是改变图 2-24 所示管路特性曲线，其中Ⅰ是泵的 Q-H 特性曲线，Ⅱ、Ⅲ分别是阀门全开、阀门关小时的管路特性曲线，A、B 两点分别是阀门全开、阀门关小时的工作点。阀门全开时流量为 Q_A、扬程为 H_A，阀门关小时流量为 Q_B、扬程为 H_B。

从图 2-24 中可看出，$Q_A > Q_B$，说明阀门开得越大，流量也越大；扬程除用于 H_g 外，其余为管路系统的总水头损失 $\sum h$。但由于 $H_B > H_A$，所以 B 工作点时的损失 BB' 大于 A 工作点时的损失 AA'，多出的部分就是关小阀门时多消耗在阀门上的能量，因而节流调节是以增加能量损失的代价来换取调小流量的，经济性较差。但节流调节可以在生产现场及时方便灵活地进行流量调节。

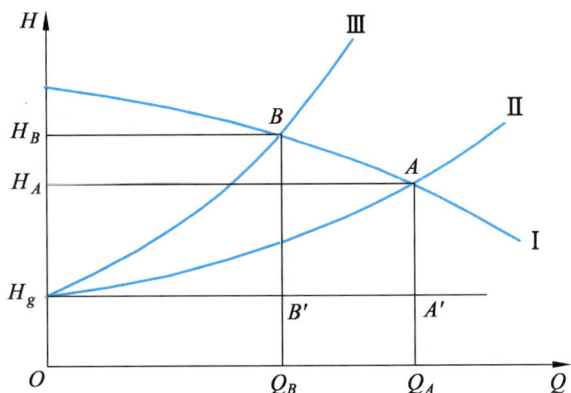

图 2-24　泵的节流调节曲线

（2）变速调节。

变速调节是指通过调整泵转速来改变泵特性曲线位置的方法，对流量进行调节。变速调节包括无级变速和有级变速调节两种。

在图 2-25 中，管路特性曲线不变，转速 n_A、n_B、n_C 依次降低，转速高低变化，泵特性曲线位置高低也随着变化，相应的流量和扬程也发生高低变化。这种调节方法由于没有能量损失的代价而显得经济性较好。

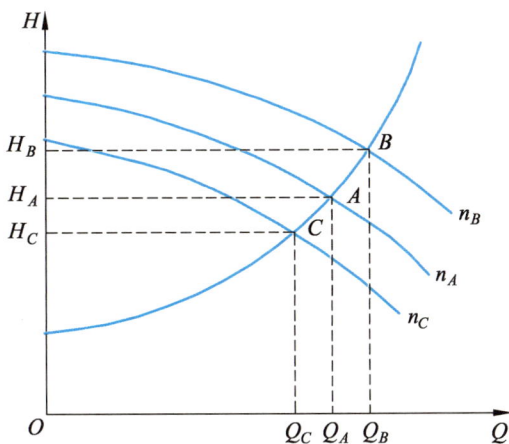

图 2-25　泵的变速调节曲线

除此以外，改变离心泵叶轮外径尺寸即车削叶轮外径也可以减小泵的流量，封闭叶轮几个流道也可减少泵的流量。

任务实战

家庭日常生活中内部用水属于哪种调节方式。

_____

_____

_____

完成本任务学习后，根据自身学习体会，结合任务评价表的内容进行评价。

任务评价表

姓 名		组 别			班 级			
日 期			综合评价等级					
评价指标	评 价 标 准		分值	评价方式				
				自我评价（30%）	小组评价（30%）	教师评价（40%）	单项得分	
课前预学	课前预习本任务相关知识，查找相关资料		5					
	完成任务引导题目		5					
课堂参与	认真听讲和练习		10					
	积极参与小组讨论，并有详细笔记		10					
课堂互动	积极回答教师问题		5					
	和小组成员有效合作，尊重他人		5					
	小组活动中能围绕主题发表自己的观点		10					
自主探究	独立思考、自主学习，会发现问题		10					
	主动寻求解决问题的方法		10					
	善于观察、分析、思考，能提出创新观点		5					
综合素养	具有一定的安全意识、责任意识、规范意识		5					
	具有吃苦耐劳的精神和严谨认真的学习态度		5					
学习成果	在规定时间内完成本人的分工任务		10					
	完成拓展任务		5					

任务四 离心泵检修

任务引导

引导问题 1：离心泵不吸水和不出水的原因有哪些?

_____

_____

_____

_____

引导问题 2：离心泵运行时发生振动和噪声的原因有哪些？

_____

_____

_____

_____

引导问题 3：除了安装高度之外，离心泵安装一般会出现哪些问题？

_____

_____

_____

_____

相关知识

知识点一、离心泵常见故障

离心泵的结构并不复杂，在电动机和管道配套合适、安装正确并按规程操作和维护保养的情况下，一般不容易发生故障。但若选泵不当、机组制造质量不好、配套安装不合理、不注意维护或机件使用多年磨损老化，就可能发生故障。

选型或设计不合理造成的故障，通过改型或更改设计则可以从根本上来解决。常见故障及原因和处理方法主要以下几个方面的内容。

1. 泵不输出液体

泵不输出液体故障的原因及处理方法：
（1）泵内或吸入管内留有空气，需要重新灌泵或抽真空，去除空气。
（2）泵吸上高度过高或阻力过大，需要降低泵的安装高度，减少吸入管的阻力。
（3）灌注高度不够或吸入压力小，接近气化压力，需要增加灌泵高度，提高进口压力。
（4）管路或仪表漏气，需要检查并拧紧管路。
（5）叶轮旋转方向不对，需要检查电机接线是否正确。
（6）系统扬程与泵扬程不符，需要调整系统阻力或系统扬程要求，重新选择泵。
（7）底阀没有打开或吸入管堵塞，需要打开底阀或清理管路。

2. 泵流量、扬程不够

造成泵流量、扬程不够的原因与泵不输出液体的原因基本一致，不同之处在于以下两个方面：一是泵入口密封环磨损造成流量和扬程降低；二是泵转速过低造成流量和扬程降低。

3. 泵消耗功率过大

泵消耗功率过大故障的原因及处理方法：
（1）泵转速过高，需要检查电机转速或电源频率。

（2）系统扬程与泵扬程不符，需要调整系统阻力或系统扬程要求，重新选择泵。

（3）泵轴与电机轴同轴度超差，需要检查调整。

（4）转动部分发生碰擦，需要检查调整。

（5）轴承损坏，需要更换。

（6）密封环磨损过多，需要更换。

（7）填料选用或安装不当造成阻力大，需要重新选用安装。

（8）轴承内润滑油脂过多或太脏，需要减少至规定量或更换。

4. 泵发生振动及噪声

泵发生振动及噪声故障的原因及处理方法：

（1）泵内或吸入管内留有空气，需要重新灌泵或抽真空，去除空气。

（2）泵吸上高度过高或阻力过大，需要降低泵的安装高度，减少吸入管的阻力。

（3）灌注高度不够或吸入压力小，接近气化压力，需要增加灌泵高度，提高进口压力。

（4）流量过大或过小，需要调整流量。

（5）泵轴与电机轴同轴度超差，需要检查调整。

（6）转动部分发生碰擦，需要检查调整。

（7）轴承损坏，需要更换。

（8）转动部分不平衡引起振动，需要检查消除。

（9）轴承内润滑油脂过多或太脏，需要减少至规定量或更换。

（10）底阀没有打开或吸入管堵塞，需要打开底阀或清理管路。

（11）泵底座与基础的紧固螺栓松动，需要检查并拧紧。

5. 填料函泄漏过多

填料函泄漏过多故障的原因处理方法：

（1）泵轴与电机轴同轴度超差，需要检查调整。

（2）填料选用或安装不当造成阻力大，需要重新选用安装。

（3）转动部分不平衡引起振动，需要检查消除。

6. 泵不吸水

泵不吸水故障的原因及处理方法：

（1）泵内或吸入管内留有空气，需要重新灌泵或抽真空，去除空气。

（2）泵吸上高度过高或阻力过大，需要降低泵的安装高度，减少吸入管的阻力。

（3）灌注高度不够或吸入压力小，接近气化压力，需要增加灌泵高度，提高进口压力。

（4）管路或仪表漏气，需要检查并拧紧管路。

（5）底阀没有打开或吸入管堵塞，需要打开底阀或清理管路。

7. 轴承发热或填料函发热

轴承发热或填料函发热故障的原因及处理方法：

（1）流量过大或过小，需要调整流量。

（2）泵轴与电机轴同轴度超差，需要检查调整。

（3）轴承损坏，需要更换。

（4）填料选用或安装不当造成阻力大，需要重新选用安装。

（5）转动部分不平衡引起振动，需要检查消除。

（6）轴承内润滑油脂过多或太脏，需要减少至规定量或更换。

知识点二、离心泵安装常见问题

安装不合理主要体现在吸入管道的安装方面，以单级双吸水平中开式泵为例来阐述离心泵安装常见的问题。图 2-26 所示为正确和错误的吸入管道安装方法。

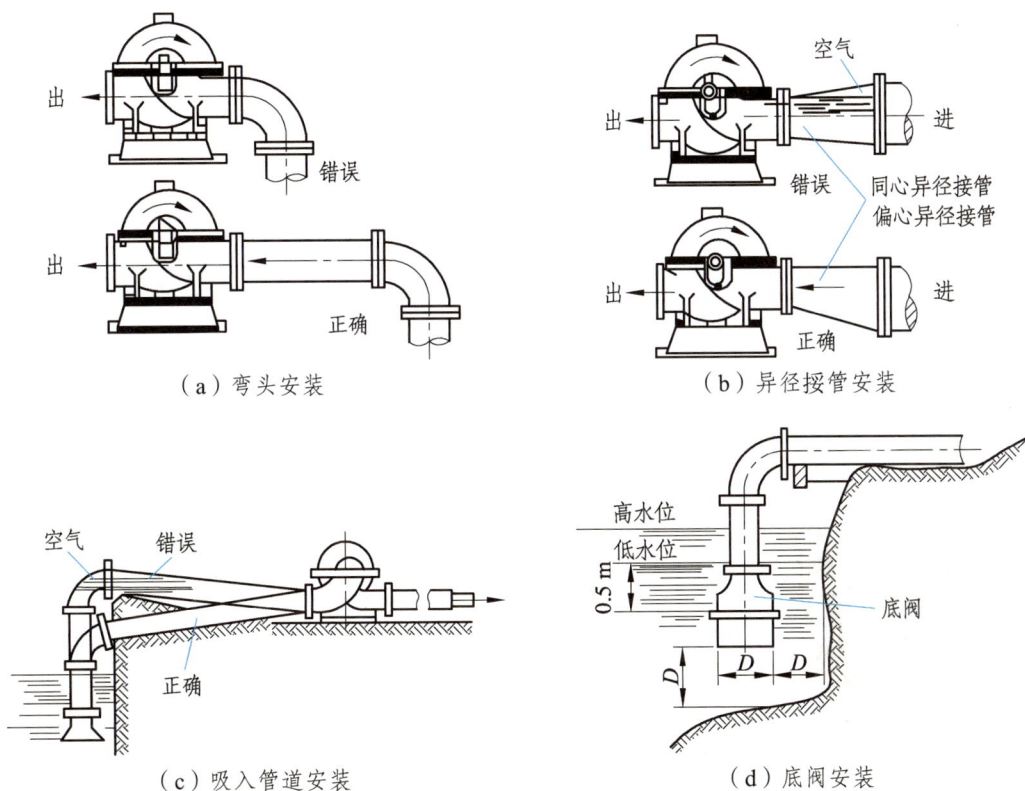

（a）弯头安装   （b）异径接管安装

（c）吸入管道安装   （d）底阀安装

图 2-26　正确和错误的吸入管道安装方法

图 2-26（a）所示为吸入管的弯头不应直接与泵吸入口相接，而应在中间加接一段长度约为 3 倍管径的直管，使水流转弯后产生的紊流平顺后再进入泵内。为了减小吸入管路的损失，常选用比泵口径还要大的吸入管，这样在泵的吸入口和吸入管之间须加一段异径接管，这段管应采用偏心异径接管并按图 2-26（b）所示的方位安装才能使吸水管内没有空气存留。

图 2-26（c）所示为吸入管道的安装应向泵的方向上斜，否则空气也将积存在管中，影响泵的正常工作。

吸入管道端部的底阀应浸入液池一定深度，它与池壁、池底之间也应有足够的距离，一般不应小于图 2-26（d）所示的尺寸，才能保证底阀及其滤网的正常工作。

某家庭在自建房的五楼安装了一台离心泵，用来从地面游泳池抽水灌溉楼顶小花园，你认为可行吗？

_____

_____

_____

_____

完成本任务学习后，根据自身学习体会，结合任务评价表的内容进行评价。

任务评价表

姓　名		组　别			班　级		
日　期			综合评价等级				
评价指标	评价标准		分值	评价方式			
				自我评价（30%）	小组评价（30%）	教师评价（40%）	单项得分
课前预学	课前预习本任务相关知识，查找相关资料		5				
	完成任务引导题目		5				
课堂参与	认真听讲和练习		10				
	积极参与小组讨论，并有详细笔记		10				
课堂互动	积极回答教师问题		5				
	和小组成员有效合作，尊重他人		5				
	小组活动中能围绕主题发表自己的观点		10				
自主探究	独立思考、自主学习，会发现问题		10				
	主动寻求解决问题的方法		10				
	善于观察、分析、思考，能提出创新观点		5				
综合素养	具有一定的安全意识、责任意识、规范意识		5				
	具有吃苦耐劳的精神和严谨认真的学习态度		5				
学习成果	在规定时间内完成本人的分工任务		10				
	完成拓展任务		5				

引导问题1：轴流泵工作时不出水的原因有哪些？

_____

_____

_____

_____

引导问题2：轴流泵工作时发生振动的原因有哪些？

_____

_____

_____

_____

_____

相关知识

知识点一、轴流泵的工作原理

轴流泵如图2-27和图2-28所示，一般轴流泵为立式安装。当浸没在水中的叶轮旋转时，由于叶片与泵轴轴线成一定的螺旋角，推动叶片上面的水，边旋转边向上抬升，叶片下部因水的抬升而形成局部真空，池中的水在大气压力的作用下从进口的喇叭管被吸入泵中。这样，叶轮不断旋转，轴流泵就不断地吸入和排出液体。

图 2-27 立式轴流泵

图 2-28 卧式轴流泵

知识点二、轴流泵种类和结构

轴流泵根据泵轴安装位置分为立式、斜式和卧式 3 种，内部结构基本相同。图 2-29 所示的立式轴流泵主要由泵体、叶轮、导叶装置和进出口管等组成。

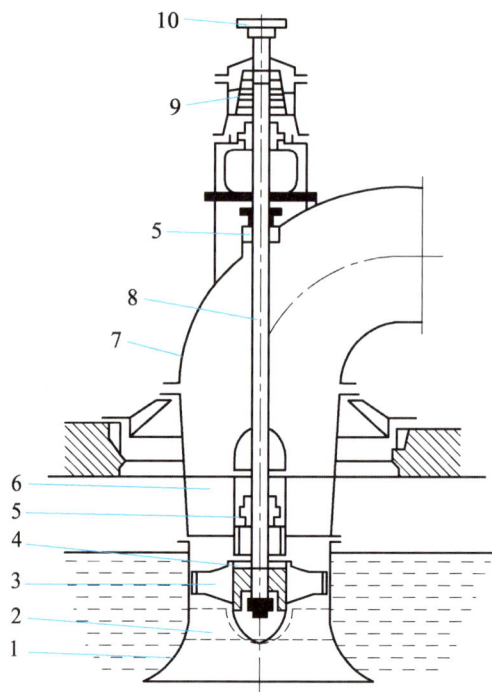

轴流泵结构简图

1—喇叭管；2—进口导叶；3—叶轮；4—轮毂；5—橡胶轴承；6—出口导叶；
7—出水弯管；8—轴；9—推力轴承；10—联轴器。

图 2-29　轴流泵结构简图

叶轮一般由 3～6 片断面为机翼型并带有扭曲的叶片和轮毂组成。叶片与泵轴轴线的螺旋角可以是固定的，也可以是可调的。在改变半调节式泵的螺旋角时需停机把叶片松开再用手调整角度；在改变全调节式泵的螺旋角时不需要停机，通过一套专门的机械或随动机构来改变叶片的角度。大型轴流泵的叶片多为全调节式的。

轮毂用来安装叶片和叶片调节机构，包括圆柱形、圆锥形和球形 3 种。球形轮毂使叶片在任意角度下与轮毂之间只存在一个较小的固定间隙，与圆柱形、圆锥形的轮毂相比可以减少间隙泄漏的损失。

叶轮有 −4°、−2°、0°、2°、4°五个安装角度。当工况变化时改变叶轮角度，可使泵的性能曲线发生变化，以保持高效率的运行。

轴流泵中一般都装有 6～12 片出口导叶，导叶的作用主要包括：一是把从叶轮流出的带有旋转运动的水流转变为轴向运动的水流，避免液体由于旋转而造成的冲击和旋涡损失；二是在导叶体的圆锥形壳体中，使液体降速增压。有的轴流泵在进口处设置进口导叶，其目的也是减少损失。

在出口导叶的中心处即导叶毂内装有橡胶轴承，橡胶轴承用来对泵轴径向定位并承受一定的径向力。这是一种以水润滑和冷却的滑动轴承，它是经过硫化处理的硬橡胶浇注在铸铁套筒内而成型的，如图 2-30 所示。

套筒的内圆表面应该有上下两段方向相反的螺纹，使橡胶轴承能牢固地附在套筒内壁而不会随轴转动。在泵轴穿过出水弯管处也装有一个橡胶轴承，泵启动前必须从注水管向这个轴承注水润滑，泵启动后由于有了泵内输送的水润滑冷却而应停止注水。

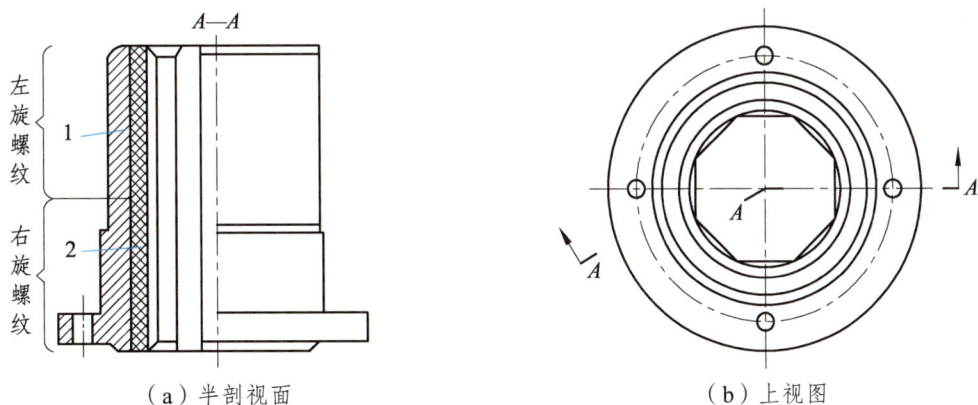

（a）半剖视面　　　　　　　（b）上视图

1—轴承外壳；2—橡胶衬套。

图 2-30　橡胶轴承

知识点三、轴流泵的检修

轴流泵的故障主要包括：

（1）故障现象：不出液。

故障原因：① 转向不对；② 叶片固定失灵；③ 安全水位低；④ 叶片损坏。

处理方法：① 调整电动机转向；② 修复固定机构，调整角度；③ 停泵，提高水位；④ 更换叶片。

（2）故障现象：超负荷或产生异常振动。

故障原因：① 叶片角度超规定；② 出口阻力大；③ 进水滤网堵；④ 叶片与泵壳摩擦；⑤ 安全水位低；⑥ 转子不平衡；⑦ 泵轴、传动轴电动机轴弯，不同轴；⑧ 轴承损坏。

处理方法：① 调整叶片角度；② 清理出口管路；③ 清理滤网；④ 调整摆动，更换胶瓦，调整间隙；⑤ 停泵；⑥ 校正静平衡；⑦ 轴校直，调整同轴度；⑧ 更换轴承。

（3）故障现象：流量不足。

故障原因：① 叶片安装角小；② 转速未达额定；③ 叶片损坏。

处理方法：① 调整叶片安装角；② 消除电动机故障；③ 更换叶片。

任务实战

一台轴流泵工作时出现发热和振动，试分析可能原因。

_____

_____

_____

完成本任务学习后，根据自身学习体会，结合任务评价表的内容进行评价。

任务评价表

姓　名		组　别			班　级	
日　期		综合评价等级				
评价指标	评价标准		分值	评价方式		
				自我评价（30%）	小组评价（30%）	教师评价（40%）	单项得分

评价指标	评价标准	分值	自我评价（30%）	小组评价（30%）	教师评价（40%）	单项得分
课前预学	课前预习本任务相关知识，查找相关资料	5				
	完成任务引导题目	5				
课堂参与	认真听讲和练习	10				
	积极参与小组讨论，并有详细笔记	10				
课堂互动	积极回答教师问题	5				
	和小组成员有效合作，尊重他人	5				
	小组活动中能围绕主题发表自己的观点	10				
自主探究	独立思考、自主学习，会发现问题	10				
	主动寻求解决问题的方法	10				
	善于观察、分析、思考，能提出创新观点	5				
综合素养	具有一定的安全意识、责任意识、规范意识	5				
	具有吃苦耐劳的精神和严谨认真的学习态度	5				
学习成果	在规定时间内完成本人的分工任务	10				
	完成拓展任务	5				

任务六　深井泵检修

任务引导

引导问题1：深井泵和离心泵有什么异同？

_____

_____

_____

_____

引导问题 2：深井泵工作时不出水的原因有哪些？

_____

_____

_____

知识点一、深井泵的工作原理

深井泵也是一种离心泵，结构如图 2-31 所示，由井下的泵工作部分和传动轴、扬水管部分以及地面上的泵座、电动机组成。

吸水管 1 下部周围钻有许多滤水圆孔，用以防止水中杂物进入叶轮或阻塞水泵，吸水管上部用以引导水流平顺地进入泵体叶轮，其长度为直径的 4～10 倍。

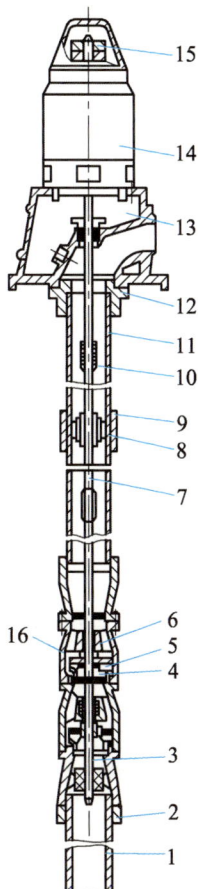

深井泵（JC 型）

1—吸水管；2—防松圈；3—叶轮轴；4—壳体；5—叶轮；6—橡胶轴承；7—传动轴；8—轴承支架；9—联管器；10—联轴器；11—扬水管；12—进水法兰；13—泵座；14—电动机；15—调整螺母；16—锥套。

图 2-31　JC 型深井泵的结构

泵叶轮装在壳体 4 内，叶轮 5 用锥套 16 固定在叶轮轴 3 上，橡胶轴承 6 以水润滑。深井叶轮 5 和壳体 4 的数量一般取 2~24 级。叶轮采用比转速 n_s 在 200~375 的半开式叶轮。

扬水管 11 由若干个管段组成，各管的连接处装有橡胶轴承的轴承支架 8，并用联管器 9 把它固定在中间。传动轴 7 由若干个轴段组成，它们之间用有内螺纹的短套管形联轴器 10 连接。

泵座 13 起着支承井下部件重量的作用，泵座下面与进水法兰 12 相接。电动机 14 固定在泵座上，并用联轴器与传动轴连接。在转轴的顶部，一般都有能将泵转子挂住的调整螺母 15，拧动这个螺母可使转子升高或下降，以调整泵的流量或排除杂物。

知识点二、深井泵的检修

深井泵的故障主要包括：

（1）启动后不出水或流量很小。

启动后泵转动，但不出水或流量小，应立即停机检查，时间稍长可能会把橡胶轴承烧损引起水泵振动。启动后不出水或流量很小的原因及处理方法主要包括：

① 泵体在水中淹没深度不够或井中水位下降过多，进水口露出水面而吸入空气。调整泵体位置。

② 水中泥砂和杂物把进水管、叶轮或导水壳流道堵塞，在装泵前必须把泵内或井内杂物清除干净。

③ 叶轮松脱、传动轴或泵轴断裂造成轴转叶轮不转。这类故障是泵体装配不当或轴向间隙调节量过大造成的，必须重新调整。

④ 出水管断裂、脱扣，产生大量漏水，造成出水量减少或不出水。需要更换或维修出水管。

（2）启动困难或无法启动。

如果合上电闸，保险丝立即熔断或电动机只发出嗡嗡声而不转或转动达不到额定转速，都属于启动方面的故障。启动困难或无法启动的原因一般包括电气和机械两方面。

① 电气方面原因。

a. 电压偏低，电动机起动转矩不够，变压器容量不够或离水泵太远，也可能是供电导线截面太小。

b. 电源一相断线或一相保险丝熔断，造成电动机两相起动。

c. 电动机转向不对，应将三根火线任意两根进行调接。

② 机械方面原因。

a. 启动前未灌预润水或预润水量不足则需加灌预润水，深井泵在运转前应将清水通入轴与轴承的壳体内进行预润，泵房内有预润水箱。

b. 传动轴与橡胶轴承配合不当，间隙太小。

c. 传动轴弯曲或叶轮轴向间隙没调整合适，产生摩擦或卡住，应进行修复或调整。

d. 泵内有杂物卡住叶轮或泵体和轴承中有沉砂，应及时清除。

任务实战

一台深井泵通电后不出水，试分析可能原因。

任务评价

完成本任务学习后，根据自身学习体会，结合任务评价表的内容进行评价。

任务评价表

姓 名		组 别			班 级			
日 期			综合评价等级					
评价指标	评 价 标 准		分值	评价方式				
				自我评价（30%）	小组评价（30%）	教师评价（40%）	单项得分	
课前预学	课前预习本任务相关知识，查找相关资料		5					
	完成任务引导题目		5					
课堂参与	认真听讲和练习		10					
	积极参与小组讨论，并有详细笔记		10					
课堂互动	积极回答教师问题		5					
	和小组成员有效合作，尊重他人		5					
	小组活动中能围绕主题发表自己的观点		10					
自主探究	独立思考、自主学习，会发现问题		10					
	主动寻求解决问题的方法		10					
	善于观察、分析、思考，能提出创新观点		5					
综合素养	具有一定的安全意识、责任意识、规范意识		5					
	具有吃苦耐劳的精神和严谨认真的学习态度		5					
学习成果	在规定时间内完成本人的分工任务		10					
	完成拓展任务		5					

任务七 潜水泵检修

任务引导

引导问题1：潜水泵启动后不出水的原因有哪些?

_____

_____

_____

_____

_____

引导问题 2：潜水泵和深井泵有何异同？

_____

_____

_____

_____

知识点一、潜水泵的工作原理

　　潜水泵和深井泵都用于把深井中的水抽吸到地面，但潜水泵的电动机与泵的工作部分直接连接形成一体并潜入水下工作，没有深井泵所采用的长传动轴，所以体积小、质量小，便于移动和安装，不需要机房。

　　潜水泵由离水泵、电动机、扬水管等组成。由于电动机在水中工作，所以要采取特殊的措施对电机绕组进行绝缘。

　　图 2-32 所示的 QJ 型潜水泵可分为单吸、多级、导流壳式三种类型。泵的上部出口处设置有逆止阀，水倒流时阀盖下落，关闭出口。

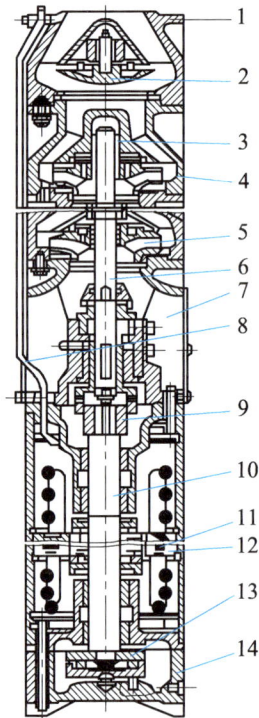

QJ 型潜水泵

1—阀体；2—阀盖；3—轴套；4—上壳；5—叶轮；6—泵轴；7—进水壳；8—电缆；9—联轴器；
10—电机轴；11—转子；12—定子；13—止推盘；14—底座。

图 2-32　QJ 型潜水泵

　　电动机为湿式充水型立式笼型三相异步电动机，内部预先充满水，转子在清水中运转，散热性好。这种泵的密封性能良好，主要用于防砂，不像干式或充油式对密封装置要求高，因而极大地简化了结构。但这种泵对电动机定子所用绝缘导线、水润滑轴承所用材料和部件的防锈蚀均有较高要求。

知识点二、潜水泵的检修

（1）故障现象：不能启动。

故障原因：电源电压太低；电路某处断路；泵叶轮被异物卡住；电缆线断裂；电缆线压降过大，电缆线插头损坏；三相电缆线中有一相不通；电动机室绕组烧坏。

排除方法：调整电压到 342～418 V；查出断电原因并排除；拆开导向件，清除杂物；按电缆规格表改用较粗的电缆；更换新插头，检查开关出线头及电缆线；大修电动机。

（2）故障现象：启动后不出水、出水少或间歇出水。

故障原因：电动机不能启动；管路堵塞；管路破裂；滤水网堵死；吸水口露出水面；电动机反转，泵壳密封环、叶轮损坏；扬程超过潜水泵额定值过多；叶轮反转。

排除方法：排除电路故障；清除堵塞物；补焊或换管；清除堵塞物；重新安装；调换电源线接线位置；更换新件；更换高扬程泵；重新安装。

（3）故障现象：电动机不能启动并伴有声。

故障原因：某一相断路；轴承抱轴；叶轮内有异物与泵体卡死。

排除方法：修复线路；修复或更换轴承；清除异物。

（4）故障现象：突然中断泵出水，电动机停转。

故障原因：空气开关跳开或保险丝烧断，电源断开；定子绕组烧坏；叶轮卡死；湿式潜水泵电机内缺水；充油式湿式潜水泵电机内缺油。

排除方法：检查线路故障，电机绕组故障，并排除；检查断电原因，消除故障；修理定子绕组；消除杂物；修理电机。

（5）故障现象：电流过大，电流表指针摆动。

故障原因：转子扫膛；轴与轴承相对转动不灵活；止推轴承磨损严重，叶轮与密封环相磨；轴弯曲，轴承不同心；动水位下降至进水口以下；叶轮淹没深度不够，吸入空气引起振动；叶轮压紧螺母松动。

排除方法：更换轴承；更换或修理轴承；更换止推轴承或推力盘；送厂修理；调整油门，降低流量或换井；电泵下移；紧固螺母。

（6）故障现象：机组运行时剧烈振动。

故障原因：电动机转子不平衡；水泵叶轮不平衡；电动机或泵轴弯曲。

排除方法：送厂修理。

任务实战

一台潜水泵通电运转后发生剧烈振动，试分析原因。

_____

_____

_____

_____

完成本任务学习后，根据自身学习体会，结合任务评价表的内容进行评价。

任务评价表

姓　名		组　别			班　级			
日　期		综合评价等级						
评价指标	评价标准			分值	评价方式			
					自我评价（30%）	小组评价（30%）	教师评价（40%）	单项得分
课前预学	课前预习本任务相关知识，查找相关资料			5				
	完成任务引导题目			5				
课堂参与	认真听讲和练习			10				
	积极参与小组讨论，并有详细笔记			10				
课堂互动	积极回答教师问题			5				
	和小组成员有效合作，尊重他人			5				
	小组活动中能围绕主题发表自己的观点			10				
自主探究	独立思考、自主学习，会发现问题			10				
	主动寻求解决问题的方法			10				
	善于观察、分析、思考，能提出创新观点			5				
综合素养	具有一定的安全意识、责任意识、规范意识			5				
	具有吃苦耐劳的精神和严谨认真的学习态度			5				
学习成果	在规定时间内完成本人的分工任务			10				
	完成拓展任务			5				

练习思考题

1. 判断题

（1）汽蚀是液体汽化造成的对泵过流零部件（液流经过泵时所接触到的零部件）的破坏现象。（　　　）

（2）单吸式离心泵在工作时由于叶轮两侧作用力不相等，产生了一个从泵腔指向吸入口的轴向推力。（　　　）

（3）利用封闭叶轮一部分流道的方法可以减少泵的流量。（　　　）

（4）串联时泵受力较单独运转时大，不易损坏，故经常采用。（　　　）

（5）造成泵流量扬程不够的原因与泵不输出液体的原因基本一致。（　　　）

（6）在分段式多级离心泵上采用平衡孔来平衡轴向力。（　　　）

（7）D型泵结构由于各级叶轮都相向排列，轴向力很小，一般都不必采取措施来平衡轴向力。（　　　）

（8）多级泵包括蜗壳式多级泵（水平中开式多级泵）和分段式多级泵两大类。（　　　）

（9）潜水泵的电动机要采取特殊的措施对电机绕组进行绝缘。（　　　）

（10）泵消耗功率过大的原因之一是轴承内润滑油脂过多或太脏，需要减少到规定量或更换润滑油脂。（　　　）

2. 填空题

（1）泵的吸入管内留有空气可能导致泵＿＿＿＿＿，需要重新灌泵或抽真空，去除空气。

（2）填料函泄漏过多的原因可能是泵轴与电机轴＿＿＿＿超差，需要检查调整。

（3）管路中通过的流量与所需＿＿＿＿之间的关系曲线，称为管路特性曲线。

（4）泵入口密封环磨损也会造成＿＿＿＿和＿＿＿＿降低。

（5）一般在泵的排出管路上装有阀门，靠开大或关小阀门进行＿＿＿＿调节。

（6）节流调节的实质是改变＿＿＿＿。

（7）变速调节是通过改变泵转速来改变泵特性曲线位置，实现对＿＿＿＿的调节。

（8）两台泵的＿＿＿＿工作，就是用两台泵同时向同一排出管路输送液体的工作方式。

（9）当工作点对应于泵效率曲线的＿＿＿＿点时，称为最佳工作点。

（10）泵运行时应尽可能使＿＿＿＿位于高效率区，否则不仅运行效率低，还可能引起泵的超载或发生汽蚀等事故。

3. 单项选择题

（1）关于允许吸上真空高度叙述错误的是（　　　）。

A. 泵在正常工作时吸入口所允许的最大真空度，叫作允许吸上真空高度，由于它用液体的液柱表示，故称之为高度

B. 允许吸上真空高度与泵的几何安装高度（泵中心至吸入液面的垂直距离）有关

C. 若泵的吸入口处为绝对真空，那么水泵最大吸水高度应为 10.33 m

D. 每一型号规格的水泵都存在着一个大于 10.33 m 的最大吸上真空高度

（2）泵填料函泄漏过多的原因不包括（　　　）。

A. 泵轴与电机轴同轴度超差，需要检查调整

B. 填料压盖安装过紧

C. 填料选用或安装不当造成阻力大，需要重新选用安装

D. 转动部分不平衡引起振动，需要检查消除

（3）标准大气压能压上管路真空高度为 10.33 m。某泵必需气蚀余量为 4.0 m，则允许最大安装高度 Δh（当管道损失为 0.2 m 时）应为（　　　）m。

A. 5.83　　　　　　　　B. 6.2　　　　　　　　C. 10.1　　　　　　　　D. 4。

（4）关于离心泵的底阀叙述错误的是（　　　）。

A. 由单向阀和防污网组成　　　　　　B. 可以保持泵出口压力

C. 底阀上的单向阀只允许液体从吸液池流进吸入管，而不允许反方向流动

D. 单向阀在停泵时靠排出管中的液体压力自动关闭，防止液体倒流泵内冲坏叶轮

（5）泵发生振动及噪声的原因不包括（　　　）。

A. 泵流量过小

B. 泵内或吸入管内留有空气，需要重新灌泵或抽真空，去除空气

C. 泵吸上高度过高或阻力过大，需要降低泵的安装高度，减少吸入管的阻力

D. 灌注高度不够或吸入压力小，接近气化压力，需要增加灌泵高度，提高进口压力

（6）关于离心泵系统中的压力表和真空表叙述正确的是（　　　）。

A. 真空表用于测定出口压力

B. 压力表用于测定进口压力

C. 可以测量当地的大气压力

D. 分别用于测定泵的入口和出口的压力，可以根据表读数的变化分析判断泵的运行是否正常

（7）关于 IS 型泵的结构，叙述正确的是（　　　）。

A. 泵轴一端安装叶轮，另一端通过联轴器与电动机相连

B. 叶轮的前后盖板与泵壳、泵壳后盖之间采用圆柱面式密封环作间隙密封，将泵的吸入部分与排出部分隔开，叶轮的后盖板上开有平衡孔，用以平衡泵的轴向推力

C. 泵轴由悬架部件内的两个滚动轴承支承。泵壳后盖的填料函中填上油浸石棉盘根和填料环进行密封，并用填料压盖调整对石棉盘根的压紧至适合的程度

D. 泵轴上安装的橡胶挡圈起着甩掉从填料压盖内孔处流出液滴的作用，同时防止填料压盖调整太松或石棉盘根丧失弹性及润滑作用后造成的液体直接向滚动轴承处喷射的现象

（8）多级泵轴向推力的平衡方法不包括（　　　）。

A. 平衡盘　　　　　　B. 平衡鼓　　　　　　C. 叶轮对称布置　　　　D. 平衡孔

（9）离心泵工作时的叶轮入口压力（　　　）叶轮出口压力。

A. 大于　　　　　　　B. 小于　　　　　　　C. 等于　　　　　　　　D. 不一定

（10）潜水泵的结构组成不包括（　　　）。

A. 水泵　　　　　　　　　　　　　　　B. 电动机

C. 类似深井泵使用的长传动轴　　　　　D. 扬水管

4. 多项选择题

（1）泵发生振动及噪声的原因包括（　　　）。

A. 流量过大或过小，需要调整流量　　　　B. 泵轴与电机轴同轴度超差，需要检查调整。

C. 转动部分发生碰擦，需要检查调整　　　D. 轴承损坏，需要更换

（2）泵不输出液体的原因包括（　　　）。

A. 管路或仪表漏气，需要检查并拧紧管路

B. 叶轮旋转方向不对，需要检查电机接线是否正确

C. 系统扬程与泵扬程不符，需要调整系统阻力或系统扬程要求，重新选择泵

D. 底阀没有打开或吸入管堵塞，需要打开底阀或清理管路

（3）泵的轴向力可能包括（　　　）。

A. 第一种轴向力　　　　　　　　　　　　B. 第二种轴向力

C. 第三种轴向力　　　　　　　　　　D. 第四种轴向力

（4）关于使用水泵综合性能图选择水泵，下面叙述正确是（　　　）。

A. 在选用泵时，根据计算流量、计算扬程的数值，在综合性能图上找出坐标点

B. 根据计算流量和计算扬程确定的坐标点落在哪个四边形内，就可选用标在此四边形中的型号泵

C. 坐标点落在四边形上边线的，泵叶轮不必车削，落在四边形内其他位置的，叶轮可进行适当车削

D. 离心泵的正确选用，可以防止很多故障的发生。除了根据流量、扬程的指标来选用外，还应充分考虑吸入高度、工况的变化范围、吸入和排出管径、管路的布置以及功率消耗等方面的问题

（5）轴承发热或填料函发热的原因包括（　　　）。

A. 填料选用或安装不当造成阻力大，需要重新选用安装

B. 电流过大

C. 转动部分不平衡引起振动，需要检查消除

D. 轴承内润滑油脂过多或太脏，需要减少至规定量或更换

（6）泵消耗功率过大的原因包括（　　　）。

A. 泵转速过高，需要检查电机转速或电源频率

B. 系统扬程与泵扬程不符，需要调整系统阻力或系统扬程要求，重新选择泵

C. 泵轴与电机轴同轴度超差，需要检查调整

D. 转动部分发生碰擦，需要检查调整

（7）关于轴流泵叙述正确的是（　　　）。

A. 叶轮一般由 3~6 片断面为机翼型并带有扭曲的叶片和轮毂组成

B. 叶片与泵轴轴线的螺旋角可以是固定的，也是可调的

C. 轮毂用来安装叶片和叶片调节机构，有圆柱形、圆锥形和球形 3 种

D. 轴流泵中一般都装有 6~12 片出口导叶

（8）关于多级泵 D 46-50×12 的叙述正确的是（　　　）。

A. D 代表多级泵　　　　　　　　　　B. 46 代表 46 m³/h

C. 50 代表单级扬程 50 m　　　　　　D. 12 代表有 12 级

（9）关于轴流泵导叶叙述正确的是（　　　）。

A. 导叶的作用一是把从叶轮流出的带有旋转运动的水流转变为轴向运动的水流，避免液体由于旋转而造成的冲击和漩涡损失

B. 导叶的作用二是在导叶体的圆锥形壳体中使液体降速增压。有的轴流泵在进口处设置进口导叶，其目的也是减少损失

C. 在出口导叶的中心处即导叶毂内，装有橡胶轴承，橡胶轴承用来对泵轴径向定位，并承受一定的径向力

D. 导叶就是叶轮叶片

（10）单级离心泵平衡轴向力的办法有（　　　）。

A. 开平衡孔　　　　　　　　　　　　B. 设置平衡管

C. 采用双吸叶轮　　　　　　　　　　D. 平衡盘

5. 简答题

（1）离心泵中蜗壳的作用是什么？

（2）离心泵系统中安装真空表和压力表的目的是什么？

（3）离心泵入口的密封环磨损会发生什么问题？

（4）离心泵轴向力产生的主要原因是什么？有哪些措施减轻轴向力？

（5）离心泵不输出液体的原因有哪些？

（6）离心泵流量扬程不够的原因有哪些？

（7）离心泵轴承发热或填料函发热的原因及处理方法。

（8）离心泵发生振动及噪声的原因有哪些？

（9）简述离心泵填料函泄漏过多的原因和处理方法。

（10）简述离心泵不吸水的原因及处理方法。

项目三 风机检修

项目描述

　　风机是一种常见的流体机械，广泛应用于地铁车站、工厂、商用建筑、家庭等各个方面。本项目主要介绍离心通风机的工作原理、主要部件以及离心通风机的选择、调节、检修，还介绍轴流风机和罗茨鼓风机的原理和检修。学生通过学习，对风机有一个简洁而又系统的理解，为后续风机的运用与检修岗位工作打下坚实的基础。

教学目标

知识目标	能力目标	素质目标
（1）熟悉离心通风机的工作原理； （2）熟悉离心通风机的选择方法； （3）熟悉离心通风机的调节方法； （4）掌握离心通风机的常见故障； （5）了解轴流风机的原理； （6）了解罗茨鼓风机的原理	（1）能说明离心通风机的工作原理和主要部件； （2）能选择离心通风机； （3）能进行离心通风机的调节； （4）能根据离心通风机的常见故障现象做出判断并组织排除； （5）能根据处理轴流风机和罗茨鼓风机的常见故障	（1）培养学生的家国情怀、科学精神和责任担当意识； （2）树立设备检修作业"安全第一"的观念； （3）具备良好的团队协作精神、严谨求实的工作态度； （4）具有节能环保和可持续发展的意识

任务导航

任务一　离心通风机工作原理

任务二　离心通风机选择

任务三　离心通风机调节

任务四　离心通风机检修

任务五　轴流风机检修

任务六　罗茨鼓风机检修

任务引导

引导问题 1：离心通风机和离心泵有何异同？

_____

_____

_____

_____

引导问题 2：离心通风机进风口压力是否大于出风口压力？

_____

_____

_____

_____

引导问题 3：离心通风机零部件组成主要包括_____部件、_____部件和支撑部件。

_____

_____

_____

_____

引导问题 4：_____的作用是收集从叶轮中流出的气体并引导气体的排出，同时使高速气流速度降低，将气体的部分动能转变为静压。

_____

_____

_____

_____

_____

相关知识

知识点一、离心通风机的工作原理

风机是各行各业普遍使用的机械设备，是将原动机的机械能转变为气体的压力能和动能的一种机械。离心通风机是一种常见的风机，如图 3-1 所示。

（a）离心风机

（b）带传动机构的离心风机

图 3-1　离心通风机

　　离心通风机工作时，电动机带动叶轮旋转，使叶轮叶片间的气体在离心力的作用下由叶轮中心向四周运动，气体获得一定的压力能和动能。当气体流经蜗壳时，由于截面逐渐增大，流速减慢，部分动能转化为压力能，气体从出风口进入管道。在叶轮中心处，由于气体被甩出，形成一定的真空度（呈现负压），吸入口空气被吸入风机（实质是被大气压力压入风机）。这样，随着电动机的旋转，空气源源不断地被吸入风机，而后从排出口排出，完成送风的任务。离心通风机工作原理如图 3-2 所示。

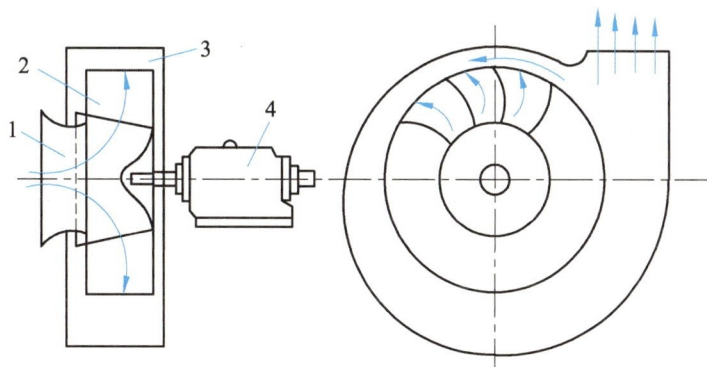

1—集流器；2—叶轮；3—机壳；4—电动机。

图 3-2　离心通风机工作原理

知识点二、离心通风机的分类

　　通风机按照气流方向分为离心通风机和轴流通风机。离心通风机是离心式风机中的一种，其全压小于或等于 15 kPa，另外两种离心式风机分别是离心式鼓风机和离心式压缩机，它们的全压比离心式通风机要大得多。

1. 按风压大小分类

离心式通风机按风压大小可分为如下几类：
（1）低压离心通风机。在标准状态下，全压不大于 1 kPa。
（2）中压离心通风机。在标准状态下，全压为 1～3 kPa。
（3）高压离心通风机。在标准状态下，全压为 3～15 kPa。

离心通风机工作原理

从结构上看，这 3 种离心通风机有很多不同之处：以叶轮进口的直径来做比较，低压的最大，中压的居中，高压的最小。叶轮的叶片数目一般随压力的大小和叶轮的形状而改变，压力越高，叶片数越少，叶片也越长。一般低压离心通风机的叶片为 48～64 片。

2. 按比转数大小、叶轮结构分类

离心通风机按比转数大小、叶轮结构可分为如下几类：

（1）多叶式离心通风机。$n_s = 50～80$。

（2）前弯（前向）离心通风机。$n_s = 7～40$。

（3）径向离心通风机。$n_s = 20～65$。

（4）后弯（后向）单板离心通风机。$n_s = 30～90$。

（5）后弯（后向）机翼形离心通风机。$n_s = 30～90$。

不同风机的特征、典型结构、风机型号见表 3-1。

表 3-1　不同风机的特征及典型结构风机型号

形式	流量/（$m^3 \cdot h^{-1}$）	压力/Pa	特征	典型结构
多叶式离心通风机	100×10^4	600（空调用）7 500（工业用）	这种风机小型，廉价，压力系数最高，效率低（≈701%），装置噪声较小	11－62 型离心通风机
前弯离心通风机	12×10^4	16 000	压力系数很高（仅次于多叶式通风机），效率一般（低于80%）	9－19、9－26、M9－26、M10－13、MF9－11 型离心通风机
径向离心通风机	15×10^4	10 000	压力系数高，效率略低于后弯通风机，适用于磨损严重的地方	C6－48、10－31 型离心通风机
后弯单板离心通风机	100×10^4	7 000	效率最高，适用于风量范围宽广的场合	4－2×721，F4－62，W5－47，BB24，W4－80$^{11}_{12}$ 型离心通风机
后弯机翼形离心通风机	200×10^4	7 000	与后弯单板离心风机比较率更高	4－72，B4－72，C4－73，Y4－73，Y4－2×73，K4－73－02，FW4－68，BK4－72 型离心通风机

3. 按用途分类

离心通风机还可按用途分类，除一般的通用通风机外，还有防腐通风机、防爆通风机、矿井通风机、锅炉通风机、锅炉引风机、高温通风机、排尘通风机和空调通风机等。

知识点三、离心通风机的结构

离心通风机的结构如图 3-3 所示，主要由过流部件、传动部件和支撑部件组成。

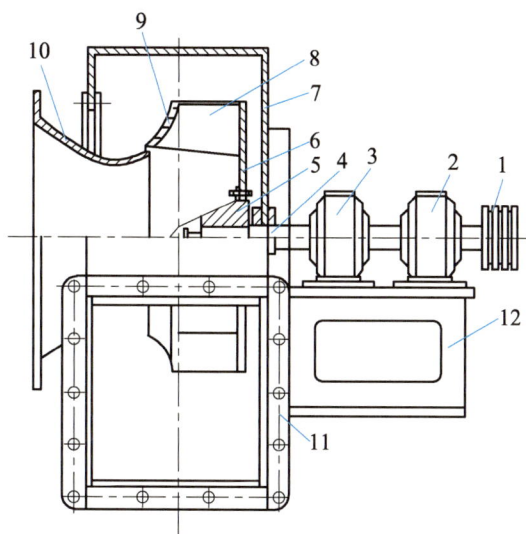

1—带轮；2、3—轴承座；4—主轴；5—轴盘；6—后盘；7—蜗壳；8—叶片；9—前盘；10—集流器；11—出风口；12—底座。

图 3-3　离心通风机结构示意

过流部件指主气流流过的部件，包括集流器（进风口）、叶轮、蜗壳、出风口等。

叶轮部件由轴盘 5、后盘 6、前盘 9 和叶片 8 组成。

机壳部件由集流器 10、蜗壳 7 和出风口 11 组成。

传动部件由主轴 4、轴承及带轮 1 等组成。

支撑部件由轴承座 2 和 3、底座 12 等组成。

除此之外，在大型离心通风机的进口集流器前，一般还装有进气箱或进口导流器。

知识点四、过流部件的结构

1. 叶　轮

离心通风机结构示意图

叶轮是把机械能转换为流体能量（如静压能和动能）的部件，是风机上最主要的部件。叶轮的流体流道的形状和尺寸大小，直接影响到风机的性能和效率。

由于叶轮的后盘为平板并与轴盘用铆钉固接，所以叶轮的结构形式主要指前盘形式的变化，如图 3-4 所示。叶轮的几种形式中，从气流流动情况看，弧形前盘的效果最好，锥形前盘次之，平前盘最差。但从制造角度看，平前盘最简单，弧形前盘最复杂，锥形前盘居中。

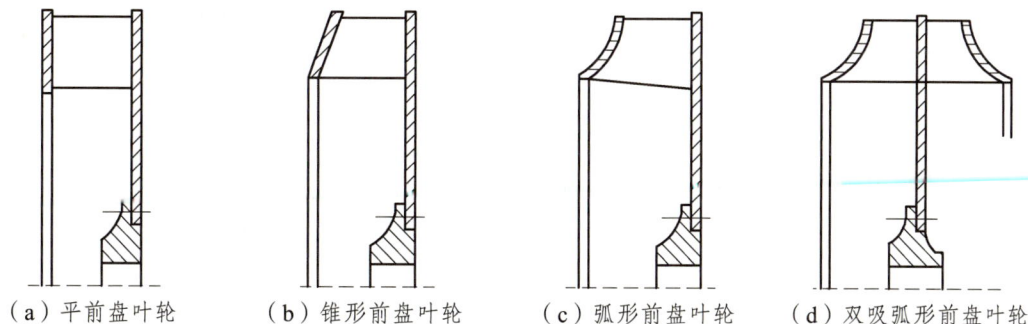

（a）平前盘叶轮　　　（b）锥形前盘叶轮　　　（c）弧形前盘叶轮　　　（d）双吸弧形前盘叶轮

图 3-4　叶轮结构形式示意

叶片是叶轮中的主要零件，与离心泵一样，叶片出口安装角 β_{2q} 对风机性能的影响极大。当出口安装角 $\beta_{2q} > 90°$ 时，称为前弯（前向）叶片；当 $\beta_{2q} = 90°$ 时，称为径向叶片；当 $\beta_{2q} < 90°$ 时，称为后弯（向后）叶片。叶片出口安装角如图 3-5 所示。

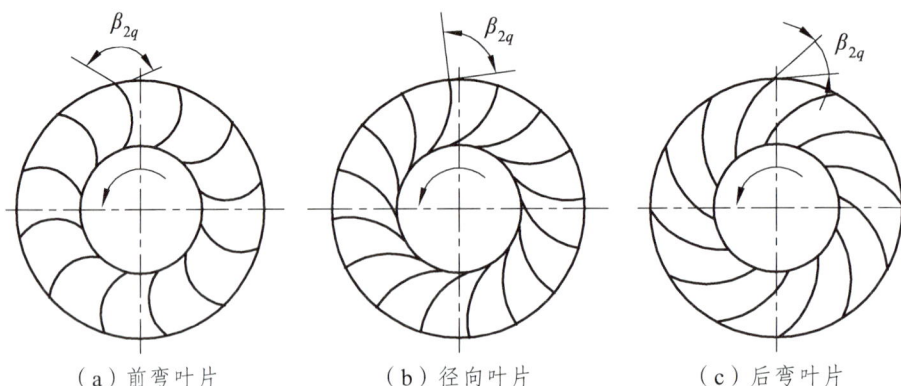

（a）前弯叶片　　　　　（b）径向叶片　　　　　（c）后弯叶片

图 3-5　叶片出口安装角

3 种不同出口安装角的叶片形式对风机全压 P、叶轮外径 D_2 和效率 η 的影响不同。当转速、叶轮外径和流量相同时，3 种形式的叶片中前弯叶片的全压最大，后弯叶片全压最小。当转速、流量及全压都相同时，前弯叶片叶轮的外径尺寸最小，后弯叶片叶轮的外径尺寸最大。前弯叶片叶轮的风机效率较低，后弯叶片叶轮的效率较高，径向叶片叶轮的效率居中。

3 种不同出口安装角的叶轮，均可应用于不同类型的通风机。老式产品中前弯叶片用得很多，如 8-18、9-27、9-35、9-57 型通风机，其特点是尺寸小、价格便宜。近年来，对通风机的效率、节能要求越来越高，后弯叶片用得较多，如 4-72、4-73、5-47、5-48 型通风机，特别是大功率的通风机几乎都采用后弯叶片叶轮。

前弯叶片叶轮的通风机，比老式产品的效率已有显著提高，所以应用仍很广泛，如用于高压小流量场合的 9-19、9-26 型通风机和用于低压大流量场合的前弯多翼叶通风机等。

离心通风机叶片可制成如图 3-6 所示的平板形、圆弧形和机翼形叶片。

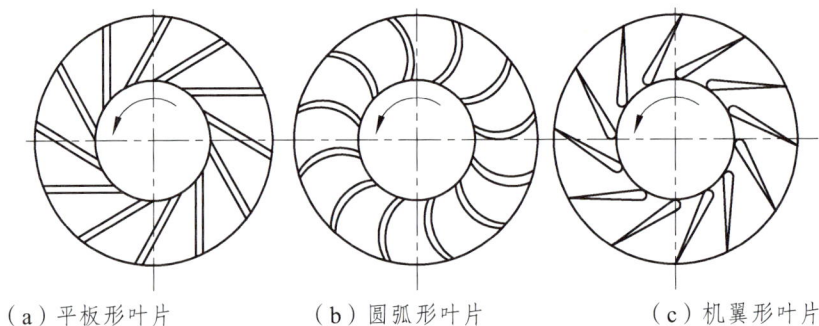

（a）平板形叶片　　　　　（b）圆弧形叶片　　　　　（c）机翼形叶片

图 3-6　叶片形状

平板形叶片容易制造。圆弧形叶片在现代风机中的应用较多，前弯叶轮都采用圆弧形叶片。

中空机翼形叶片制造工艺复杂，在输送含尘浓度大的气流时容易磨损。当叶片磨穿后，杂质进入中空叶片内部，使叶轮失去平衡而产生振动。但该类叶片具有良好的空气动力性能、强度高、刚度大、通风机效率高。后弯叶轮式大型通风机都采用机翼形叶片，如 4-72、4-73 型离心通风机。

2. 蜗壳和出风口

蜗壳的作用是收集从叶轮中流出的气体并引导气体的排出，同时使高速气流速度降低，将气体的部分动能转变为静压。

蜗壳与叶轮匹配效果对离心通风机的性能有很大的影响。

为防止气体在蜗壳内循环流动，离心通风机蜗壳出口附近设有蜗舌。蜗舌分为深舌、短舌和平舌 3 种类型，如图 3-7 所示。深舌多用于低比转速通风机，效率高，效率曲线陡，但噪声大；短舌多用于大比转速通风机，效率曲线较平坦，噪声较低；平舌多用于低压低噪声通风机，但效率有所降低。

蜗壳断面沿叶轮转动方向逐渐扩大，在出风口处断面为最大。但有的风机在出风口处速度仍很大，为进一步降低风速，提高静压，可以在蜗壳出风口后增加扩压器，如图 3-8 所示。

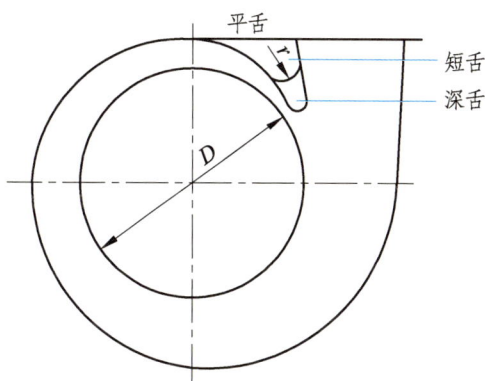

图 3-7 各种不同的蜗舌

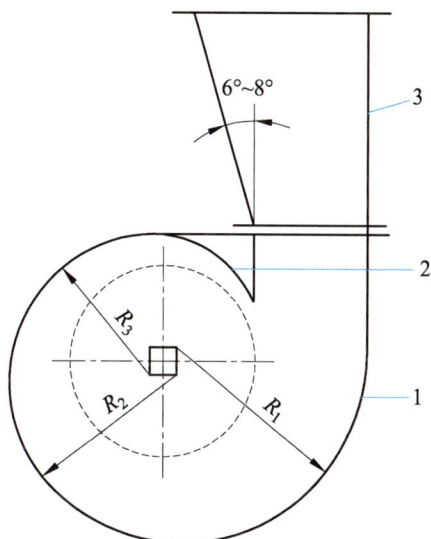

1—蜗壳；2—蜗舌；3—扩压器。

图 3-8 扩压器的位置

扩压器应沿着蜗舌的一边扩展，其扩张角取 6°～8° 为宜，有时为缩短扩压器长度取扩张角 10°～12°。

中小型风机蜗壳都制成不能拆开的整体式，叶轮从蜗壳侧面进行装拆。大型风机的蜗壳通常做成二开式或三开式。二开式沿中分水平面将蜗壳分为上下两部分。三开式将二开式的上半部沿中心线垂直分成两部分。

3. 集流器

集流器称为进口集流器，俗称为进风口，它的作用是保证气流均匀地充满叶轮进口，减小流动损失，提高叶轮效率和降低进口涡流噪声。

集流器的形式如图 3-9 所示，包括圆筒形、圆锥形、圆弧形以及由圆锥形、圆弧形和圆筒形两两组合而成的锥筒形、弧筒形、锥弧形。从气体流动效果来比较，圆锥形的比圆筒形的要好，圆弧形的比圆锥形的要好，组合形的比非组合形的要好。4-72 型高效离心通风机采用的是先锥形后圆弧形的集流器。

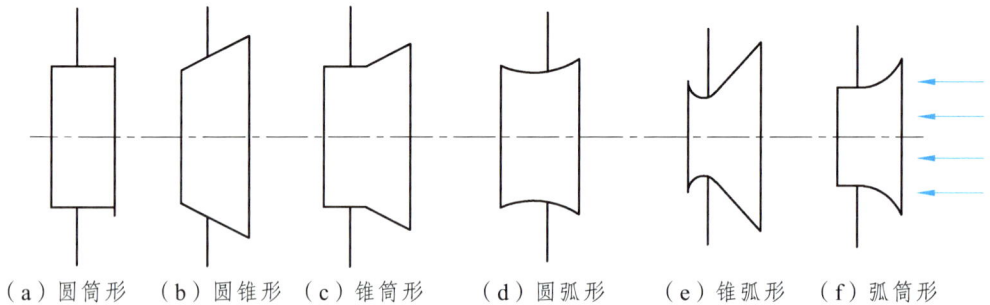

（a）圆筒形　（b）圆锥形　（c）锥筒形　（d）圆弧形　（e）锥弧形　（f）弧筒形

图 3-9　集流器的形式

集流器与叶轮之间的间隙可以是图 3-10（a）所示的轴向间隙和图 3-10（b）所示的径向间隙。

采用径向间隙时气体的泄漏不会破坏主气流的流动状况，所以采用径向间隙较好。试验表明，当间隙与叶轮外径之比为 0.05：100～0.5：100 并且间隙分布均匀时，风机效率可以提高 3%～4%并且降低噪声。

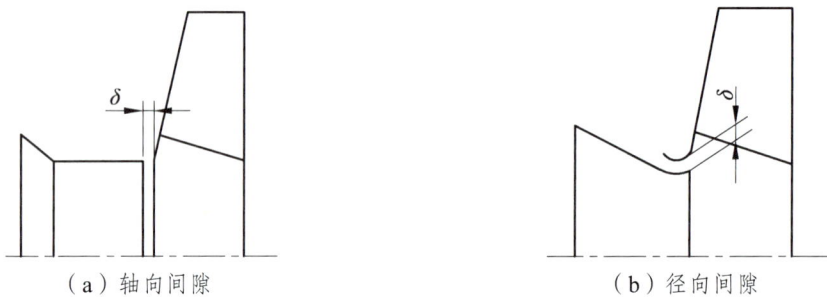

（a）轴向间隙　　　　　　　　　　　（b）径向间隙

图 3-10　集流器与叶轮之间的间隙形式

4. 进气箱

由于工艺、设备及管网布置等方面的原因，有时在通风机进口之前连接一个弯管，这时因气流转弯致使叶轮进口截面上的气流分布很不均匀。为了改善这种状况，在大型离心通风机的进口集流器之前一般都装有进气箱。

图 3-11（a）所示为普通进气箱结构，图 3-11（b）所示为较好进气箱结构。图 3-11（a）所示的进气箱会在底端形成一个涡流区，所以把进气箱的截面制成如图 3-11（b）所示的收敛形，且进气箱底部与集流器口对齐。

从效率来看，最好不用进气箱。试验结果表明，在有效工作范围内，通风机有进气箱时效率会下降 4%～8%；若进气箱设计不当，效率下降得更多。然而在双支承的大型风机特别是双进气的离心通风机中，不得不采用进气箱。

（a）普通进气箱结构　　　　　　　　（b）较好进气箱结构

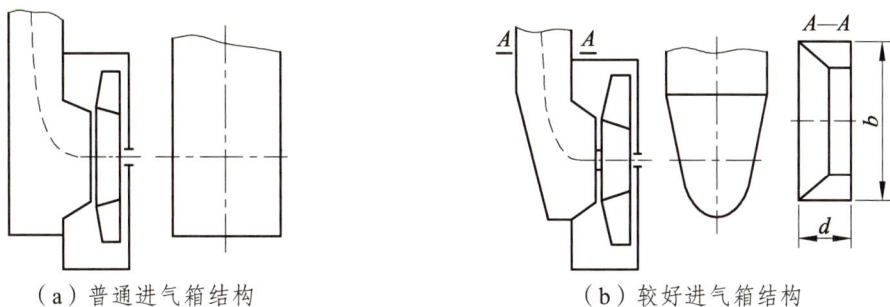

图 3-11　进气箱形状

5. 进口导流器

为了扩大大型离心通风机的使用范围和提高调节性能，在集流器前或进气箱内还装有进口导流器，如图 3-12 所示。导流器的叶片数一般为 8～12 片。

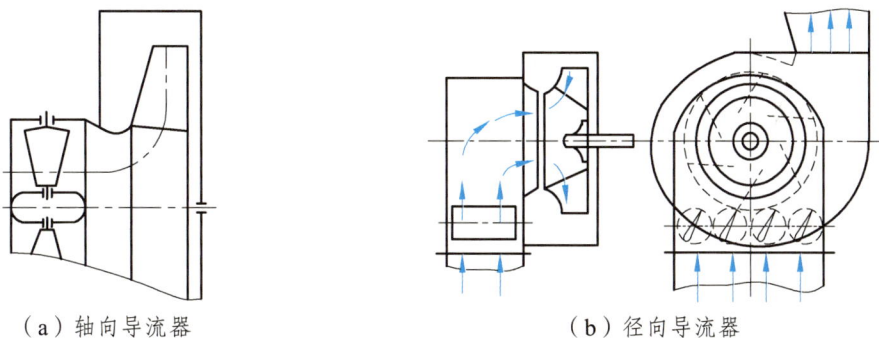

（a）轴向导流器　　　　　　　　　　（b）径向导流器

图 3-12　进口导流器

改变导流器叶片的开启角度，可以调节进气大小以及进口处气流的方向。导流器的叶片可以做成平板形、弧形或机翼形，平板形导流器的叶片因使用效果良好，采用较多。

进口导流器

任务实战

拆掉集流器会产生什么问题？

_____

_____

_____

_____

_____

任务评价

完成本任务学习后，根据自身学习体会，结合任务评价表的内容进行评价。

姓　名		组　别		班　级			
日　期		综合评价等级					
评价指标	评　价　标　准		分值	评价方式			
				自我评价（30%）	小组评价（30%）	教师评价（40%）	单项得分
课前预学	课前预习本任务相关知识，查找相关资料		5				
	完成任务引导题目		5				
课堂参与	认真听讲和练习		10				
	积极参与小组讨论，并有详细笔记		10				
课堂互动	积极回答教师问题		5				
	和小组成员有效合作，尊重他人		5				
	小组活动中能围绕主题发表自己的观点		10				
自主探究	独立思考、自主学习，会发现问题		10				
	主动寻求解决问题的方法		10				
	善于观察、分析、思考，能提出创新观点		5				
综合素养	具有一定的安全意识、责任意识、规范意识		5				
	具有吃苦耐劳的精神和严谨认真的学习态度		5				
学习成果	在规定时间内完成本人的分工任务		10				
	完成拓展任务		5				

任务二　离心通风机选择

任务引导

引导问题 1：离心通风机有哪些性能参数？

_____

_____

_____

引导问题 2：为什么风机性能要求是标准进气状态下的性能？

_____

_____

_____

引导问题3：离心通风机的传动方式有哪几种？

_____

_____

_____

_____

引导问题4：风机的选择有哪几种方法？

_____

_____

_____

_____

引导问题5：通风机的全压减去通风机的动压称为通风机的_____。

相关知识

知识点一、离心通风机的性能参数

离心通风机的性能是指风机在标准进气状态下的性能，其性能参数主要包括流量、全压、动压、静压、转速、功率、效率以及配用电动机功率等。

1. 通风机的流量（或称风量）Q

通风机的流量是指单位时间内从进口处吸入气体的容积，称为容积流量，单位为 m^3/h 或 m^3/min，计算时用 m^3/s。

2. 通风机的全压（或称全风压、风全压）P

通风机的全压是指单位体积气体流过风机叶轮所获得的能量，即通风机出口截面上的总压与进口截面上的总压之差。气体在某一点或某一截面上的总压等于该点或截面上的静压与动压之和。

$$P = P_2 - P_1 = (P_{j2} + P_{d2}) - (P_{j1} + P_{d1}) \tag{3-1}$$

式中　P——通风机的全压；

　　　　P_2——通风机进口截面上的总压；

　　　　P_1——通风机出口截面上的总压；

　　　　P_{j2}——通风机出口截面上的静压；

　　　　P_{d2}——通风机出口截面上的动压；

　　　　P_{j1}——通风机进口截面上的静压；

　　　　P_{d1}——通风机进口截面上的动压。

3. 通风机的动压 P_d

通风机的动压是指通风机出口截面上气体动能所表征的压力。

$$P_d = P_{d2} = \rho_2 \frac{C_2^2}{2} \tag{3-2}$$

式中　P_d——通风机动压（Pa）；

P_{d2}——通风机出口截面上的动压（Pa）；

ρ_2——通风机出口截面上的气体密度（kg/m³）；

C_2——气流速度（m/s）。

4. 通风机的静压 P_j

通风机的静压是指通风机的全压减去通风机的动压。

$$P_j = P - P_d = [(P_{j2} + P_{d2}) - (P_{j1} + P_{d1})] - P_{d2} = (P_{j2} - P_{j1}) - \rho_1 \frac{C_1^2}{2} \tag{3-3}$$

式中　ρ_1——通风机进口截面上的气体密度（kg/m³）；

C_1——气体速度（m/s）。

5. 通风机的转速 n

通风机转速（r/min）是指每分钟叶轮的旋转圈数。

6. 通风机的功率

（1）通风机的有效功率。

通风机的有效功率是指通风机在输送气体时单位时间内从风机所获得的有效能量，包括全压有效功率 P_e 和静压有效功率 P_{ei}。

当通风机的压力用全压表示时，通风机的全压有效功率 P_e（kW）为

$$P_e = \frac{P q_e}{1000} \tag{3-4}$$

式中　P——全压（Pa）；

q_e——流量（m³/s）。

当风机的压力用静压表示时，通风机的静压有效功率 P_{ei}（kW）为

$$P_{ej} = \frac{p_j q_e}{1000} \tag{3-5}$$

式中　P_j——通风机静压（Pa）。

一般风机中静压占全压的 80%～90%；高压风机中静压在全压中所占比例更大。在风机的工作过程中，主要利用它产生的静压 P_j，因而静压的有效功率也能反映通风机的性能。

（2）通风机的内功率 P_{in}。

通风机的内功率等于全压有效功率 P_e 加上通风机的内部流动损失功率 ΔP_{in}（kW）。

$$P_{in} = P_e + \Delta P_{in} \tag{3-6}$$

通风机的轴功率 P_a 等于通风机的内功率 P_{in} 加上轴承和传动装置的机械损失功率 ΔP_m（kW）。

$$P_a = P_{in} + \Delta P_m = P_e + \Delta P_{in} + \Delta P_m \tag{3-7}$$

通风机的轴功率又称为通风机的输入功率或所需功率。当通风机采用直联传动（不通过传动带或联轴器传动）时，通风机的轴功率就是原动机的输出功率。

7. 通风机的效率

（1）通风机的全压内效率 η_{in}、静压内效率 η_{jin}。

通风机的全压内效率 η_{in}、静压内效率 η_{jin} 分别指全压有效功率、静压有效功率与内部功率的比值，表征通风机内部流动过程的好坏。

$$\eta_{in} = \frac{P_e}{P_{in}} = \frac{P_e}{P_e + \Delta P_{in}} \tag{3-8}$$

$$\eta_{jin} = \frac{P_{ei}}{P_{in}} \tag{3-9}$$

（2）通风机的全压效率指全压有效功率与轴功率的比值。

$$\eta = \frac{P_e}{P_a} = \frac{P_e}{P_e + \Delta P_{in} + \Delta P_m} \tag{3-10}$$

通风机的机械效率指内功率与轴功率的比值。

$$\eta_m = \frac{P_{in}}{P_a} \tag{3-11}$$

全压效率又可表示为

$$\eta = \frac{P_e}{P_a} = \frac{P_e}{P_{in}} \cdot \frac{P_{in}}{P_a} = \eta_{in}\eta_m \tag{3-12}$$

全压效率等于内部效率与机械效率的乘积。

8. 通风机配用电动机功率 P

为安全起见，通风机配用电动机都应有容量储备，在计算式中用一个大于 1 的系数 k 表示，k 称为电动机容量储备系数（功率储备系数）。

知识点二、离心通风机的型号和全称

1. 离心通风机的型号

离心通风机系列产品的型号组成顺序如图表 3-2，单台产品型号用形式和品种表示。

表 3-2　型号组成顺序

型　号	
形　式	品　种
□ □—□—□ 　　　└── 设计序号 　　└──── 比转数 　└────── 压力系数乘5后化整数 └──────── 用途代号	No □ 　　└── 机号

离心式通风机型号的命名规则为：

（1）用途代号按表 3-3 规定。

（2）用途代号后的数字是通风机压力系数乘 5 后取整数得来的。压力系数是《工业通风机、透平鼓风机和压缩机名词术语》（JB/T 2977—2005）规定的参数。

（3）比转速采用两位整数，若采用单叶轮双吸入结构或二叶轮并联结构，则用 2 乘比转数表示。

（4）若通风机形式中有派生型号时，则在比转速后加注罗马数字Ⅰ、Ⅱ等表示。

（5）设计序号用数字 1、2 等表示，表明该型号产品有重大修改。

（6）机号用叶轮直径的分米（dm）数表示。

表 3-3　通风机用途汉语拼音代号

用途类别	代号		用途类别	代号	
	汉字	拼音简写		汉字	拼音简写
1. 一般通用通风换气	通风	T（省略）	18. 谷物粉末输送	粉末	FM
2. 防爆气体通风换气	防爆	B	19. 热风吹吸	热风	R
3. 防腐气体通风换气	防腐	F	20. 隧通风换气	隧道	SD
4. 排尘通风	排尘	C	21. 烧结炉通风	烧结	SJ
5. 高温气体输送	高温	W	22. 高炉鼓风	高炉	GL
6. 煤粉吹风	煤粉	M	23. 转炉鼓风	转炉	ZL
7. 锅炉通风	锅通	G	24. 空气动力用	动力	DL
8. 锅炉引风	锅引	Y	25. 柴油机增压用	增压	ZY
9. 矿井主体通风	矿井	K	26. 煤气输送	煤气	MQ
10. 矿井局部通风	矿局	KJ	27. 化工气体输送	化气	HQ
11. 纺织工业通风换气	纺织	FZ	28. 石油炼厂气体输送	油气	YQ
12. 船舶用通风换气	船通	CT	29. 天然气输送	天气	TQ
13. 船舶锅炉通风	船锅	CG	30. 降温凉风用	凉风	LF
14. 船舶锅炉引风	船引	CY	31. 冷冻用	冷冻	LD
15. 工业用炉通风	工业	CY	32. 空气调节用	空调	KT
16. 工业冷却水通风	冷却	L	33. 电影机械冷却烘干	影机	YJ
17. 微型电动吹风	电动	DD	34. 特殊场所通风换气	特殊	TE

2. 离心通风机的全称

离心通风机可以用压力系数、比转数和机号来表示，如 4-73 No8，这是一种简略的型号，但在订货时必须写出全称。

离心通风机的全称除名称、型号、机号外，还包括传动方式、旋转方向和风口位置，共由 6 个部分组成。

（1）离心通风机的传动方式有 6 种，其代号及简图如图 3-13 所示。其中直联传动是将风机叶轮直接装在电机轴上。

（a）直联传动　　　　　（b）悬臂支承带传动　　　　　（c）悬臂支承带传动

（d）悬臂支承联轴器传动　　　（e）双支承带传动　　　　（f）双支承联轴器传动

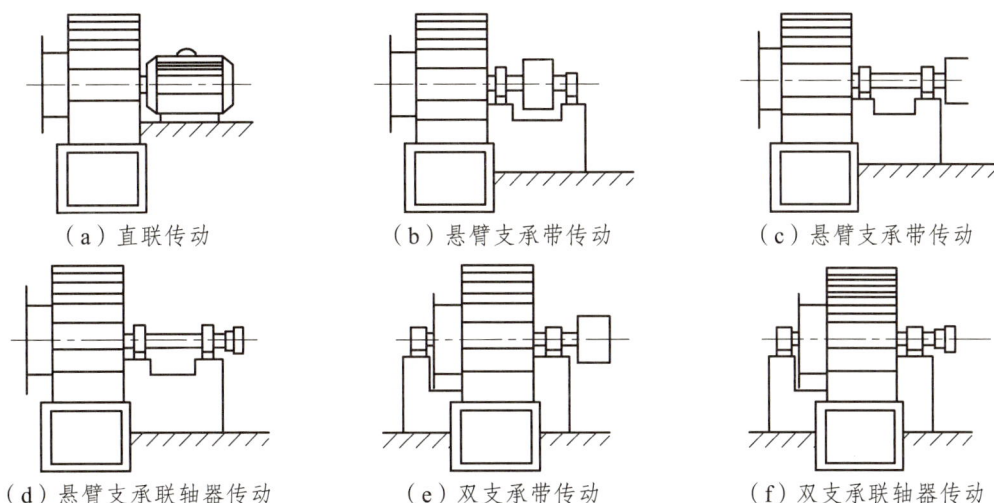

图 3-13　离心通风机的传动方式简图

（2）旋转方向规定为从电动机的位置看风机叶轮的旋转方向。顺时针旋转的称为右旋，用"右"表示；逆时针旋转的称为左旋，用"左"表示。

（3）风口位置是指出风口的位置，结合旋转方向用右或左若干角度表示，如图 3-14 所示。

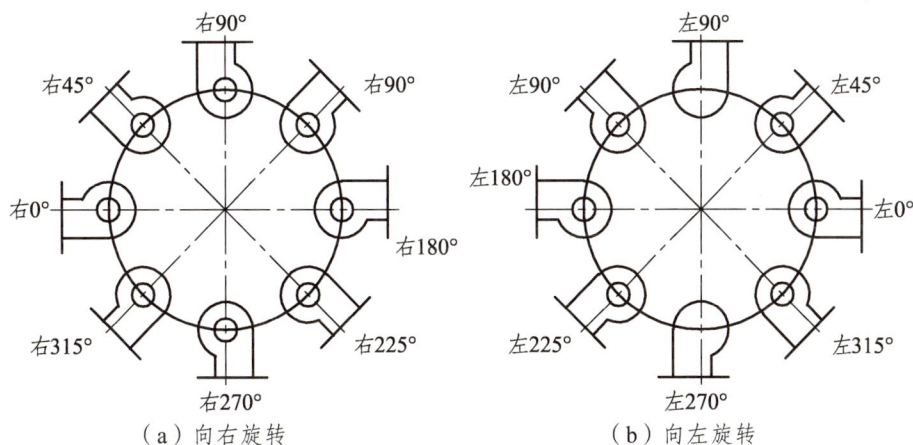

（a）向右旋转　　　　　　　　　（b）向左旋转

图 3-14　通风机机壳出口位置表示法

一台风机的全称为 4-72No10C 右 90°，它表示的内容是：该风机是一般通风的离心通风机；压力系数为 0.8；比转速为 72；机号为 10 号，风机叶轮直径为 1 m；传动方式为 C 型，说明风机为悬臂支承，带轮在轴承外侧；叶轮旋转方向指从电动机一端看去为顺时针方向，即右旋；出风口位置在 90°处。

知识点三、离心通风机的选型

1. 风机的计算流量和计算全压

通风机的流量和全压通常由专业人员进行实测或理论计算求得。由于测试和计算的误差以及运行时工况的变化等，选型的计算流量、计算全压应该比所需最大流量、全压大，以留有一定的储备。

$$Q_v = (1.05 \sim 1.10)Q_{max} \tag{3-13}$$

$$P = (1.10 \sim 1.1515)P_{max} \tag{3-14}$$

式中　Q_v——计算流量；

　　　P——计算全压；

　　　Q_{max}——最大所需流量（m^3/s）；

　　　P_{max}——最大所需全压（Pa）。

通风机产品样本上的参数是指标准状态即干净空气在温度 t 为 20 ℃、大气压 Pa 为 10 1325 N/m^2、相对湿度为50%、空气密度 ρ 为 1.2 kg/m^3 时的值。

若输送的气体温度、密度及使用地点的大气压与标准状态不同，必须把实际的流量、压力和功率等参数换算成标准状态时的值，才能进行选型。

通风机的换算公式可表示为

$$\left.\begin{array}{l} Q_1 = Q_2 \\ P_1 = P_2 \dfrac{101\,325}{D_b} \cdot \dfrac{t+273}{293} \\ P_{1a} = P_{2a} \dfrac{101\,325}{P_b} \cdot \dfrac{t+273}{293} \end{array}\right\} \tag{3-15}$$

式中　Q_1——样本中标准状态下的流量（m^3/s）；

　　　P_1——样本中标准状态下的风压（Pa）；

　　　P_{1a}——样本中标准状态下的轴功率（kW）；

　　　Q_2——风机在使用条件下（通风、引风）的风量（m^3/s）；

　　　P_2——风机在使用条件下（通风、引风）的风压（Pa）；

　　　P_{2a}——风机在使用条件下（通风、引风）的轴功率（kW）；

　　　P_b——当地大气压（Pa）；

　　　t——使用条件下风机进口处气温（℃）。

2. 利用风机性能表选择风机

利用风机性能表选择风机的步骤主要包括：

（1）按照式（3-13）～式（3-15）确定计算流量和计算全压。

（2）根据用途，查询风机性能表选出合适型号的风机及其参数，如叶轮直径、转速、功率等。

3. 利用风机选择曲线选择风机

锅炉离心通风机 G4-73 系列性能选择曲线如图 3-15 所示，该曲线把相似的但具有不同叶轮直径 D_2 风机的流量、全压、转速和功率都绘制于一张图纸上，图中的曲线为工作范围内的风机特性曲线，一般规定为90%最高效率的一段。图中还有 3 组等值线，即等 D_2（外径）线、等 n（转速）线和等 P（功率）线。由于采用对数坐标，所以 3 组等值线均为直线。

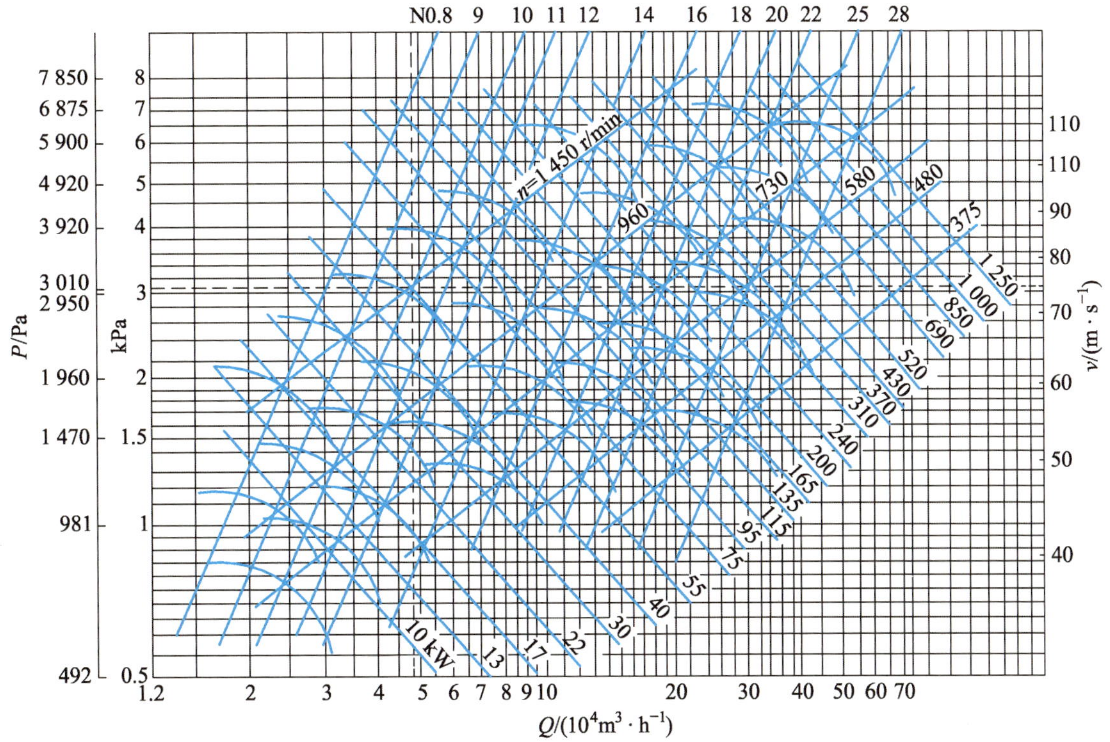

图 3-15　锅炉离心通风机 G4-73 系列性能选择曲线

　　等 D_2 和等 n 线通过每条性能曲线的中间位置是风机的效率最高点。等 D_2 线所通过的几条性能曲线表示同一机号但不同转速时的性能曲线。

　　图 3-15 中任意一条性能曲线上的点，其转速和叶轮外径都相等，其值等于效率最高点的等 D_2 线和等 n 线对应的叶轮直径和转速。

　　等 P 线上的各点功率都相等。性能曲线上每一点的功率都不相等，可在两条等 P 线之间近似地估算出该点位置的功率，并经过密度换算得出工作状况下的功率。

　　利用如图 3-15 所示的性能选择曲线来选择风机的步骤主要包括：

　　（1）确定计算流量和计算全压。

　　（2）根据已定的流量和压力参数的坐标点，即可选择风机的机号、转速和功率。

　　如果坐标点没有落在性能曲线上，如图 3-16 中的 1 点，此时可采取保持流量不变的方法，通过点 1 做一条垂直于 x 轴的直线可以得到与性能曲线相交的点 2 或点 3。选择两台通风机，校核风机的工作点是否处于高效率工作区。一般应选取点 3 所在特性曲线决定的风机，转速为 n_1，叶轮直径为 D_2。

　　因为风机的流量向小的方向调节时，其工作点将由点 3 沿特性曲线向左移动，仍能落在点 3 所在特性曲线线段范围内。而工作点为点 2 时，当流量稍有减小，工作点便会落到点 2 所在特性曲线的高效率工作区的线段之外，说明效率低，不在高效率工作范围内。

　　根据图 3-15 选择风机，要求计算流量为 90 000 m³/h，计算全压为 3 900 Pa。在图 3-15 中可以查到风机转速为 1 450 r/min，叶轮直径为 1.2 m，即机号为 No12，功率为 130 kW。其他出风口方向和传动方式根据需要确定。

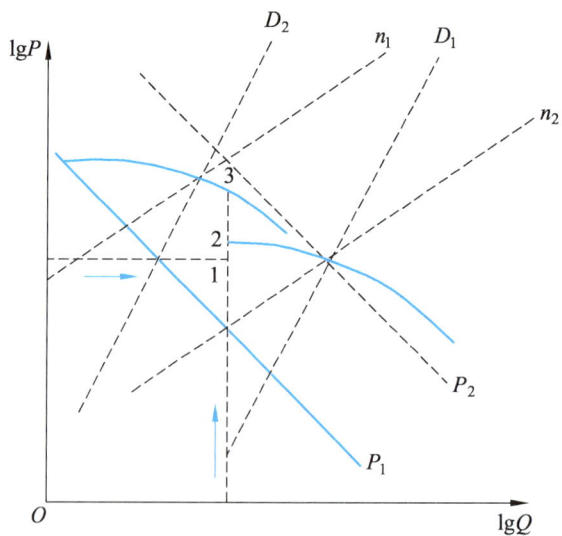

图 3-16　风机选择曲线的使用方法

任务实战

1. 请识别风机型号为 B4-72 No10 的字母和数字含义。

_____

_____

_____

_____

_____

2. 已知一台 G4-73 的风机，计算流量为 48 000 m^3/h，计算全压为 3 000 Pa，试确定机号和转速。

_____

_____

_____

_____

_____

任务评价

完成本任务学习后，根据自身学习体会，结合任务评价表的内容进行评价。

姓　名			组　别			班　级			
日　期			综合评价等级						
评价指标	评 价 标 准				分值	评价方式			
						自我评价（30%）	小组评价（30%）	教师评价（40%）	单项得分
课前预学	课前预习本任务相关知识，查找相关资料				5				
	完成任务引导题目				5				
课堂参与	认真听讲和练习				10				
	积极参与小组讨论，并有详细笔记				10				
课堂互动	积极回答教师问题				5				
	和小组成员有效合作，尊重他人				5				
	小组活动中能围绕主题发表自己的观点				10				
自主探究	独立思考、自主学习，会发现问题				10				
	主动寻求解决问题的方法				10				
	善于观察、分析、思考，能提出创新观点				5				
综合素养	具有一定的安全意识、责任意识、规范意识				5				
	具有吃苦耐劳的精神和严谨认真的学习态度				5				
学习成果	在规定时间内完成本人的分工任务				10				
	完成拓展任务				5				

任务三　离心通风机调节

任务引导

引导问题 1：风机的特性曲线有什么用途？

_____

_____

_____

引导问题 2：如何确定风机的工作点？

_____

_____

_____

_____

引导问题 3：风机的喘振有什么危害？

_____

_____

_____

_____

引导问题 4：出口节流调节是在风机出口安装调节阀门来调节风机_____。

相关知识

知识点一、通风机特性曲线

表示通风机的主要性能参数（如风量 Q、风压 P、功率 P_a 及效率 η）之间关系的曲线称为风机特性曲线或风机性能曲线。为了使用方便，将 P-Q 曲线、P_a-Q 曲线、η-Q 曲线画在同一幅图上。4-72 No5 型号的离心式通风机在转速为 2 900 r/min 时的特性曲线如图 3-17 所示。

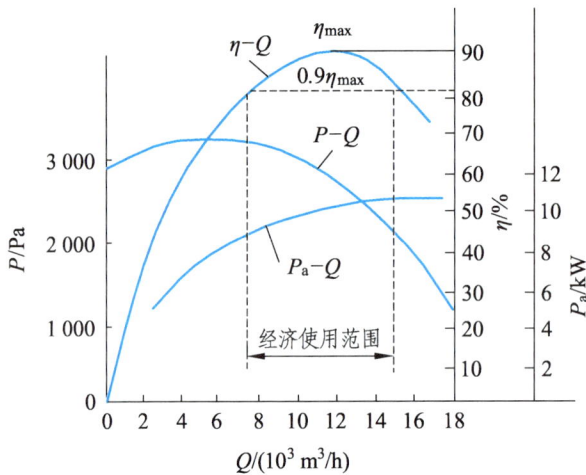

图 3-17　4-72No5 离心式通风机特性曲线

在不同阻力的通风除尘系统中，即使通风机的转速相同，它所输送的风量也可能不相同。系统的阻力小时，要求通风机的风压低，输送的风量就大；系统阻力大时，要求通风机的风压高，输送的风量就小。

因此，利用某一工况下的风量和风压来评定通风机的性能是不够的。例如，风压为 1 000 Pa 时，4-72No5 机可输送风量为 18 000 m³/h；当风压增加到 3 000 Pa 时，输送的风量只有 1 000 m³/h。

为了全面评定通风机的性能，就必须了解各种工况下通风机的风压和风量以及功率、效率与风量的关系。

通风机制造厂商对生产的通风机，根据试验预先做出其特性曲线，供用户选择通风机时参考。有些通风机的产品样本，不但列出通风机特性曲线图，还提供通风机性能表。表 3-4 列出了 4-72 离心式通风机的部分性能数据。

从图 3-17 所示特性曲线图可知，在一定转速下，通风机的效率随着风量的改变而变化，但其中有一个最高效率点，对应最高效率的风量、风压和轴功率称为通风机的最佳工况，在选择通风机时，应使其实际运转效率不低于 $0.9\eta_{max}$，此范围称为通风机的经济使用范围。

表 3-4 列出的 8 个 4-72 型离心式通风机性能点（工况点），均在风机的经济使用范围内。

表 3-4　4-72 型离心式通风机性能表

转速/（r/min）	性能点	风压/Pa	风量/（m³/h）	效率/%	轴功率/kW	电动机功率/kW
2 900	1	2 000	4 022	85.2	2.62	5.5
	2	1 960	4 510	87.7	2.80	
	3	1 901	4 990	87.9	3.00	
	4	1 813	5 480	87.6	3.15	
	5	1 705	5 970	85.7	3.30	
	6	1 597	6 450	84.2	3.40	
	7	1 480	6 940	81.0	3.45	
	8	1 313	7 420	78.5	3.45	

知识点二、管路特性曲线和风机工作点

管路特性曲线是管路中所通过的风量与所需消耗的压力之间的特性曲线。管路系统压力损失与流量之间的关系可表示为

$$P = RQ_v^2 \qquad\qquad （3-16）$$

式中　P——管路系统所需全压（Pa）；

　　　R——管路系统的阻力系数；

　　　Q_v——管路中的流量（m³/s）。

按式（3-16）所作的 Q_v-P 曲线是一条抛物线形状的管路特性曲线，如图 3-18 所示。

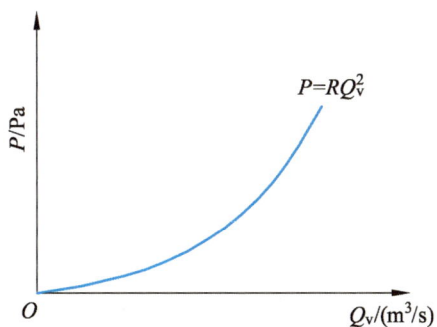

图 3-18　管路特性曲线

与离心泵一样，管路特性曲线与通风机性能曲线的交点就是通风机的工作点，此工作点是风机和管道的供与需的平衡点。

知识点三、通风机的稳定工作区与非稳定工作区

通风机并不是在通风机特性曲线的任何一点上都能稳定地工作。通风机的 Q_v-P 特性曲线为一条如图 3-19 所示的驼峰曲线。若管路因某种原因受到的干扰阻力突然增大，管路特性曲线从 OR_1 变为 OR_1'，管路中通过的流量减少，所需的全压则应增加，使工作点移到了 B' 点，此时通风机立即进入 B' 点运行。

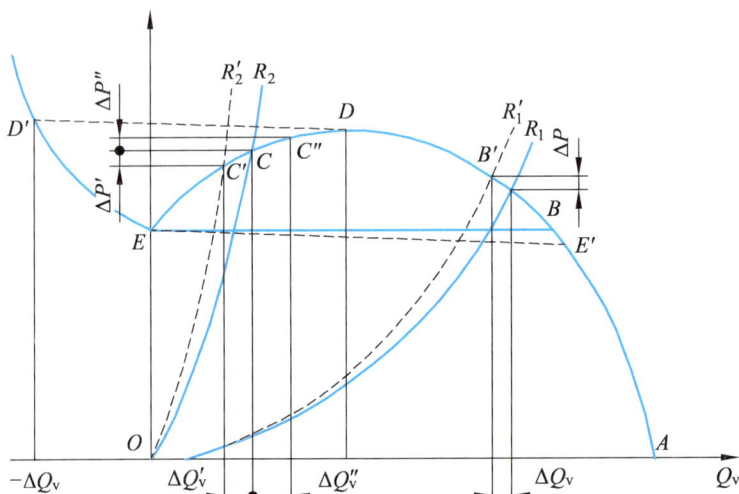

图 3-19　通风机的 q_v-P 特性曲线

由图 3-19 可知，当输出流量减少 ΔQ_v 时风压随着升高 ΔP，与管路特性曲线的变化是一致的。当干扰消失后，管路特性恢复原状，通风机又立即恢复到 B 点工作。在驼峰右侧的这一区间工作时，通风机的工作状态能自动地与管路的工作状态保持平衡、稳定地工作，所以这一区间称为通风机稳定工作区。

如果通风机原来的工作点在 Q_v-P 曲线驼峰左侧的 C 点，若管路受到干扰阻力增大，流量减少，此时管路特性曲线从原来的 OR_2 移到 OR_2'，通风机特性曲线的交点也从 C 点移到 C' 点。由图 3-19 可知流量相应地减小了 $\Delta Q_v'$，全压也减小了 $\Delta P'$。全压的减小，管路受到干扰阻力增大、与全压必须加大的需求相矛盾。

当工作点在左侧远离峰值点 D 且通风机特性曲线上升段斜率较大时，通风机的工作是沿着图 3-19 曲线 $E'DD'EE'DD'$ 循环进行的。周而复始出现的某个时间段内风机输出风量，下一个时间段内又向内部倒流的称为"喘振"的极不稳定工作状态。

风机特性曲线驼峰左侧的工作点并非都必然喘振，通风机工作在靠近驼峰且特性曲线又较平坦的工作点时，虽不稳定，还不至于喘振。

喘振时，通风机运行声音发生突变，风压、风量急剧波动，通风机与管道强烈地振动甚至造成通风机严重的破坏，所以应尽量避免在通风机 Q_v-P 特性曲线驼峰左侧的非稳定区工作，并绝对禁止喘振的发生。

知识点四、通风机的并联、串联工作要点

在确定通风机和管路系统时，应尽量避免采用通风机并联或串联工作的方式。不可避免时，应选择同型号、同性能的通风机串联或并联在一起完成通风任务。

当采用串联方式时，第一级通风机与第二级通风机之间应有一定的管长。为将气体输送到工作装置中，通风机应有足够的克服管道阻力所需的静压。

为使工作装置达到要求的压力、流量，一般都要对通风机进行调节。调节的方法有多种，但都是基于改变工作点的方式进行调节的。

1. 出口节流调节

出口节流调节是在通风机出口安装调节阀门来调节通风机流量。通风机出口节流调节系统示意如图 3-20 所示。出口节流调节的特点是经济性最差，但调节方法简单，适合于小型风机调节。

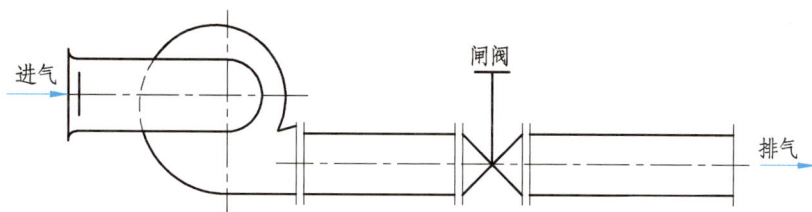

图 3-20　通风机出口节流调节系统示意

出口节流调节特性曲线如图 3-21 所示，图中曲线 1 为离心通风机的 Q_v-P 特性曲线，曲线 2 和 3 为管路特性曲线，正常运行时的工作点为 S_0。若工作装置阻力减小，使管路特性曲线变到曲线 3 的位置，工作点则为 S_1，工况参数为 q_{v1}、P_1。

如果工艺要求气体流量和压力保持不变，则可以关小闸阀使管路特性曲线恢复到曲线 2 的位置，工作点保持在 S_0 点上。出口节流调节方法的实质就是改变管路的特性曲线，通过关小闸阀增大管路的损失来抵消工作装置阻力的减小，使工作点稳定在 S_0 点上的。

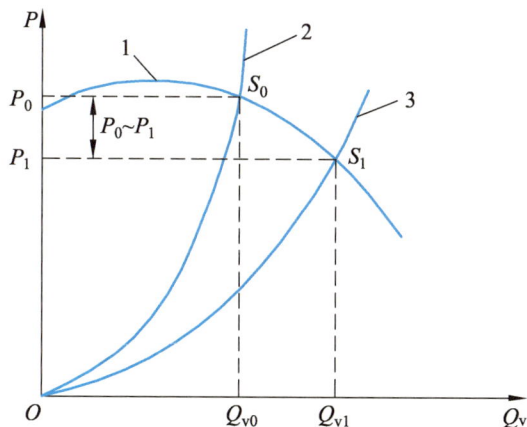

1—通风机特性曲线；2、3—管路特性曲线。

图 3-21　通风机出口节流调节特性曲线

2. 进口节流调节

进口节流调节是通过调节通风机进口节流门（或蝶阀）的开度，改变通风机的进口压力，使通风机特性曲线发生变化，以适应工作装置对流量或压力的特定要求。通风机进口节流调节系统示意如图 3-22 所示。进口节流调节的经济性比出口节流调节好。

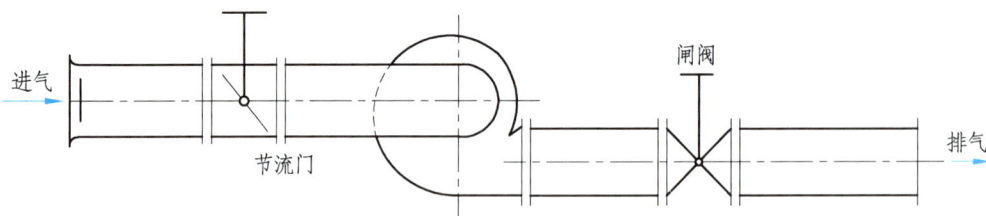

图 3-22　通风机进口节流调节系统示意

通风机进口节流调节的特性曲线如图 3-23 所示，正常运行时工作在 S_0 点。当管路或装置阻力增加时，管路特性曲线 4 移到曲线 5 的位置，工况点为 S_1。若工艺要求流量改变时压力必须稳定不变，必须对通风机进行进口节流调节，关小通风机进口节流门的开度，改变通风机进口状态参数（即进口压力）。这时通风机的特性曲线从曲线 1 变到曲线 2 的位置，工作点为 S_2，工况参数 Q_{v2}、P_0。虽然流量从 Q_{v0} 减少到 Q_{v2}，但压力 P_0 保持不变，满足工艺要求，实现等压力的调节。

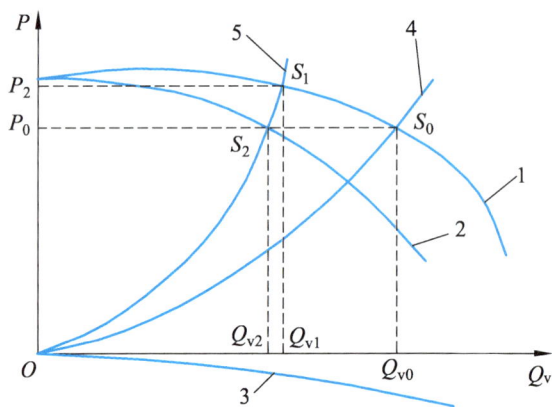

1、2—通风机特性曲线；3—通风机进口特性曲线；4、5—管路特性曲线。

图 3-23　通风机进口节流调节特性曲线

3. 通风机转速调节

通过调节通风机的转速可以调节风量和风压。

通风机转速调节特性曲线如图 3-24 所示。通风机以转速 n_1 工作时，工作点为 S_1。若工艺要求减少流量，可将通风机的转速由 n_1 减小到 n_2，这时管路特性曲线 $P = RQ_{v2}$ 仍保持不变。从图 3-24 可知，转速 n_2 时的工作点为 S_2，工况参数符合工艺减少流量的要求。

通风机进口节流调节
系统示意图

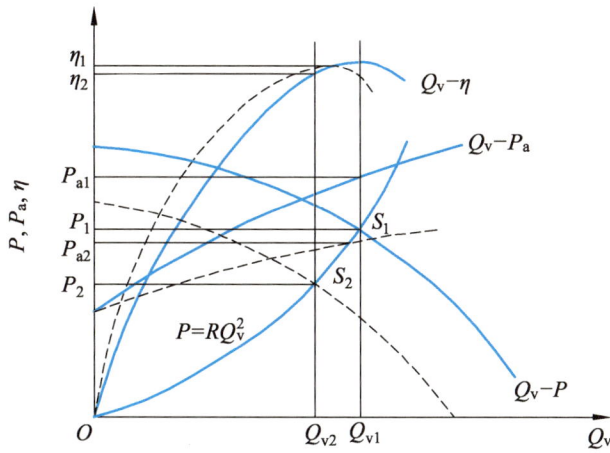

图 3-24　改变通风机转速的特性曲线

4. 通风机进口导流叶片角度调节

导流器调节特性曲线如图 3-25 所示。导流器叶片角度为 0°时，叶片全部开启，管路特性曲线 $P = RQ_{v2}$ 与通风机压力曲线 $Q_v\text{-}P$ 的交点即工作点为 1 点，这时的压力曲线 $Q_v\text{-}P$、功率曲线 $Q_v\text{-}P$、效率曲线 $Q_v\text{-}\eta$ 都用粗实线表示。

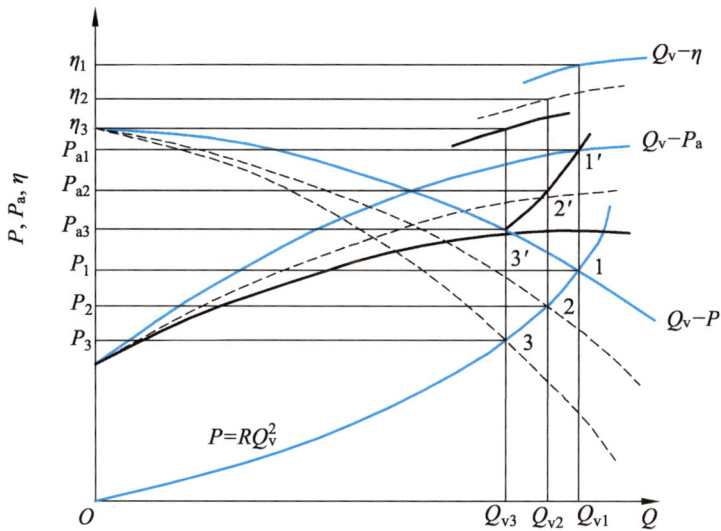

图 3-25　导流器调节特性曲线

当导流器叶片角度分别为 0°、30°、60°时，各特性曲线均下降，它们分别用虚线和点画线表示，工作点分别为 2 点和 3 点，流量则由 Q_{v1} 减少至 Q_{v2}、Q_{v3}。

由图 3-25 可知，进口导流器叶片角度由 0°变到 30°、60°，通风机的功率沿着曲线 1′-2′-3′ 下降。与调节进口节流门增大阻力、减少流量的方法相比，这种调节方法所消耗的功率明显也要少，因此这是一种比较经济的调节法。

由于导流器结构简单、使用可靠，所以在通风机调节中得到比较广泛的应用。

从效率的角度看，导流器调节会使通风机的效率降低，与改变转速的调节方法相比，经济性要差一些。

任务实战

一台离心风机，如果希望调节时最节能，应该优选哪种调节方法？

_____

_____

_____

_____

任务评价

完成本任务学习后，根据自身学习体会，结合任务评价表的内容进行评价。

任务评价表

姓　名		组　别			班　级	
日　期			综合评价等级			

评价 指标	评 价 标 准	分值	评价方式			
			自我评价 （30%）	小组评价 （30%）	教师评价 （40%）	单项 得分
课前 预学	课前预习本任务相关知识，查找相关资料	5				
	完成任务引导题目	5				
课堂 参与	认真听讲和练习	10				
	积极参与小组讨论，并有详细笔记	10				
课堂互 动	积极回答教师问题	5				
	和小组成员有效合作，尊重他人	5				
	小组活动中能围绕主题发表自己的观点	10				
自主 探究	独立思考、自主学习，会发现问题	10				
	主动寻求解决问题的方法	10				
	善于观察、分析、思考，能提出创新观点	5				
综合 素养	具有一定的安全意识、责任意识、规范意识	5				
	具有吃苦耐劳的精神和严谨认真的学习态度	5				
学习 成果	在规定时间内完成本人的分工任务	10				
	完成拓展任务	5				

任务引导

引导问题1：风机轴承为什么有时会发热？

_____

_____

_____

_____

_____

_____

引导问题2：风机出口压力降低的原因是什么？

_____

_____

_____

_____

_____

_____

_____

相关知识

知识点一、离心式通风机转子不平衡引起的振动

离心式通风机转子不平衡引起振动的原因及检修方法主要包括：

（1）离心式通风机叶片被腐蚀或磨损严重，需要修理或更换。

（2）通风机叶片总装后不运转，由于叶轮和主轴自身重量使轴弯曲，需要重新检修。总装后如果长期不使用，应定期盘车以防止轴弯曲。

（3）叶轮表面出现不均匀的附着物如铁锈、积灰或沥青等，需要清除附着物。

（4）运输、安装或其他原因造成叶轮变形，引起叶轮失去平衡，需要修复叶轮，重新做动、静平衡试验。

（5）叶轮上的平衡块脱落或检修后未找平衡，需要找平衡。

知识点二、离心式通风机振动

离心式通风机振动的原因及检修方法主要包括：

（1）水泥基础太轻或灌浆不良、平面尺寸过小，引起通风机基础与地基脱节，地脚螺栓松动，机座连接不牢固使其基础刚度不够。需要加固基础或重新灌浆，紧固螺母。

（2）通风机底座或蜗壳刚度过低，需要加强其刚度。

（3）与通风机连接的进出口管道未加支撑和软连接，需要加支撑和软连接。

（4）邻近设施与通风机的基础过近，或其刚度过小，需要增加刚度。

（5）主轴弯曲变形，应更换主轴。

（6）出口阀开度太小，应对阀门进行适当调整。

（7）对中找正不好，重新找正。

（8）转子不平衡，应对转子作动平衡或更换。

知识点三、离心式通风机轴承过热

离心式通风机轴承过热的原因及检修方法主要包括：

（1）离心式通风机主轴或主轴上的部件与轴承箱摩擦，需要检查该摩擦的部位，然后加以处理。

（2）电机轴与风机轴不同心，使轴承箱内的内滚动轴承别劲，需要调整两轴同心度。

（3）轴承箱体内润滑脂过多或过少。需要添加油脂或减少油脂直到箱内润滑脂为箱体空间的 1/3 ~ 1/2。

（4）轴承与轴承箱孔之间有间隙而松动，轴承箱的螺栓过紧或过松，需要调整螺栓。

知识点四、离心式通风机轴承磨损

离心式通风机轴承磨损的原因及检修方法主要包括：

（1）离心式通风机滚动轴承滚珠表面出现麻点、斑点、锈痕以及起皮现象，需要修理或更换。

（2）筒式轴承内圆与滚动轴承外圆间隙超过 0.1 mm，应更换轴承或将箱内圆加大后镶入内套。

知识点五、离心式通风机润滑系统故障

离心式通风机润滑系统故障的原因及检修主要包括：

（1）油泵轴承孔与齿轮轴间的间隙过小，外壳内孔与齿轮间的径向间隙过小。应检修，使间隙达到要求的范围。

（2）齿轮端面与轴承端面和侧盖端面的间隙过小，应调整间隙。

（3）润滑油质量不良，黏度大小不合适或水分过多，应更换离心式通风机润滑油。

知识点六、离心式通风机风量降低

离心式通风机风量降低的原因及检修方法主要包括：
（1）转速降低，应检查电源电压。
（2）管路堵塞，应疏通清理管路。
（3）密封泄漏，修理或更换密封。

知识点七、离心式通风机出口风压降低、流量变大

离心式通风机出口风压降低、流量变大的原因及检修方法主要包括：
（1）入口管路堵塞或系统阻力过大，应检查、清理管路或修正系统的设计使之更合理。
（2）介质密度有变化，应对进口的叶片进行调整。
（3）叶轮变形或损坏，应更换损坏的叶轮。
（4）管道破损泄漏，应更换管道。

知识点八、离心式通风机轴承温度高

离心式通风机轴承温度高的原因及检修方法主要包括：
（1）轴承损坏，应调整、更换轴承。
（2）润滑油或润滑油脂选型不对，应重新选型并更换合适的油品。
（3）润滑油位过高或缺油，应调整油位。
（4）冷却水量不够，应增加冷却水量。
（5）电机和通风机不同一中心线，应调整径向、轴向的水平。
（6）转子振动，应调整转子的平衡。

知识点九、离心式通风机出口压力升高、流量降低

出口压力升高、流量降低，检查出口管路是否堵塞。

任务实战

结合上述通风机特性曲线和工作点的相关内容，分析出口管路堵塞对通风机性能产生哪些影响？

_____

_____

_____

_____

完成本任务学习后，根据自身学习体会，结合任务评价表的内容进行评价。

任务评价表

姓　名		组　别			班　级			
日　期			综合评价等级					
评价指标	评价标准		分值	评价方式				
				自我评价（30%）	小组评价（30%）	教师评价（40%）	单项得分	
课前预学	课前预习本任务相关知识，查找相关资料		5					
	完成任务引导题目		5					
课堂参与	认真听讲和练习		10					
	积极参与小组讨论，并有详细笔记		10					
课堂互动	积极回答教师问题		5					
	和小组成员有效合作，尊重他人		5					
	小组活动中能围绕主题发表自己的观点		10					
自主探究	独立思考、自主学习，会发现问题		10					
	主动寻求解决问题的方法		10					
	善于观察、分析、思考，能提出创新观点		5					
综合素养	具有一定的安全意识、责任意识、规范意识		5					
	具有吃苦耐劳的精神和严谨认真的学习态度		5					
学习成果	在规定时间内完成本人的分工任务		10					
	完成拓展任务		5					

任务五　轴流风机检修

任务引导

引导问题 1：轴流风机的工作原理是什么？

_____

_____

_____

_____

_____

引导问题 2：轴流通风机和离心式通风机有何异同？

_____

_____

_____

引导问题 3：查询轴流通风机的故障有哪些？

_____

_____

_____

引导问题 4：为提高轴流通风机的静压，降低流速，可在叶轮出口处设置_____。

相关知识

知识点一、轴流通风机原理

《工业通风机、透平鼓风机和压缩机　名词术语》（JB/T 2977—2005）规定轴流通风机气流以叶轮轴同方向流过叶轮，所以这类风机被称为轴流风机。用于通风的轴流风机就是轴流通风机。轴流通风机通常用在流量要求较高而压力要求较低的场合，如工厂、仓库、办公室、大型建筑物、矿井的通风换气、高温作业场所的吹风降温或电站、制氧站以及各种冷却塔。

一般轴流通风机的结构如图 3-26 所示，在圆筒形的机壳中安装电动机和叶轮。当电机带动叶轮旋转时，空气由集流器进入，通过叶轮叶片的作用使空气压力增加，并作接近于沿轴向的流动，而后由排出口排出，扩散器起降低气流速度和提高压力的作用。轴流通风机的叶片通常采用飞机机翼形，有的为机翼形扭曲面叶片，叶片的安装角度做成固定的或可调的。

集流器对轴流通风机有着重要的影响，有优良集流器的通风机与无集流器的通风机相比较，全压和效率均提高了 10% 以上。集流器的型线多为圆弧或双曲线。有时为了方便制造，采用了由两个或多个截圆锥所组成的简化集流器。

流线罩的使用可以增加 10% 的轴流通风机流量，

1—流线罩；2—集流器；3—叶片；4—扩散器；
5—电动机。

图 3-26　轴流通风机的结构

流线罩通常为半球形或流线形。流线罩与集流器一起组成了光滑的渐缩形流道，其作用是减小对气流的阻力，使气体在其中得到加速并以均匀的速度进入风机。导流器可以控制气流的流动方向。

一般轴流通风机的动压占全压的比例为 30%～50%，而离心通风机只占5%～10%。

为了提高轴流通风机的静压，降低流速，可在叶轮出口处设置扩散器，

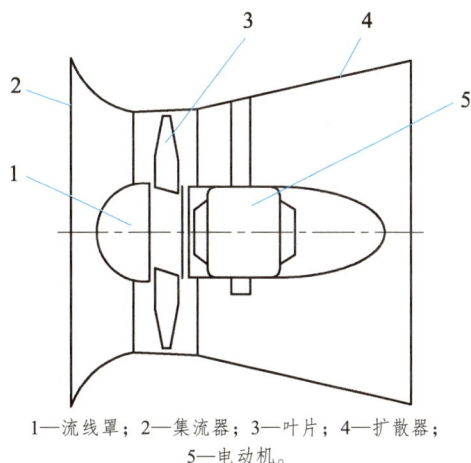

轴流式通风机的
一般结构

扩散器形式很多，如图 3-27 所示。对于抽出式风机，由于气流速度降低，还有明显的降低排气噪声的作用。图 3-27（a）、（b）所示的两种扩散器芯筒是渐缩式的，外壳分别为圆筒形和图锥形；图 3-27（c）所示扩散器的芯筒是渐扩式的，外壳是圆筒形；图 3-27（d）所示扩散器是在图 3-27（c）所示扩散器基础上又增加了一段圆柱形芯筒和方形的外壳。

轴流通风机可以是单级的或二级的，三级和四级的很少。常见级的形式有叶轮级（R 级）、叶轮加后导流器级（R + S 级）、前导流器加叶轮加后导流器级（P + R + S 级）。多级轴流通风机实质上是不同形式单级轴流通风机的组合。二级轴流通风机的组合有 R + S + R + S 级、P + R + S + R + S 级和 R + R 级等形式。

导流器的导叶与外壳固定在一起，对风机进行调节，改变风机的特性曲线和工作点，把前导流器的导叶做成角度可调式。

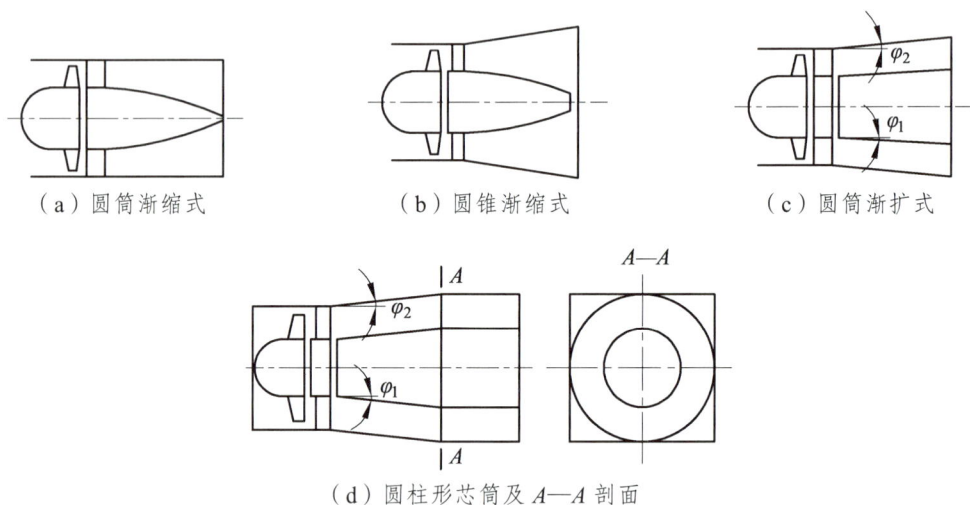

（a）圆筒渐缩式　　　　　（b）圆锥渐缩式　　　　　（c）圆筒渐扩式

（d）圆柱形芯筒及 A—A 剖面

图 3-27　常用的扩散器形式

《地铁轴流通风机　技术条件》（JB/T 10533—2005）规定的地铁轴流通风机一般用于地铁环控系统内的通风换气，分为两大系列：一大系列为可逆转式；另一大系列为单向运转式。可逆转式通过改变电机旋向可实现反向通风，反风量接近正风量的 100%；单向运转式为只能单向通风的地铁轴流通风机。从使用场所上分车站大系统的集中式全空气系统用、隧道中间风并用和车站设备管理用房或空调通风机房用；从使用功能上分送风、排风和排烟功能。地铁风机与其配套的消声器、风阀等附件构成地铁环控系统通风设备的主要组成设备。

知识点二、轴流通风机检修

轴流通风机检修内容主要包括：

（1）轴流通风机不转动。检查是否接通了电源、轴上是否有异物、是否需要添加润滑油。

（2）异常发热。检查润滑油是否变质或混入杂质、是否需要更换润滑油脂。

（3）噪声增大。检查轴承润滑油是否干了，是否需要增加润滑油。

（4）轴流通风机里面有异物时，清除异物。

（5）电机不工作，检查电机接线。

（6）漏油、漏装密封圈或者密封圈损坏，应更换新密封圈。

（7）振动过大。检查叶轮叶片等是否有沉积污物，用煤油及抹布清理叶轮叶片等处沉积的污物，清理干净，不要有异物而影响叶轮平衡。

（8）进出气口滤网堵塞，清洗过滤网。

（9）环境温度增高，增加环境通风散热。

（10）进气口温度过高，降低进气口温度。

任务实战

一台轴流通风机通电后不动，试分析其原因并给出处理方案。

任务评价

完成本任务学习后，根据自身学习体会，结合任务评价表的内容进行评价。

任务评价表

姓　名		组　别			班　级			
日　期			综合评价等级					
评价指标	评 价 标 准		分值	评价方式			
				自我评价（30%）	小组评价（30%）	教师评价（40%）	单项得分
课前预学	课前预习本任务相关知识，查找相关资料		5				
	完成任务引导题目		5				
课堂参与	认真听讲和练习		10				
	积极参与小组讨论，并有详细笔记		10				
课堂互动	积极回答教师问题		5				
	和小组成员有效合作，尊重他人		5				
	小组活动中能围绕主题发表自己的观点		10				
自主探究	独立思考、自主学习，会发现问题		10				
	主动寻求解决问题的方法		10				
	善于观察、分析、思考，能提出创新观点		5				
综合素养	具有一定的安全意识、责任意识、规范意识		5				
	具有吃苦耐劳的精神和严谨认真的学习态度		5				
学习成果	在规定时间内完成本人的分工任务		10				
	完成拓展任务		5				

引导问题 1：罗茨鼓风机的工作原理与离心风机相同吗？

引导问题 2：什么是迷宫密封？

引导问题 3：罗茨鼓风机一般有哪些故障？

知识点一、罗茨鼓风机工作原理

罗茨鼓风机适用于低压力场合的气体输送和加压，也可用作真空泵，广泛应用于冶金、化工、化肥、石化、仪器、建材行业。

罗茨鼓风机的原理图如图 3-28 所示，依靠密封工作室的容积变化来输送气体。由图可知，工作室由两个外形为渐开线的腰形叶轮、机壳和两块墙板组成，电动机使主动轴和主动叶轮旋转，并通过主动轴上的齿轮带动从动轴齿轮和从动叶轮做等速反向旋转。

罗茨鼓风的工作原理与齿轮泵相同，每个叶轮相当于只有两个齿的齿轮。气体从进气口吸入，由出气口排出。随着叶轮的旋转，进气口一侧的工作室容积由小变大，产生负压而吸气；出气口一侧的工作室容积由大变小，产生正压而排气。为了避免相互之间的摩擦，两叶轮之间以及叶轮与机壳、墙板之间都留有一定的间隙。为了减小泄漏，这些间隙应尽可能小，一般为 $0.3 \sim 0.5 \, \mathrm{mm}$。此外，传动轴从墙板穿过，两者之间也有一定间隙，为了防止这个间隙吸气或排气，在罗茨鼓风机上安装了不同类型的轴密封装置，如迷宫式和填料式轴密封装置。迷宫式轴

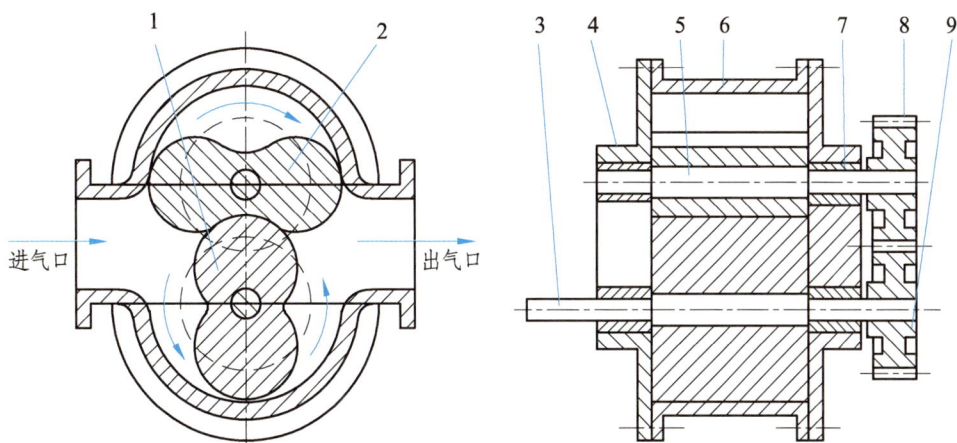

1—主动叶轮；2—从动叶轮；3—主动轴；4、7—墙板；5—从动轴；6—机壳；8—从动轴齿轮；9—主动轴齿轮。

图 3-28　罗茨鼓风机原理

密封装置如图 3-29 所示，流体流经该装置的曲折通道，经多次节流产生很大阻力，压力损失较大。由于"迷宫"末端与外界的压差很小，流体泄漏少，从而达到了密封的目的。密封座 2 安装在墙板上，密封座齿数越多，密封效果越好，各个齿的密封处应保持锐边，不应倒圆，目的是增大流体流动时的压力损失，以保持较好的密封效果。叶轮和机壳的内壁加工精度高，各部分间隙调整困难，检修工艺比较复杂，且运行中噪声大。

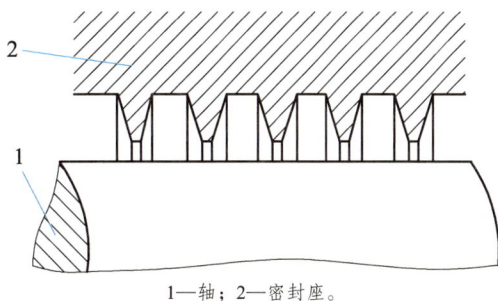

1—轴；2—密封座。

图 3-29　迷宫式轴密封装置

迷宫式密封是一种密封件与旋转轴互不接触的非接触式密封，不受转速和温度的限制。

罗茨鼓风机的结构简单，运行稳定，效率高，整机振动小，压力的选择范围很宽，而流量变化甚微，具有强制输气的特征，适用于流量稳定的场合，不仅用于鼓风输气，也可用作抽气机械。

罗茨鼓风机原理

知识点二、罗茨鼓风机的检修

1. 叶轮与叶轮摩擦

罗茨鼓风机叶轮间摩擦的原因及检修方法主要包括：

（1）叶轮上有污染杂质造成间隙过小，清除污物，并检查内部元件有无损坏。

（2）齿轮磨损造成侧隙大，调整齿轮间隙。若齿轮侧隙大于平均值的 30%～50%，应更换齿轮。

（3）齿轮固定不牢，不能与叶轮同步，重新装配齿轮，保持锥度配合接触面积达 75%。

（4）轴承磨损致使游隙增大，更换轴承。

2. 叶轮与墙板、叶轮顶部与机壳摩擦

罗茨鼓风机叶轮与墙板、叶轮顶部与机壳摩擦的原因及检修方法主要包括：

（1）安装间隙不正确，重新调整间隙。

（2）运转压力过高，超出规定值。查找超载原因，将压力降到规定值。

（3）机壳或机座变形，风机定位失效。检查安装准确度，减少管道拉力。

（4）轴承轴向定位不佳。检查修复轴承，并保证游隙。

3. 温度过高

罗茨鼓风机温度过高的原因及检修方法主要包括：

（1）油箱内油太多、太稠、太脏。降低油位或换油。

（2）过滤器或消声器堵塞，清除过滤器或消声器的堵塞物。

（3）压力高于规定值，降低通过鼓风机的压差。

（4）叶轮过度磨损，间隙大，修复间隙或更换叶轮。

（5）通风不好，室内温度高，造成进口温度高。开设通风口，降低室温。

（6）运转速度太低，皮带打滑。加大转速，防止皮带打滑。

4. 流量不足

罗茨鼓风机流量不足的原因及检修方法主要包括：

（1）进口过滤堵塞，清除过滤器的灰尘和堵塞物。

（2）叶轮磨损，间隙增大得太多。修复间隙或更换叶轮。

（3）皮带打滑，调整拉紧皮带并增加根数。

（4）进口压力损失大，调整进口压力达到规定值。

（5）管道造成通风泄漏，检查并修复管道。

5. 漏油或油泄漏到机壳中

罗茨鼓风机漏油或油泄漏到机壳中的原因及检修方法主要包括：

（1）油箱位太高，由排油口漏出，降低油位。

（2）密封磨损，造成轴端漏油，更换密封。

（3）压力高于规定值，降低通过鼓风机的压差。

（4）墙板和油箱的通风口堵塞，造成油泄漏到机壳。疏通通风口，中间腔装上具有 2 mm 孔径的旋塞，打开墙板下的旋塞。

6. 异常振动和异响

罗茨鼓风机异常振动和异响的原因及检修方法主要包括：

（1）滚动轴承游隙超过规定值或轴承座磨损。更换轴承或轴承座。

（2）齿轮侧隙过大，不对中，固定不紧。重装齿轮并确保侧隙。

（3）由于外来物和灰尘造成叶轮与叶轮、叶轮与机壳撞击。清洗鼓风机，检查机壳是否损坏。

（4）由于过载、轴变形造成叶轮碰撞。检查背压，检查叶轮是否对中，并调整好间隙。

（5）由于过热造成叶轮与机壳进口处摩擦。检查过滤器及背压，加大叶轮与机壳进口处间隙。

（6）由于积垢或异物使叶轮失去平衡。清洗叶轮与机壳，检查叶轮平衡。

（7）地脚螺栓及其他紧固件松动。拧紧地脚螺栓并调平底座。

7. 电机超载

罗茨鼓风机超载的原因及检修方法主要包括：

（1）与规定压力相比，压差大，即背压或进口压力大。降低压力到规定值。

（2）与设备要求的流量相比，风机流量太大，造成压力增大。将多余气体排放出去或降低鼓风机转速。

（3）进口过滤堵塞，出口管道障碍或堵塞。清除障碍物。

（4）转动部件相碰和摩擦卡住。立即停机，检查原因。

（5）油位太高。放油，将油位调到正确位置。

（6）窄 V 形皮带过热，振动过大，皮带轮过小。检查皮带张力，换成大直径的皮带轮。

任务实战

一台罗茨鼓风机，运行中出现电机过热，查找造成电机过热的原因。

_____

_____

_____

任务评价

完成本任务学习后，根据自身学习体会，结合任务评价表的内容进行评价。

任务评价表

姓名		组别			班级			
日期			综合评价等级					
评价指标	评价标准			分值	评价方式			
					自我评价（30%）	小组评价（30%）	教师评价（40%）	单项得分
课前预学	课前预习本任务相关知识，查找相关资料			5				
	完成任务引导题目			5				
课堂参与	认真听讲和练习			10				
	积极参与小组讨论，并有详细笔记			10				
课堂互动	积极回答教师问题			5				
	和小组成员有效合作，尊重他人			5				
	小组活动中能围绕主题发表自己的观点			10				
自主探究	独立思考、自主学习，会发现问题			10				
	主动寻求解决问题的方法			10				
	善于观察、分析、思考，能提出创新观点			5				
综合素养	具有一定的安全意识、责任意识、规范意识			5				
	具有吃苦耐劳的精神和严谨认真的学习态度			5				
学习成果	在规定时间内完成本人的分工任务			10				
	完成拓展任务			5				

练习思考题

1. 判断题

（1）排气管道破裂会导致风机出口压力过低、排出流量减小。 （　）

（2）风机转速调节的经济性最差。 （　）

（3）轴流通风机导流器的导叶与外壳固定在一起。为了对通风机进行调节，有的方法改变通风机的特性曲线和工作点，把前导流器的导叶做成角度可调式。 （　）

（4）出气管道或阀门被尘土、杂物堵塞，管道阻力增大，流量减少，压力降低。（　）

（5）通风机磨损严重或制造质量有问题可能导致通风机调节系统失灵。 （　）

（6）泵管路系统所需全压与流量之间的关系曲线为通风机的管路特性曲线。 （　）

（7）与调节进口节流门增大阻力减少流量的方法相比，改变通风机进口导流叶片的角度所消耗的功率明显要少，因此它是一种比较经济的调节法。 （　）

（8）进口节流调节可以实现等压力的调节。 （　）

（9）出口节流调节可以实现等流量调节。 （　）

（10）导流器调节会使通风机的效率降低，与改变转速的调节方法相比，经济性要好一些。
（　）

2. 填空题

（1）罗茨鼓风机依靠密封工作室＿＿＿＿＿的变化来输送气体，工作室由两个外形是渐开线的腰形＿＿＿＿、机壳和两块墙板组成。电动机使主动轴和主动叶轮旋转，通过主动轴上的齿轮带动从动轴齿轮和从动叶轮做等速反向旋转。

（2）一般的＿＿＿＿＿通风机在圆筒形的机壳中安装着电动机和叶轮，当叶轮旋转时空气由集流器进入，通过叶轮叶片的作用使空气压力增加并作接近于沿轴向的流动，而后由排出口排出。

（3）通风机调节阀门失灵，不能调节＿＿＿＿和压力，应修理或更换阀门。

（4）通风机排气管道破裂，应修理管道，否则会导致出口压力过＿＿＿＿、排出流量增大的故障。

（5）启动＿＿＿＿过大导致电机温升过高，启动时应关闭启动阀门或更换风机。

（6）电机轴与风机轴不＿＿＿＿，使轴承箱内的滚动轴承别劲导致轴承温升过高，需要调整两轴同心度。

（7）＿＿＿＿部件指主气流流过的部件，包括集流器（进风口）、叶轮、蜗壳、出风口等。

（8）通风机的风量和风压可以通过改变风机进口＿＿＿＿来进行调节。

（9）通风机＿＿＿＿调节是通过调节风机转速来调节风量和风压。

（10）管路特性曲线与通风机性能曲线的交点，就是通风机的＿＿＿＿点。

3. 单项选择题

（1）离心通风机的全称不包括（　　　）。

A. 传动方式　　　　　B. 旋转方向　　　　　C. 旋转速度　　　　D. 风口位置

（2）不属于离心通风机性能参数的是（　　　）。

A. 流量　　　　　　　B. 扬程　　　　　　　C. 全压　　　　　　D. 静压

（3）有一台通风机全称为 4-72No10C 右 90°，其传动方式是（　　　）。

A. 直联传动　　　　　　　　　　　　B. 悬臂支承带传动

C. 悬臂支承联轴器传动　　　　　　　D. 双支承带传动

（4）通风机的效率不包括（　　　）。

A. 静压内效率　　　　B. 全压内效率　　　　C. 容积效率　　　　D. 全压效率

（5）关于通风机型号 4-73 叙述正确的是（　　　）。

A. 是一种轴流通风机　　　　　　　　B. 叶轮直径为 4 m

C. 流量为 73 m^3/min　　　　　　　D. 压力系数为 0.8，比转数为 73

（6）通风机选择曲线图上没有（　　　）。

A. 等静压线　　　　　B. 等外径线　　　　　C. 等转速线　　　　D. 等功率线

（7）离心通风机外壳一般做成（　　　）。

A. 圆柱　　　　　　　B. 蜗壳　　　　　　　C. 椭圆　　　　　　D. 抛物线

（8）关于进口节流调节，叙述错误的是（　　　）。

A. 进口节流调节是通过调节风机进口节流门（或蝶阀）的开度，改变通风机的进口压力，使通风机特性曲线发生变化，以适应工作装置对流量或压力的特定要求

B. 经济性比出口节流调节好

C. 若工艺要求流量改变时压力必须稳定不变，在这种情况下对通风机进行进口节流调节

D. 实质是改变通风机出口特性曲线。

（9）通风机特性曲线不包括（　　　）。

A. 全压流量曲线　　　B. 功率流量曲线　　　C. 气浊流量曲线　　D. 效率流量曲线

（10）关于喘振的叙述错误的是（　　　）。

A. 喘振发生在工作点位于风机驼峰曲线的左侧

B. 工作点位于风机驼峰曲线的左侧时必然发生喘振

C. 喘振时，风机运行声音发生突变，风压、风量急剧波动，机器与管道强烈地振动甚至造成机器严重破坏

D. 当工作点在左侧远离峰值点且风机特性曲线上升段斜率较大时，风机的工作出现周而复始的一会儿风机输出风量、一会儿又向内部倒流的极不稳定的工作状态

4. 多项选择题

（1）轴承温升过高的故障排除方法包括（　　　）。

A. 离心式通风机主轴或主轴上的部件与轴承箱摩擦，需要检查摩擦部位，然后加以处理

B. 电机轴与风机轴不同心，使轴承箱内的内滚动轴承别劲，需要调整两轴同心度

C. 轴承箱体内润滑脂过多。需要将箱内润滑脂减少到箱体空间的 1/3 ~ 1/2

D. 轴承与轴承箱孔之间有间隙而松动，轴承箱的螺栓过紧或过松，需要调整螺栓

（2）电机温升过高的故障排除方法包括（　　　）。

A. 电机输入电压过低或电路单相断电，应检查电源

B. 联轴器对中不好，应调整联轴器

C. 轴承损坏，应更换轴承

D. 传动带过紧，应调整传动带

（3）下面关于通风机叙述正确的是（　　　）。

A. 通风除尘系统的通风机，在不同阻力的系统中即使转速相同，风机所输送的风量也可能不相同

B. 系统的阻力小时，要求通风机的风压低，输送的风量就大

C. 系统阻力大，要求的风压高，输送的风量就小

D. 一种工况下，采用风量和风压来评定通风机的性能是不够的

（4）下面关于离心通风机原理叙述正确的是（　　　）。

A. 离心通风机工作时，电动机带动叶轮旋转，使叶轮叶片间的气体在离心力的作用下由叶轮中心向四周运动，气体获得一定的压力能和动能

B. 当气体流经蜗壳时，由于截面逐渐增大，流速减慢，部分动能转换为压力能，气体从出风口进入管道

C. 在叶轮中心处，由于气体被甩出，形成一定的真空度（呈现负压）

D. 吸入口空气被吸入风机（实质是被大气压力压入风机）

（5）利用风机性能表选择通风机的步骤包括（　　　）。

A. 确定使用场地面积　　　　　　　　　　　　B. 确定使用场地温度

C. 确定计算流量和计算全压

D. 根据用途，查询通风机性能表选择合适型号的风机及其参数（如叶轮直径、转速、功率等）

（6）关于罗茨鼓风机叙述正确的是（　　　）。

A. 结构简单，运行稳定，效率高，整机振动小

B. 压力的选择范围很宽，而流量变化甚微，具有强制输气的特征

C. 适用于要求流量稳定的场合，它不仅用于鼓风输气，也可用作抽气机械

D. 叶轮和机壳的内壁加工精度高，各部分间隙调整困难，检修工艺比较复杂，且运行中噪声大

（7）关于通风机选择曲线图叙述正确的是（　　　）。

A. 图中任意一条性能曲线上的各点，其转速和叶轮外径都相等，其值等于效率最高点的等D_2线和等n线对应的叶轮直径和转速

B. 等P线上的各点功率都相等。性能曲线上每一点的功率都不相等，可在两条等P线之间近似地估算出该点位置的功率，并经过密度换算，得出工作状况下的功率

C. 等D_2和等n线通过每条性能曲线中间位置是风机的效率最高点

D. 等D_2线所通过的几条性能曲线表示同一机号但不同转速时的性能曲线

（8）离心通风机的传动方式包括（　　　）。

A. 直联传动　　　　　B. 带传动　　　　　　C. 链传动　　　　　D. 联轴器传动

（9）关于离心通风机的叙述正确的是（　　　）。

A. 以叶轮进口处直径来做比较，低压的最大，中压的居中，高压的最小

B. 叶轮上的叶片数量一般随压力的大小和叶轮的形状而改变

C. 压力越高，叶片数越少，叶片也越长

D. 一般低压离心通风机的叶片为 48 ～ 64 片

5. 简答题

（1）离心通风机蜗壳的作用是什么？

（2）离心通风机叶轮的作用是什么？

（3）为什么通风机出口或进口堵塞时压力、升高、流量减少？

（4）通风机出口压力过低、排出流量过大的原因是什么？

（5）通风系统调节失灵的原因是什么？

项目四 空压机检修

项目描述

空气压缩机是轨道交通行业提供气体动力的通用机械设备，也用于其他各行各业。本项目主要介绍活塞式空气压缩机的原理、型号及选择、主要部件结构、调节、典型故障及处理，还介绍螺杆式空压机的原理及典型故障处理。通过学习，对空气压缩机的基本结构和工作原理有一个简洁而又系统的理解，为后续从事空气压缩机的使用和维护打下坚实的基础。

教学目标

知识目标	能力目标	素质目标
（1）熟悉空压机的工作原理； （2）熟悉空压机的选择方法； （3）熟悉空压机的调节方法； （4）掌握空压机的常见故障； （5）了解活塞式空压机的原理； （6）了解螺杆式空压机的原理	（1）能说明空压机的工作原理和主要部件； （2）能选择空压机； （3）能进行空压机的调节； （4）能诊断、消除空压机的常见故障； （5）能处理活塞式空压机和螺杆式空压机的常见故障	（1）培养学生家国情怀、科学精神和责任担当意识； （2）树立设备检修作业"安全第一"的观念； （3）具备良好的团队协作精神、严谨求实的工作态度； （4）具有节能环保和可持续发展的意识

任务导航

任务一　活塞式空压机工作原理
任务二　活塞式空压机选择
任务三　活塞式空压机调节
任务四　活塞式空压机检修
任务五　螺杆式空压机检修

任务一   活塞式空压机工作原理

任务引导

引导问题 1：筒形活塞需要配用十字头吗？

_____

_____

_____

引导问题 2：连杆中贯穿大小头的孔起什么作用？

_____

_____

_____

引导问题 3：空压机进排气阀的工作原理是什么？

_____

_____

_____

引导问题 4：空气压缩机冷却系统包括_____和_____两种方式。

引导问题 5：空气压缩机构由_____、_____组件、进气阀和排气阀等组成。

相关知识

知识点一、活塞式空压机工作原理

1. 活塞式空压机的工作过程

活塞式空气压缩机简称活塞式空压机，其工作过程如图 4-1 所示。空压机是通过活塞在气缸内不断往复运动，使气缸工作容积产生变化从而实现空气的压缩。活塞在气缸内每往复移动一次，依次完成吸气、压缩、排气 3 个过程，即完成一次工作循环。

（1）吸气过程。

当活塞向右边移动时气缸左边的容积增大，压力下降；当压力降到稍低于进气管中空气压力（即大气压力）时，管内空气顶开进气阀 3 进入气缸，并随着活塞向右移动继续进入气缸，直到活塞移到右端为止。该端点称为内止点，根据气缸排列形式的不同，又可称为后止点或下止点。

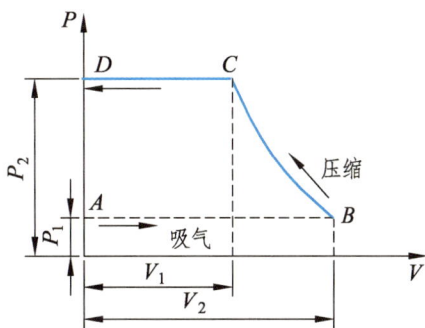

（a）空压机理论循环示功图

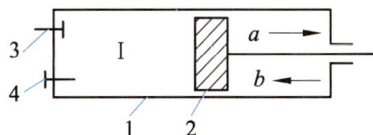

（b）活塞做功图

1—气缸；2—活塞；3—进气阀；4—排气阀。

图 4-1   单作用空压机理论示功图

217

（2）压缩过程。

当活塞向左边移动时，气缸左边容积开始缩小，空气被压缩，压力随之上升。由于进气阀的止逆作用，使缸内空气不能倒流回进气管中。同时，排气管内空气压力高于缸内空气压力，空气无法从排气阀口排出缸外，排气管中空气也因排气阀的止逆作用而不能流回缸内，这时气缸内形成一个封闭容积。当活塞继续向左移动时，缸内容积缩小，空气体积也随之缩小，压力不断提高。

（3）排气过程。

随着活塞不断左移并压缩缸内空气，当压力稍高于排气管中空气压力时，缸内空气顶开排气阀而排入排气管中，这个过程直到活塞移至左端为止。该端点称为外止点，又可称为前止点或上止点。此后，活塞又向右移动，重复上述的吸气、压缩、排气这3个连续的工作过程。

2. 活塞式空压机的工作循环

（1）理论工作循环。

活塞式空压机的理论工作循环是指活塞式空压机在理想工作状况下进行的循环。活塞式空压机的理想工作状态主要包括：

① 气缸中没有余隙容积，被压缩气体能全部排出气缸；

② 进气管、排气管中气体状态相同（即无阻力、脉动和热交换）；

③ 气阀启闭及时，气体无阻力损失；

④ 压缩容积绝对密封、无泄漏。

图 4-1 给出了活塞式空压机理论工作循环的示功图。当活塞 2 按 a 方向向右移动时，气缸 I 内的容积增大，压力稍低于进气管中空气压力，进气阀 3 打开，开始吸气过程。如果进入气缸的空气压力为 P_1，则活塞由外止点移到内止点时所进行的吸气过程，在图中用直线 AB 表示。线段 AB 称为吸气线，其含义包括：在整个吸气过程中，缸内空气的压力 P_1 保持不变、体积 V_1 不断地增加；V_2 为吸气结束时的体积。

当活塞按 b 方向向左移动时，缸内 I 的容积缩小，同时进气阀关闭，空气开始被压缩，随着活塞的左移，压力逐渐升高。此过程为压缩过程，在图中用曲线 BC 表示，称为压缩曲线。在压缩过程中，随着空气压力的提高，其体积逐渐缩小。

当缸内空气压力升高到稍大于排气管中空气的压力 P_2 时，排气阀 4 被顶开，排气过程开始。在图中用直线段 CD（称为排气线）表示。在排气过程中，缸内压力一直保持不变，容积逐渐缩小。当活塞移到气缸外止点时，排气过程结束，此时，压缩机完成一个工作循环。

当活塞在外止点改向右移时，缸内压力下降，吸气过程又重新开始；缸内空气压力从 P_2 下降到 P_1 的过程中，在图中以垂直于 V 轴的直线段 DA 来表示。

在图 4-1 所示的理论示功图中，以 AB、BC、CD 线为界的 $ABCD$ 图形的面积，表示完成一个工作循环过程所消耗的功，也就是推动活塞所必需的理论压缩功；其面积愈小，则所消耗的理论功愈少。

（2）实际工作循环。

空压机实际工作循环的示功图如图 4-2 所示。图 4-2 所示单作用空压机实际示功图与图 4-1 所示理论示功图有很大的差异，其特征主要包括：

① 一次工作循环中除吸气、压缩和排气过程外，还有膨胀过程（剩余气体的膨胀降压），用气体膨胀线 DA 表示。

② 吸气过程线 AB 值低于名义吸气压力线 P_1，排气过程线 CD 值高于名义排气压力线 P_2，且吸气过程和排气过程线呈波浪形。

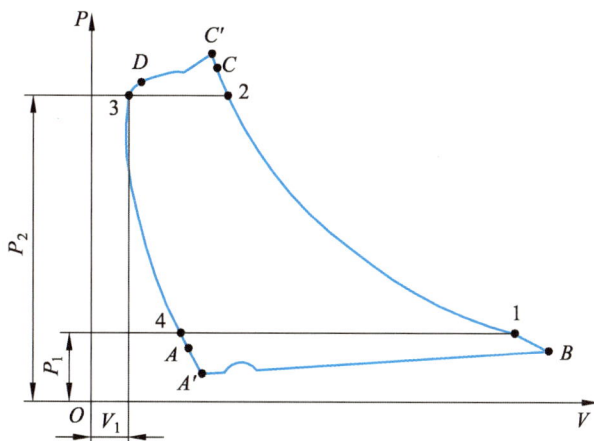

图 4-2　单作用空压机实际示功图

③ 压缩、膨胀过程曲线按指数规律变化的。

理论示功图与实际示功图的差别较大，因为压缩机在实际工作过程中受到余隙容积、压力损失、气流脉动、空气泄漏及热交换等多种因素的影响。

知识点二、活塞式空压机结构

1. 活塞式空压机基本结构

以 L 型活塞式空压机为例，活塞式空压机由主机和附属装置组成，主机一般包括：

（1）机体是空气压缩机的定位基础构件，由机身和曲轴箱等部分构成。

（2）传动机构由离合器、带轮或联轴器等传动装置以及曲轴、连杆、十字头等运动部件组成，其作用是将原动机的旋转运动转变为活塞的往复直线运动。

（3）压缩机构由气缸、活塞组件、进气阀和排气阀等组成，活塞往复运动完成工作过程。

（4）润滑机构由油泵、注油器、油过滤器和冷却器等组成。泵由曲轴驱动，向运动部件提供低压润滑油。注油器由曲轴或单独小电动机驱动，通过柱塞或滑阀的压油作用，为各级气缸及填料箱提供所需的高压气缸油，供油量和压力均可调节。

（5）冷却系统包括风冷和水冷两种方式。

① 风冷式冷却系统主要由散热风扇（用曲轴经带轮驱动）和中间冷却器等组成。

② 水冷式冷却系统主要由各级气缸水套、中间冷却器、阀门等组成。

系统中通以冷却水，水流带走压缩空气和运动部件所产生的热量。

（6）操纵控制系统主要包括：

① 减荷阀、卸荷阀、负荷（压力）调节器等调节装置；

② 安全阀、仪表；

③ 润滑油、冷却水，与排气相关的压力和温度等声光报警，自动停机的保护装置；

④ 自动排油、排水装置等。

（7）附属装置主要包括空气过滤器、盘车装置、冷却器、缓冲器、油水分离器、储气罐、冷却水泵、冷却塔、各种管路、阀门、电气设备及保护装置等，有的还设有压缩机轻载启动和控制冷却水通断的电磁阀，以及压缩空气的净化装置和干燥装置等。

常见 L 型空压机有 L_2-10/8、$L_{3.5}$-20/8、$L_{5.5}$-40/8、L_8-60/8 和 $L12$-100/8 型等定型系列，通常为二级双缸、双作用水冷固定式，有十字头结构，一般都设有润滑油冷却器。排气量在 20 m³/min 以下的通常为带传动；排气量在 40 m³/min 以上的采用直接传动，即电动机转子直接装在曲轴端部或与联轴器连接。

图 4-3 所示为 $L_{3.5}$ 型空压机的剖面图，由该图可知：一级气缸为立列，二级气缸为卧列，两气缸呈 L 形布置。一级吸气口前部装有减荷阀，开机前将其关闭，可做无负荷启动。活塞为整体空心锥盘形，其内外侧同时工作。

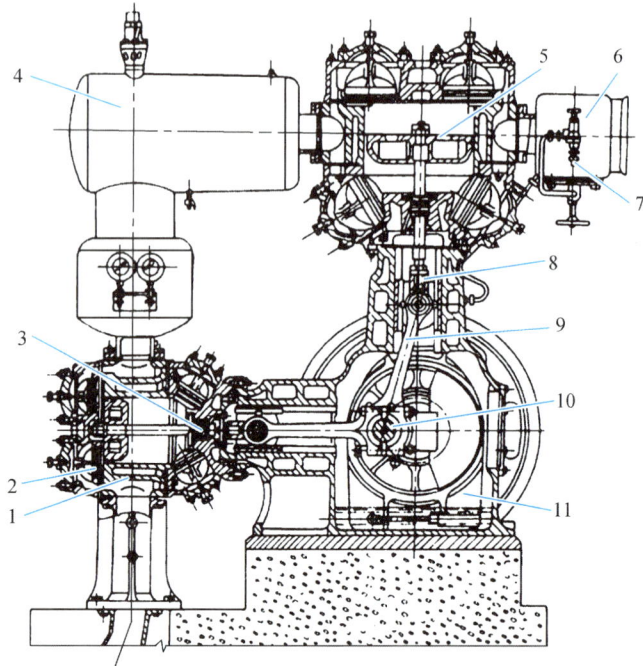

1—气缸；2—气阀；3—填料箱；4—中间冷却器；5—活塞；6—减荷阀；7—负荷调节器；
8—十字头；9—连杆；10—曲轴；11—机身。

图 4-3　L 型空压机剖面

在一级气缸和二级气缸内，各对称配置两组进气阀和排气阀，气阀室外和气缸壁外为冷却水套，气阀均为环状阀，十字头为整体闭式结构，用螺纹同活塞杆连接，由调节螺纹调整活塞与气缸的止点间隙。

2. 空压机主要零、部件

空压机的主要零部件包括机体、气缸、活塞组件、曲轴、轴承、连杆、十字头、填料箱、气阀等，此外还有润滑机构、冷却系统和调节装置等辅助部件。

L 型空压机剖面图

（1）机体。

有十字头的 L 型空压机机体如图 4-4 所示。机座两端为安装两个滚动轴承的主轴承孔，要求与曲轴的轴线平行，才能保证十字头滑道与气缸的同轴度。机体顶部（卧列为端部）有气缸定位孔，使气缸与十字头滑道同轴。曲轴箱的侧面与一级十字头滑道和二级十字头滑道的正面、反面都开有窗口，便于连杆、十字头、活塞杆、填料等的装拆以及活塞止点的调整、观察运动部件的运转情况。机身上铸有十字头滑道，还开设了能使机体内部与大气相通的呼吸窗，起降

低油温、平衡机身内外压力的作用。

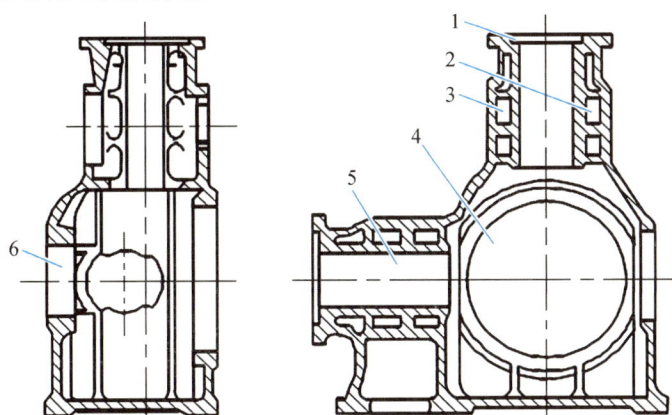

（a）曲轴轴承孔剖视图　　　（b）主视图剖视

1—立列结合面；2,5—十字头滑道；3—冷却水套；4—曲轴箱；6—滚动轴承孔。

图 4-4　L 型空压机机体

L 型空压机机体

（2）气缸。

风冷式气缸的结构简单，由曲轴带动风扇向铸有散热片的气缸外壁吹风，冷却效果较差，排气温度很高，设备效率较低，一般只用于低压、小型或微型移动式空压机。

水冷式气缸的结构较复杂，制造难度大，但冷却效果好，能降低排气温度和提高设备效率，故大、中型空压机都采用这种气缸。气缸由缸盖、缸体和缸座 3 部分组成。大、中型气缸为分段铸造，小型气缸一般为整体铸造。排气量为 10 m^3/min 或 20 m^3/min 的 L 型空压机的一级气缸结构如图 4-5 所示。气缸由 3 个铸铁件缸盖 1、缸体 4、缸座 6 用双头长螺栓连接而成。

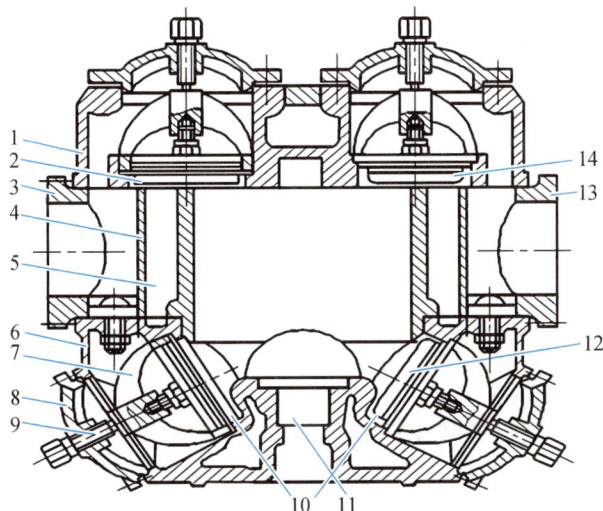

L 型空压机一级
气缸结构图

1—缸盖；2,10—排气阀；3—排气口法兰；4—缸体；5—冷却水套；6—缸座；7—制动器；8—气阀盖；
9—气阀压紧螺钉；11—填料室；12,14—进气阀；13—进气口法兰。

图 4-5　L 型空压机一级气缸结构

（3）活塞组件。

活塞组件由活塞、活塞环、活塞杆等部分组成。

① 活塞。

活塞按气缸的形式可分为筒形活塞、盘形活塞和级差式活塞等。

小型空压机常用的筒形活塞如图 4-6 所示。顶部装有活塞环 2，靠曲轴箱一侧安装刮油环 3。活塞的下部称为裙部，与气缸壁紧贴，起导向和将侧向力传给气缸的作用。在裙部有活塞销孔，用来安装活塞销和传递作用力。活塞销 5 在活塞销孔内和连杆小头孔内都不固定，故此活塞销称为浮动销，通常用弹簧圈 6 将活塞销卡在销孔内，以防止它的轴向位移。

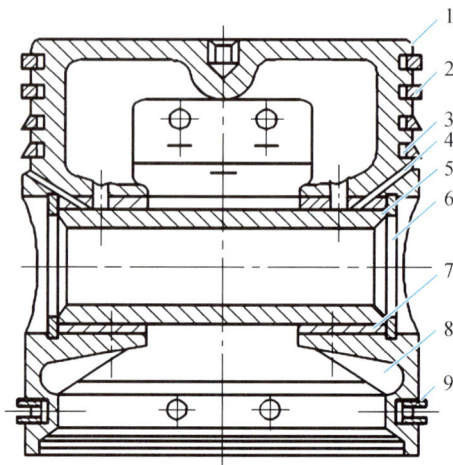

1—活塞体；2—活塞环；3—刮油环；4—回油孔；5—活塞销；6—弹簧圈；7—衬套；8—加强筋；9—布油环。

图 4-6　筒形活塞

盘形活塞如图 4-7 所示，主要用于中、低压气缸中与十字头相连而不承受侧向力。这种活塞的原材料为铝质材料，一般铸成空心以减轻重量；两端面用加强筋连接来增加刚度，为避免受热变形，加强筋不应与四壁相连。两筋之间开清砂孔，清砂后须采取能防漏、防松的封闭，并做水压试验。

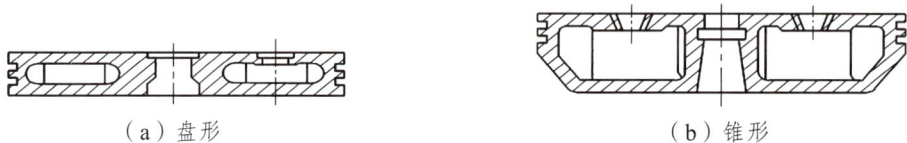

（a）盘形　　　　　　　　　　　　　　　（b）锥形

图 4-7　盘形活塞

② 活塞环。

气缸工作表面与活塞之间的密封零件同时起到补油和散热的作用。活塞环上有一开口，称为切口。自由状态下，活塞环的外径大于气缸的内径，环的内径小于活塞外径。当活塞环套在槽上装入气缸后，环体收缩，切口处留有供环热膨胀的间隙。

活塞环有一定的张力，靠此张力使环的外圆能紧压在气缸工作表面上。切口的形式有直切口、斜切口（成 45°或 60°）、搭接口 3 种，45°斜切口的应用较多。

每个活塞需装活塞环的数量与气体压力成正比。

活塞环一般用铸铁制成。对于高压活塞，为了延长环的使用寿命和防止气缸被"拉毛"，常在铸铁环上镶嵌青铜或轴承合金，或者镶填聚四氟乙烯。

在单作用的活塞上，为了防止窜油，均装有锋口朝向曲轴箱的刮油环，并在活塞上设有回油孔，如图 4-6 所示。

③ 活塞杆。

活塞杆一般采用优质碳素钢或合金钢制成，其一端为十字头，另一端与活塞连接。

活塞杆与活塞的连接方式主要包括以下两种形式：

a. 圆柱凸肩连接。

运转时，活塞杆的圆柱凸肩和锁紧螺母同时传递活塞力，活塞螺母的连接要紧密牢固并有防松装置，活塞轴线与活塞杆轴线的同轴度，靠圆柱面的加工精度来保证，故活塞与凸肩的支承表面在加工时要配磨，以保证接触良好。

b. 锥面连接。

活塞组件结构如图 4-8 所示，这种连接形式的特点是拆装方便，连接处的接触面积大、摩擦力增大而使连接更可靠，但锥度的配合要求高，加工难度也较大。

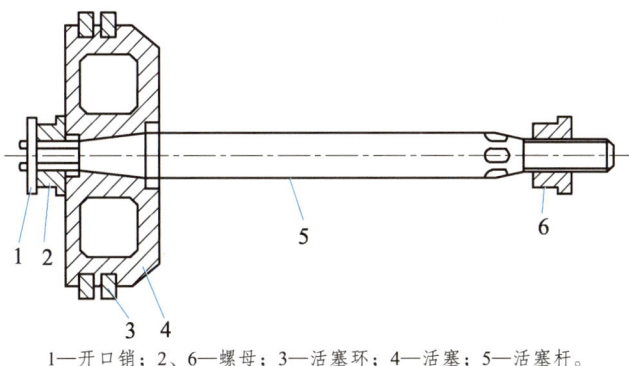

1—开口销；2、6—螺母；3—活塞环；4—活塞；5—活塞杆。

图 4-8　活塞组件结构

剖分式十字头结构

（4）十字头和连杆部件。

① 十字头。

十字头是连接连杆与活塞杆的零件，按其与连杆的连接方式可分为开式和闭式两种。

a. 开式十字头。

开式连杆小头的叉形位于十字头体的两侧，该结构常用于立式空压机。

b. 闭式十字头。

闭式连杆小头位于十字头体内。十字头与滑板的连接方式包括整体式和剖分式。整体式结构简单、质量轻，用于高速小型空压机。图 4-9 所示剖分式十字结构可调整十字头和活塞杆的同轴度，也可调整十字头和滑道的径向间隙，用于大型空压机。

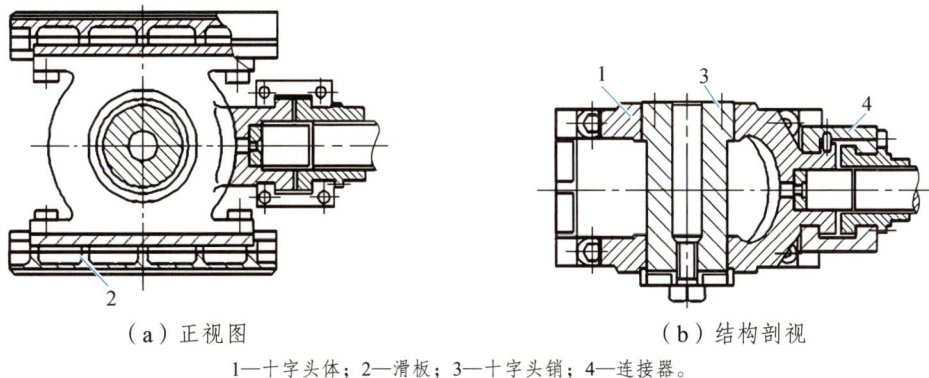

（a）正视图　　　　　　　　　（b）结构剖视

1—十字头体；2—滑板；3—十字头销；4—连接器。

图 4-9　剖分式十字头结构

223

② 连杆部件。

连杆如图 4-10 所示，由大头，小头和杆体组成。大头为开式，嵌有巴氏合金瓦，其盖子用连杆螺栓与曲柄组装在一起，大头的轴瓦间隙可以用垫片调节。小头为整体式，在小头内镶有整圆的铜套，穿入十字销与十字头相连。杆体截面有圆形、环形、矩形、工字形等，其材料通常为球墨铸铁，杆体内有贯穿大小头的油孔，该孔把润滑油输送到十字头，使曲柄销和连杆、连杆和十字头销之间的相对运动部分得到润滑。

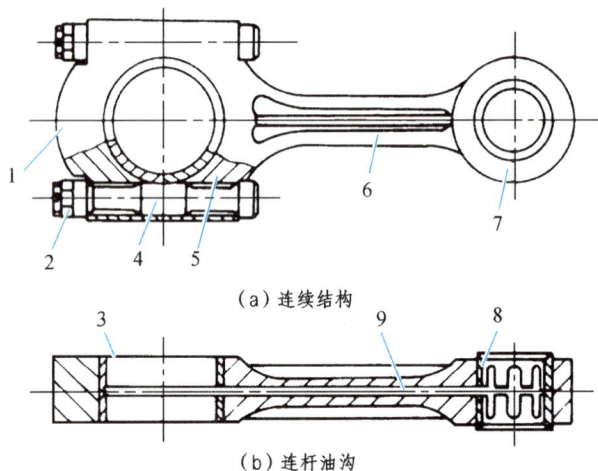

（a）连续结构

（b）连杆油沟

1—大头盖；2—连杆螺母；3—大头轴瓦；4—连杆螺栓；5—大头；
6—杆体；7—小头；8—小头轴瓦；9—杆体油孔。

图 4-10　连杆结构

连杆的大头与曲轴一起转动，连杆的小头和十字头一起做往复运动，连杆做平面摆动，其主要作用是变旋转运动为往复运动。

（5）曲轴。

曲轴如图 4-11 所示，空压机的曲轴传递电动机的扭矩。曲轴的外伸端有锥度，可以方便拆装皮带轮。在曲轴后端接有传动齿轮油泵的小轴，并经过小轴上的蜗轮蜗杆机构传动柱塞油泵。曲轴上钻有油孔，以使齿轮油泵排出的润滑油通过曲轴瓦对十字头销瓦等摩擦面进行润滑。

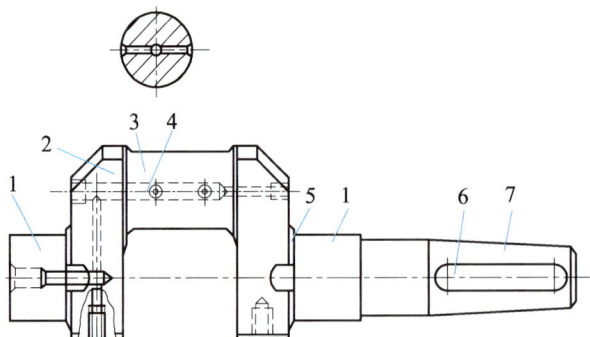

1—曲轴颈；2—曲柄（曲臂）；3—曲拐径（曲柄销）；4—通油孔；5—过渡圆角；6—键槽；7—轴端。

图 4-11　曲轴

（6）轴承。

轴承有滚动轴承和滑动轴承两大类。滚动轴承使用维护方便，机械效率和标准化程度高。

滑动轴承的结构紧凑，制造、安装方便。滚动轴承的精度分为 C、D、E、F 和 G 级。C 级精度最高，G 级精度最低。压缩机一般采用 G 级。

滑动轴承一般都制成可分式，如图 4-12 所示。卧式和对称平衡压缩机的轴瓦制成两瓣，如图 4-12（a）所示。卧式压缩机的轴瓦制成四瓣，如图 4-12（b）所示。轴瓦按相对壁厚又分为薄壁瓦和厚壁瓦。

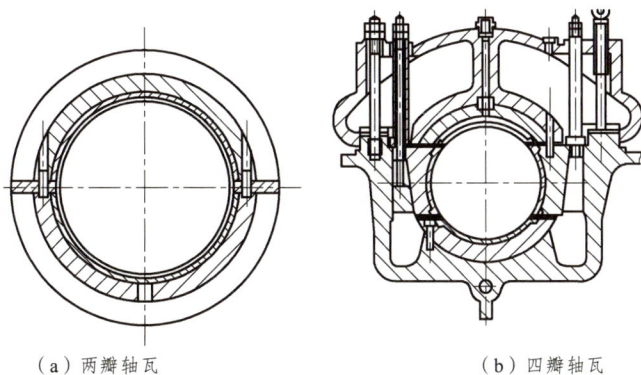

（a）两瓣轴瓦　　　　　　　　　　（b）四瓣轴瓦

图 4-12　厚壁轴瓦

（7）气阀。

气阀是利用两侧的气压差以及弹簧的作用力使阀片及时自动地开启和关闭，让空气能顺利地吸入和排出气缸。

气阀按功能可分为进气阀和排气阀两种，按气流特点又分为回流阀和直流阀两大类。回流阀中，以环状阀的应用最为普遍。环状阀如图 4-13 和图 4-14 所示，由阀座、阀片、弹簧、阀盖、连接螺栓和螺母等组成。进气阀与排气阀结构的不同之处在于进气阀只能向气缸内开启，排气阀只能向气缸外开启。

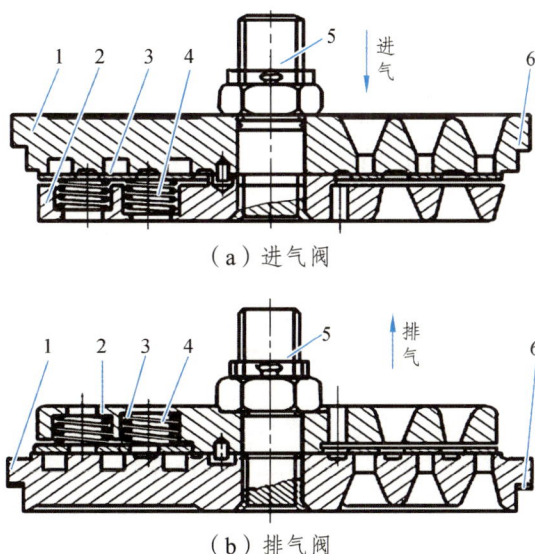

（a）进气阀

环状阀

（b）排气阀

1—阀座；2—阀盖；3—阀片；4—弹簧；5—螺栓；6—密封圈。

图 4-13　环状阀

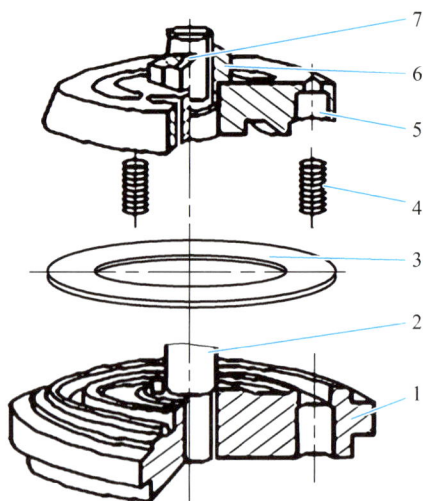

1—阀座；2—螺栓；3—阀片；4—弹簧；5—阀盖；6—螺母；7—开口销。

图 4-14　单阀片环状排气阀的分解立体

组合阀结构是将进排气阀制成一个整体，可以增大气体的流通面积和扩大气阀的通用性。组合阀分为低压和高压两种。低压组合阀的进气与排气容积之间为无冷却结构，排出的高温气体会加热吸进的气体，使吸气量减少，故多用于小型单作用压缩机。高压组合阀通常将高压排气通道设在气缸容积外或缸盖中，不但减小了气流波动，还能改善气缸受力以及简化气缸结构。

直流阀工作示意如图 4-15 所示。直流阀由阀片和兼有阀座与升程限制作用的阀体组成。气阀关闭时，阀片紧贴阀座上；气阀开启时，阀片反贴到升程限制的圆弧面上。由于阀片质量轻、阻力小、气体流速较高，故适宜于高转速、高活塞速度的低压压缩机。但是直流阀结构复杂、精度要求高，阀片密封性差，故应用范围不广。

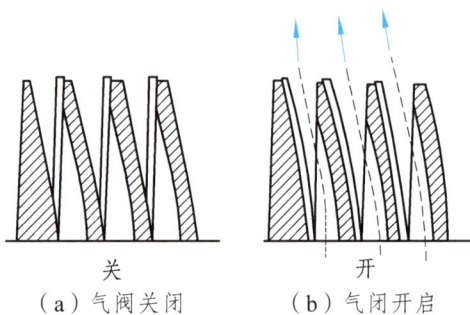

（a）气阀关闭　　　　　（b）气闭开启

图 4-15　直流阀工作示意

（6）安全阀。

安全阀是空压机上最重要的安全保护装置之一。当负荷调节器失灵、排气压力超过规定的安全压力时，安全阀就自动开启，排出过量气体而释压。当压力降到规定值时，安全阀自动关闭，保证了空压机的正常运行。常用的安全阀主要包括弹簧式、重锤式和脉冲式3 种类型。

弹簧式安全阀结构如图 4-16 所示，阀瓣与阀座的密封依靠弹簧力来实现的。当气体压力超过弹簧作用力时，阀自动开启；卸压后，阀瓣在弹簧力作用下自动关闭阀座。

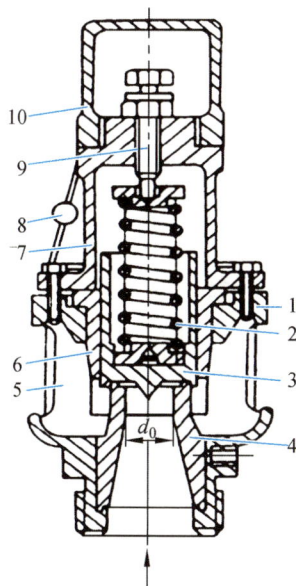

1—阀体；2—弹簧；3—阀瓣；4—阀座；5—排气口；6—阀套；7—上体；8—铅封；9—压力调节螺钉；10—上盖。

图 4-16　弹簧式安全阀

弹簧式安全阀的结构简单，调整方便，可直立安装在任何场合，应用较广。低压空压机多采用弹簧式安全阀。

安全阀的开启压力值不得大于空压机工作压力值的 110%，允许偏差为 ±3%；安全阀的关闭压力值为工作压力值的 90%～100%，启闭压差一般不超过工作压力值的 15%。

实际应用中，两级空压机安全阀的开启压力和关闭压力必须满足：

① 一级在排气压力值基础上增加 20%；

② 二级在排气压力值基础上增加 10%；

③ 一级和二级的关闭压力均为额定排气压力值。

弹簧式安全阀

3. 空压机的附属装置

空压机的附属装置主要包括润滑系统、冷却系统、过滤器、储气罐等。

（1）润滑系统。

空压机需要润滑的部位有气缸、填料箱、曲轴轴颈、连杆大小头以及十字头滑道等。L 型空压机的润滑系统如图 4-17 所示。

① 气缸和填料箱的润滑。

气缸和填料箱是用注油器进行润滑的。柱塞 22 由注油器凸轮 20 带动上下运动，将润滑油从注油器油池 17 中吸入，分别经过吸入口和排出口两个单向阀 19 后，送入气缸和填料箱。

油量的调节是通过可旋转顶杆 23 改变柱塞行程，从而减少顶杆伸长油量。顶杆还可以作为空压机启动前的手动供油把手。

② 运动机构的润滑。

齿轮泵由曲轴 1 通过空心轴 2 驱动，将润滑油从油池中吸入，并按齿轮油泵压油口→滤油器 11→空心轴 2 中心孔→曲轴 1 中心孔→曲轴 1 轴颈→连杆大头→连杆小头→十字头销→十字头滑道的油路压送至各运动部分进行润滑。油压大小可用油压调节阀 7 调节。

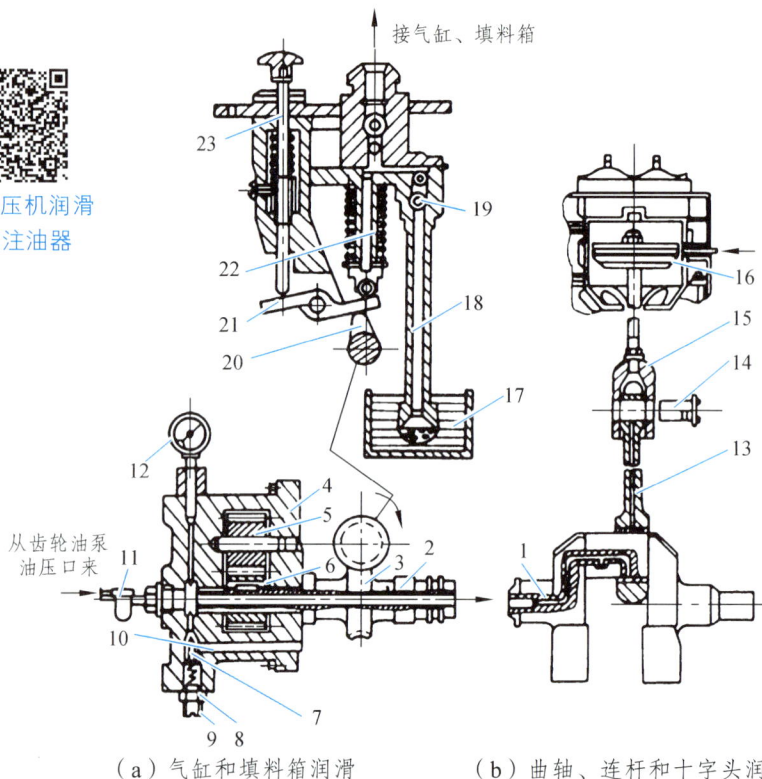

接气缸、填料箱

（a）气缸和填料箱润滑　　　　　（b）曲轴、连杆和十字头润滑

1—曲轴；2—空心轴；3—蜗杆副；4—齿轮泵外壳；5—从动齿轮；6—主动齿轮；7—油压调节阀；8—螺母；9—调节螺钉；10—回油管；11—滤油器；12—压力表；13—连杆；14—十字头销；15—十字头；16—活塞；17—注油器油池；18—注油器吸油管；19—单向阀；20—注油器凸轮；21—杠杆；22—柱塞；23—顶杆。

图 4-17　L 型空压机润滑系统

③ 润滑油。

润滑油可以选用《空气压缩机油》（GB/T 12691—2021）规定的几种牌号的空压机油。

（2）冷却系统。

冷却系统是一个为了避免因空压机压缩空气导致空气、润滑油升温而影响空压机正常工作的降温系统，主要由水池、水泵、中间冷却器、后冷却器、润滑油冷却器、气缸水套、冷却塔和管路等组成，如图 4-18 所示。当水温过高时，可启动备用泵，增加冷却水流量，降低温度。

冷却器是冷却系统的重要部件，按其在冷却系统中的位置可分为中间冷却器和后冷却器。

L 型空压机的中间冷却器如图 4-19 所示，由外壳、冷却水管芯、油水分离器等组成。冷却水管芯 2 由无缝钢管与散热片组成。

冷却水在管内流动，压缩空气在管外沿垂直管芯方向冲刷，进行热交换，使高温的压缩空气冷却下来，冷却后的压缩空气经油水分离器 3 分离油水后，再进入二级气缸压缩，分离出来的油水可定期由排水阀 4 排出。

（3）空气过滤器。

空气过滤器的作用是清除空气中的灰尘和杂质，以保护气缸和阀门。空气由空气过滤器进气口吸入后经过滤芯的过滤再进入气缸。滤芯有金属网状的、纸质的、织物的、塑料的等多种材料和不同结构。

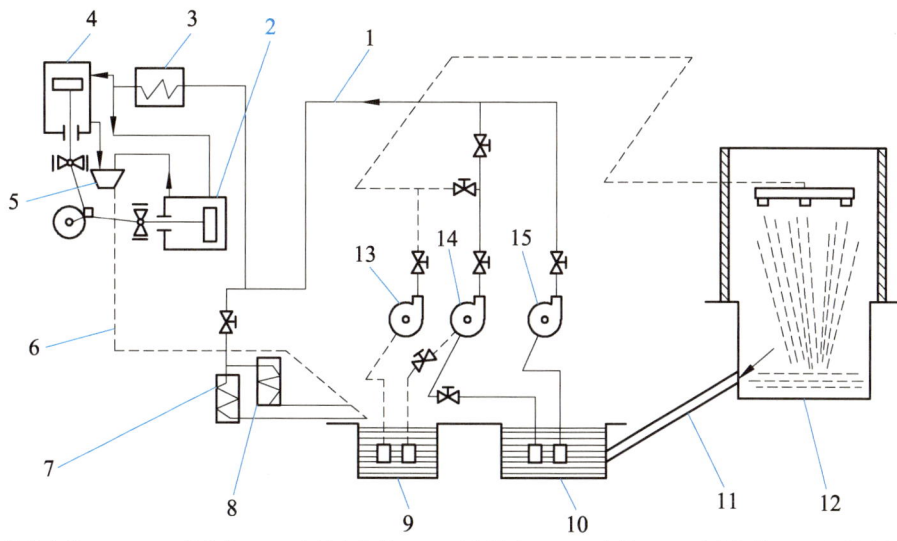

1—总进水管；2、4—二级气缸；3—中间冷却器；5—回水漏斗；6—回水管；7—后冷却器；8—润滑冷却器；
9—热水池；10—冷水池；11—水管；12—冷却塔；13—热水泵；14—备用泵；15—冷水泵。

图 4-18　空压机冷却系统

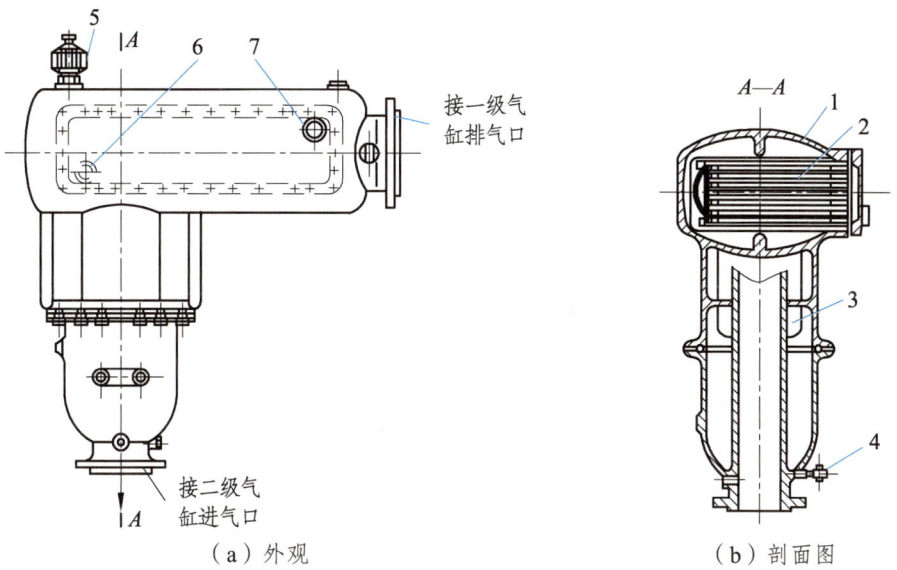

（a）外观　　　　　　　　　　（b）剖面图

1—外壳；2—冷却水管芯；3—油水分离器；4—排水阀；5—安全阀；6—冷却水进口；7—冷却水出口。

图 4-19　中间冷却器

（4）储气罐。

储气罐的作用主要是稳定压力，消除空压机周期性排气造成的压力脉动；分离油水，提高压缩空气的质量；储备压缩空气，维持供需平衡。空压机的储气罐如图 4-20 所示。

空压机冷却系统

储气罐上开有进气口 3、排气口 6、安全阀接口 1、压力表接口 2、油水排泄阀 4 和检修孔 5。

进气口内接有一段呈弧形而出口倾斜并弯向罐壁的进气管，使空气进入罐内沿罐壁旋转，利用离心和重力分离压缩空气中的油和水。

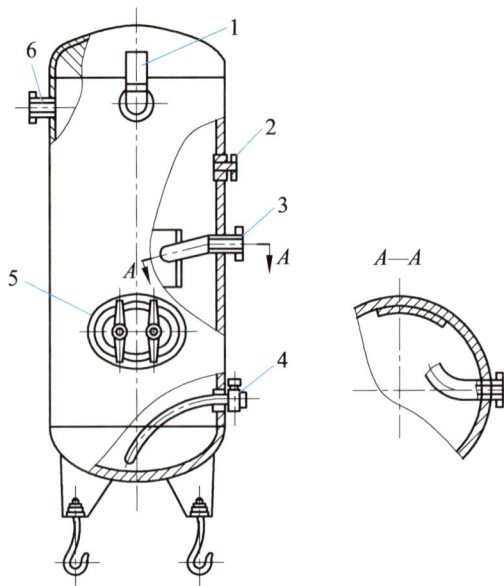

（a）结构　　　　（b）A—A 剖面

1—安全阀接口；2—压力表接口；3—进气口；4—油水排泄阀；5—检修孔；6—排气口。

图 4-20　储气罐

分离出来的油和水落入罐的底部，借助压缩空气中的压力，由伸入罐底的油水排泄管经油水排泄阀 4 排出。检修孔是供内部检查和清扫修理用的。底部短支脚放在水泥基础上，用地脚螺钉固定。

任务实战

1. 空压机活塞环上留有开口的目的是什么？

_____

_____

_____

_____

2. 简述空压机水冷系统工作过程。

_____

_____

_____

_____

_____

任务评价

完成本任务学习后，根据自身学习体会，结合任务评价表的内容进行评价。

姓 名		组 别		班 级			
日 期		综合评价等级					
评价指标	评 价 标 准		分值	评价方式			
				自我评价（30%）	小组评价（30%）	教师评价（40%）	单项得分
课前预学	课前预习本任务相关知识，查找相关资料		5				
	完成任务引导题目		5				
课堂参与	认真听讲和练习		10				
	积极参与小组讨论，并有详细笔记		10				
课堂互动	积极回答教师问题		5				
	和小组成员有效合作，尊重他人		5				
	小组活动中能围绕主题发表自己的观点		10				
自主探究	独立思考、自主学习，会发现问题		10				
	主动寻求解决问题的方法		10				
	善于观察、分析、思考，能提出创新观点		5				
综合素养	具有一定的安全意识、责任意识、规范意识		5				
	具有吃苦耐劳的精神和严谨认真的学习态度		5				
学习成果	在规定时间内完成本人的分工任务		10				
	完成拓展任务		5				

任务二　活塞式空压机选择

任务引导

引导问题1：什么是空压机的排气量？

_____

_____

引导问题2：什么是空压机的排气压力？

_____

_____

_____

引导问题3：空压机选择时首先需要确定哪个参数？

_____

_____

_____

引导问题 4：活塞式空压机的热力性能参数主要是指＿＿＿＿＿＿、＿＿＿＿＿＿、
＿＿＿＿＿＿、功率、效率和容积比能。

引导问题 5：＿＿＿＿＿＿式压缩机活塞往复运动时，吸、排气只在活塞一侧进行，在
一个工作循环中完成排气。

相关知识

知识点一、活塞式空压机的类型

1. 按气缸排列方式分类

按气缸排列方式，活塞式空压机可分为立式、卧式、角度式。活塞式空压机的基本类型详
见表 4-1。

表 4-1　活塞式空压机的基本类型

分类方法	基本形式	简图	说明	分类方法	基本形式	简图	说明
按气缸的排列	立式		气缸均为竖培养布置的	按气缸的排列	对称平衡式 M型		电动机置于机身一侧
	卧式		气缸均为横卧布置的		对称平衡式 H型		气缸水平布置并分布在曲轴两侧，相邻两列的曲拐轴为180°，电动机在机身中间
	角度式 L型		相邻两气缸中心线夹角为90°，而且分别为垂直、水平布置	按活塞动作	单作用（单动）		气体在活塞的一侧进行压缩（多为移动式空气压缩机）
					双作用（复动）		气体在活塞的两侧均能进行压缩
	角度式 V型		同一曲拐上两列的气缸中心线夹角可为90°、75°、60°等	按排气量	微型		排气量小于 1 m³/min
					小型		排气量在 1～10 m³/min
					中型		排气量为 10～100 m³/min
					大型		排气量大于 100 m³/min
	角度式 W型		同一曲拐上相邻的气缸中心线夹角为60°	按工作压力	低压		工作压力为 0.2～1 MPa
					中压		工作压力为 1～10 MPa
					高压		工作压力为 10～100 MPa
					超高压		工作压力大于 100 Mpa

（1）立式压缩机。

立式压缩机的气缸轴线与地面垂直，其特点主要包括：

① 气缸表面不承受活塞质量，活塞与气缸的摩擦和润滑均匀，活塞环的工作条件较好，磨损小且均匀；

② 活塞的质量及往复运动时的惯性垂直作用到基础，振动小，基础面积较小，结构简单；

③ 机身形状简单，结构紧凑质量轻，活塞拆装和调整方便。

（2）卧式压缩机。

卧式压缩机的气缸轴线与地面平行，按气缸与曲轴的相对位置可以分为以下两种：

① 一般为卧式，气缸位于曲轴一侧，运转时惯性力不易平衡，转速低，效率较低，适用于小型压缩机；

② 另一种为平衡型，如表 4-1 中的 M 型和 H 型，气缸水平布置并分布在曲轴两侧，因惯性力小受力平衡，转速高，多用于中大型压缩机。

（3）角度式压缩机。

角度式压缩机的其相邻两气缸的轴线保持一定角度，根据夹角不同可分为 L 型、V 型和 W 型。角度式压缩机的特点是机身受力均匀、运转平稳、转速较高、结构紧凑、制造容易、维修方便、效率较高。

2. 按气缸容积的利用方式分类

活塞式空压机按气缸容积的利用方式可分为单作用式、双作用式和级差式压缩机。

单作用式压缩机的活塞做往复运动时，吸、排气只在活塞一侧进行，在一个工作循环中完成排气，如图 4-21（a）所示。

双作用式压缩机的活塞做往复运动时，两侧均能吸气、排气，在一个工作循环中完成两次排气，如图 4-21（b）所示。

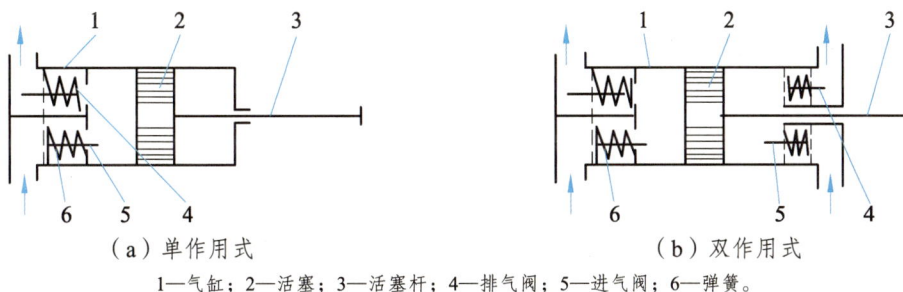

（a）单作用式　　　　　　　　　（b）双作用式

1—气缸；2—活塞；3—活塞杆；4—排气阀；5—进气阀；6—弹簧。

图 4-21　活塞式空压机

知识点二、活塞式空压机的主要参数

活塞式空压机的主要参数分为热力性能参数和结构参数两类。

活塞式空压机

1. 热力性能参数

活塞式空压机的热力性能参数主要包括排气量、排气压力、排气温度、功率、效率和容积比能。

（1）排气量。

排气量是指单位时间内由压缩机最后一级排出的气体容积换算成的压缩机在吸气条件下的气体容积，单位为 m³/min。

（2）排气压力。

排气压力是指最终排出压缩机的气体压力，单位为 Pa 或 MPa。多级压缩机末级以前各级的排气压力称为级间压力，或称该级的排气压力。前一级的排气压力等于下一级的进气压力。

（3）排气温度。

排气温度是指每一级排出气体的温度，通常在各级排气管或阀室内测量。排气温度不同于气缸中压缩终了温度，因为在排气过程中有节流和热传导，排气温度要比压缩后的温度低。

（4）功率。

功率是指压缩机在单位时间内所消耗的功，分为理论功率和实际功率。理论功率为压缩机理想工作循环周期内所消耗的功率，实际功率是理论功率与各种阻力损失功率之和。

轴功率是指压缩机驱动轴所消耗的实际功率。驱动功率指原动机输出的功率，考虑到空压机实际工作中其他原因引起负荷增加，驱动功率应留有 10%～20%的储存量，称为储备功率。

（5）效率。

压缩机的效率是指压缩机理想功率和实际功率之比，是衡量压缩机经济性的指标之一。

（6）容积比能。

容积比能是指排气压力一定时、单位排气量所消耗的功率，其值等于压缩机的轴功率与排气量之比。

2. 结构参数

活塞式压缩机的主要结构参数包括活塞的平均速度、活塞行程与缸径比、曲轴转速，是反映压缩机结构及工作完善程度的重要参数。

（1）活塞的平均速度。

活塞的平均速度是反映活塞环、十字头等的磨损情况和气流流动损失情况的重要参数，关系到压缩机的经济性及可靠性，单位为 m/s。

（2）曲轴转速。

曲轴转速是指压缩机工作时曲轴的额定转速，单位为 r/min。曲轴转速不仅决定压缩机的几何尺寸、重量、制造的难度和成本，对磨损、动力特性以及驱动机的经济性及成本等都会产生极大的影响。

（3）活塞行程。

活塞行程是指活塞在往复运动中上止点与下止点之间的距离，单位为 mm。

（4）活塞行程与缸径比。

活塞行程与缸径比是指活塞行程与第一级气缸直径之比,直接影响压缩机外形尺寸和质量、机件的应力和变形、气阀在气缸的安装位置以及气缸中进行的工作过程。

（5）气缸缸数。

气缸缸数是指同一级压缩缸的个数。空压机的排气量与同级缸数成正比。

（6）级数。

级数是指空气在排出压缩机之前受到压缩的次数，影响排气压力和空压机效率。只受到一次压缩的称为单级压缩，受到两次压缩的称为两级压缩，受到两级以上压缩的称为多级压缩。

知识点三、活塞式压缩机的型号

活塞式压缩机型号由大写汉语拼音字母和阿拉伯数字组成，可表述为：

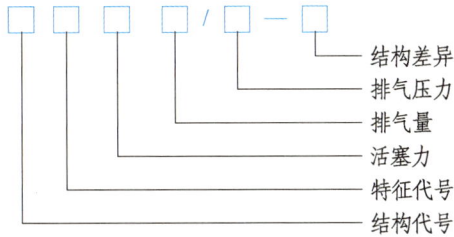

$$\square\square\square\square/\square-\square$$

结构差异
排气压力
排气量
活塞力
特征代号
结构代号

（1）结构代号。

结构代号表示气缸的排列方式。V 表示 V 型；W 表示 W 型；Z 表示 Z 型；X 表示星型；L 表示立式；P 表示卧式；M 表示 M 型；H 表示 H 型；D 表示两列对称平衡型。

（2）特征代号。

特征代号表示压缩机具有的附加特点。F 表示风冷固定式；Y 表示移动式；W 表示无润滑；WJ 表示无基础；D 表示低噪声罩式。

（3）活塞力。

活塞力是指压缩机在运行中，活塞所承受的气体压力、气缸壁与活塞之间的摩擦力、运动部件的惯性力等各种力的总和，单位为 t。

（4）排气量。

排气量是指活塞式空压机末级排出的单位时间内的压缩空气量，单位为 m^3/min。

（5）排气压力。

排气压力是指末级排气的压力，单位为 kPa。

实例：

（1）L$_2$-10/8 表示气缸排列成 L 型立卧结合的结构，活塞力为 2 t，排气量为 10 m^3/min，排气压力为 0.8 MPa，往复活塞式压缩机。

（2）H$_{22}$-165/320 表示气缸排列为 H 型对称平衡式结构，活塞力为 22 t，排气量为 165 m^3/min，排气压力为 32 MPa，往复活塞式压缩机。

知识点四、活塞式压缩机的选择

1. 确定空压机工作压力

空压机选型时，首先要确定用气端所需要的工作压力，加上 100 ~ 200 kPa 的余量，再选择空压机的压力。如果管路通径的大小和转弯点的多少也是造成压力损失的因素，那么需要加大管路通径、减少转弯点以减小压力损失，否则压力损失会很大。因此，当空压机与各用气端管路之间距离较远时，应适当加大主管的通径。如果环境条件符合空压机的安装要求且工况允许的情况下，可在用气端就近安装。

2. 确定空压机相应容积流量

在确定空压机相应容积流量时，需要考虑以下因素：

（1）空压机选型时，应首先了解所有用气设备的容积流量（总流量乘以 1.2）。

（2）向设备供应商了解用气设备的容积、流量参数，根据流量参数对空压机进行选型。

（3）改造空压机站时，可参考原来参数值并结合实际用气情况进行选型。

3. 确定空压机供电容量

在功率不变的情况下，当转速发生变化时，容积流量和工作压力也相应发生变化，转速降低，排气也相应减少，以此类推。

空压机选型功率是在满足工作压力和容积流量的条件下，供电容量能满足所匹配驱动电机的使用功率即可。

4. 空压机选型注意事项

在空压机选型注意事项过程中，应注意以下因素：

（1）考虑排气压力的高低和排气量的大小。

《压缩机 分类》（GB/T 4976—2017）规定一般用途空气动力用压缩机的排气压力为 0.7 MPa（7 个大气压），老标准规定为 0.8 MPa（即 8 个大气压）。因为风动工具和风力机械的设计工作压力为 0.4 MPa，因此空压机这一工作压力完全能满足要求。如果用户要使用的压缩机排气压力为 0.8 MPa，一般需要定制，不能采取强行增压的方法以免造成事故。

排气量的大小也是空压机的主要参数之一,选择空压机的排气量要与所需的排气量相匹配，并留有 10% 的余量。如果用气量大而空压机排气量小，风动工具一起动就会造成空压机排气压力大大降低，而不能驱动风动工具。当然盲目追求大排气量也是错误的，因为排气量越大压缩机装配的电机越大，不但价格高，而且在使用过程中浪费电力能源。

在确定排气量时还要考虑高峰用量、一般用量、低谷用量三种情况。一般将较小排气量的空压机并联工作以获得较大的排气量。随着用气量的增大，逐一开机，这样不但对电网有好处，而且节约电力能源。系统采用主备电源模式，不会因一台机器的故障而造成全线停产。

（2）考虑用气的场合和条件。

用气的场合和环境也是选择压缩机型式的重要因素，如用气场地狭小应选用立式空压机，如船用、车用；如用气的场合做长距离的变动（超过 500 m），则应选用移动式空压机；如果使用的场合不能供电，则应选用柴油机驱动式空压机。

如果使用场合没有自来水，就必须选择风冷式空压机。在风冷、水冷冷却方式上，用户经常会错误认为水冷方式要好一些，其实不然。国内外广泛使用的小型压缩机，风冷式大约占到 90% 以上。

水冷式压缩机有其致命的缺点：

① 必须有完备的上、下水系统，投资大；

② 水冷式冷却器寿命短；

③ 在北方冬季还容易冻坏气缸；

④ 在正常的运转中会浪费大量的水，而风冷式空压机的结构简单，无须水源。

（3）考虑压缩空气的质量。

一般空压机产生的压缩空气均含有一定量的润滑油，并有一定量的水。有些场合是禁油和禁水的，在压缩机选型过程中必须注意，必要时要增加附属装置。解决的办法主要包括：

① 选用无润滑压缩机。

无润滑压缩机气缸中基本上不含油，其活塞环和填料一般为聚四氟乙烯。这类压缩机也有缺点，首先是润滑不良，故障率高；另外，聚四氟乙烯也是一种有害物质，食品、制药行业不能使用，且无润滑压缩机只能做到输气不含油，不能做到不含水。

② 空压机（无论哪种）再增加一级或二级净化装置或干燥器。

这种装置可使压缩机空气既不含油又不含水，使压缩空气中的含油水量在 5×10^{-6} 以下，以满足工艺要求。

（4）考虑运行的安全性。

空压机是一种带压工作的机器，工作时伴有温升和压力，其运行的安全性要放在首位。空压机在设计时除安全阀之外，还设有压力调节器（负荷调节器），实行超压卸荷双保险，只有安全阀而没有压力调节器是不合理的，不但会影响机器的安全保险系数，也会使运行的经济性降低（压力调节器一般的功能为关闭吸气阀，使机器空运转）。

任务实战

请说明 WWD-0.8/10 型空压机中字母和数字含义。

_____

_____

_____

任务评价

完成本任务学习后，根据自身学习体会，结合任务评价表的内容进行评价。

任务评价表

姓　名		组　别			班　级	
日　期			综合评价等级			
评价指标	评价标准			分值	评价方式			
					自我评价（30%）	小组评价（30%）	教师评价（40%）	单项得分
课前预学	课前预习本任务相关知识，查找相关资料			5				
	完成任务引导题目			5				
课堂参与	认真听讲和练习			10				
	积极参与小组讨论，并有详细笔记			10				
课堂互动	积极回答教师问题			5				
	和小组成员有效合作，尊重他人			5				
	小组活动中能围绕主题发表自己的观点			10				
自主探究	独立思考、自主学习，会发现问题			10				
	主动寻求解决问题的方法			10				
	善于观察、分析、思考，能提出创新观点			5				
综合素养	具有一定的安全意识、责任意识、规范意识			5				
	具有吃苦耐劳的精神和严谨认真的学习态度			5				
学习成果	在规定时间内完成本人的分工任务			10				
	完成拓展任务			5				

任务三　活塞式空压机调节

任务引导

引导问题1：说明空压机控制进气调节法的工作过程。

_____

_____

_____

引导问题2：气阀调节法工作原理是什么？

_____

_____

_____

引导问题3：余隙调节法工作原理是什么？

_____

_____

_____

_____

引导问题4：控制进气调节分为_____进气调节法和_____进气调节法。

相关知识

知识点一、转速调节法

活塞式空压机在运行中常见排气量、进排气压力与设计的额定值不相符的情况，称为压缩机的非额定工况。

空压机的选用一般是根据最大耗气量来决定的。在使用中所消耗的气量是变化的，用气量大于空压机排气量时系统中的压力就会降低；用气量小于空压机的排气量时系统中的压力就会升高。要使系统中压力基本保持不变，必须调节空压机的排气量，使排汽量与用气量相对平衡。

空压机的排气量与转速成正比。改变空压机的转速，就可达到调节排气量的目的。转速调节时，排气量按转速成比例地下降，功率也成比例地下降。

转速调节一般是利用储气罐压力的变化，操纵调节电机转速或原动机的油门，以改变压缩机的转速。

调节粗糙、转速只能在60%～100%范围内变化的转速调节方法，多用于小型、微型移动式、内燃机驱动的空压机。

知识点二、停转调节法

空压机停转调节法，需要频繁启停电动机，故多用于长时间停止工作并由电动机驱动的微型和少数小型空压机。多机运转的压缩空气站，也用启、停部分空压机的方法进行调节。

空压机采用图 4-22 所示的停转调节装置实现停转调节。压力继电器 6 与储气罐 5 相连，并控制排气阀的开闭。当罐压升到额定值时，膜片 11 变形内凹推动推杆 13 带动杠杆 10 顺时针摆动，微动开关 9 常闭触点断开，切断电动机电路而自动停机，并使放气阀 3 打开。当罐压降低到一定值时，弹簧力使触点闭合，接通电路关闭放气阀 3。空压机停转时的压力通过调节螺钉 8 调整弹簧 7 的预紧力来控制。

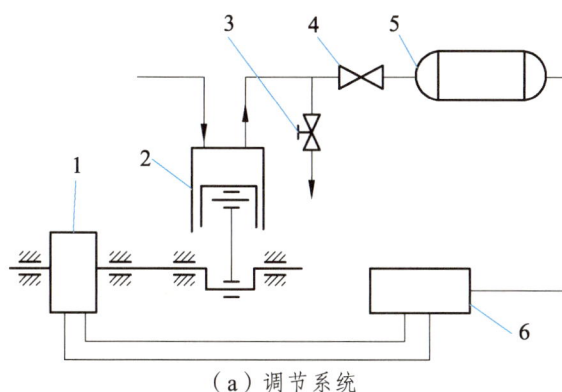

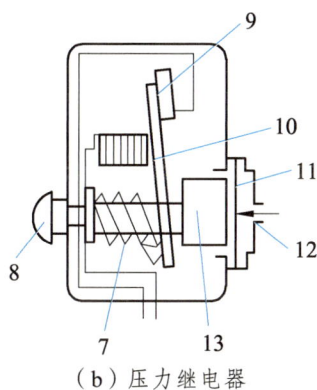

（a）调节系统

停转调节装置

（b）压力继电器

1—电动机；2—压缩机；3—放气阀；4—止回阀；5—储气罐；6—压力继电器；7—弹簧；8—调节螺钉；9—微动开关；
10—杠杆；11—膜片；12—进气口；13—推杆。

图 4-22　停转调节装置

知识点三、控制进气调节法

控制进气调节法分为节流进气调节法和切断进气调节法，常用的是切断进气调节法。切断进气调节法是隔断空压机进气通路，使空压机空转而排气量等于零的调节方法。

调节装置由图 4-23 所示的减荷阀和图 4-24 所示的负荷调节器两部分组成，负荷调节器安装在如图 4-24 所示的减荷阀的侧壁上。

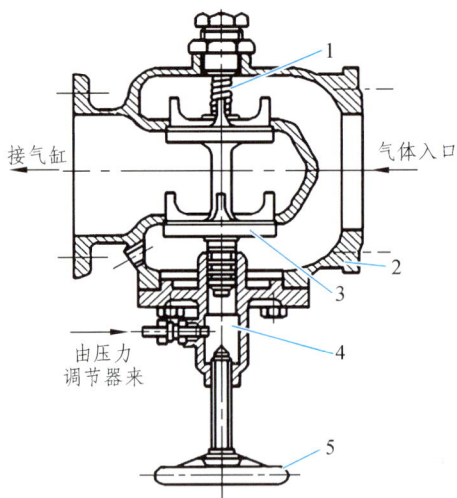

减荷阀

1—弹簧；2—阀体；3—双层阀芯；4—气缸；5—手轮。

图 4-23　减荷阀

负荷调节器

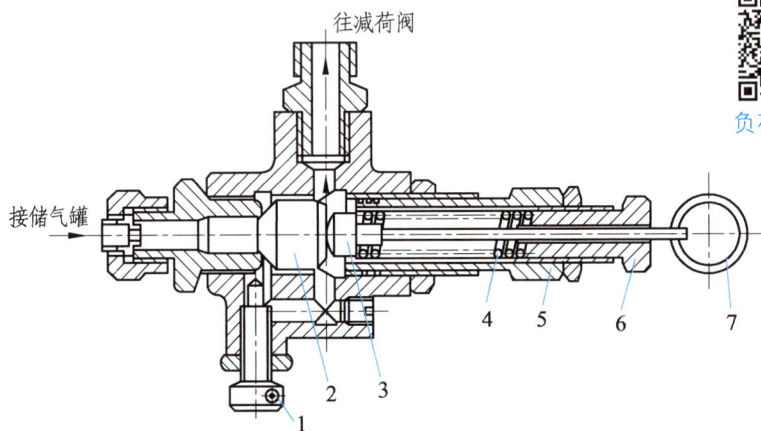

1—节流螺钉；2—阀芯；3—拉杆；4—弹簧；5—外调节套；6—调节螺套；7—拉环手柄。

图 4-24　负荷调节器

当储气罐中的压力高于标定值时，储气罐中的压缩空气经管路进入负荷调节器，推动阀芯，打开通向减荷阀的通路，使压缩空气经接管进入减荷阀的活塞缸，推动小气缸的活塞上行，使双层阀芯向上移动与阀体密切贴合，隔断空气进入一级气缸的通路，空压机处于空转状态而不再排气。

当储气罐中的压力下降到规定值时，负荷调节器中的弹簧把阀芯顶回，切断压缩空气通往减荷阀的通路，减荷阀活塞缸内的压缩空气便从负荷调节器中弹簧腔一侧开通的气路排到大气中，减荷阀的阀芯在弹簧作用下重新打开，空压机恢复吸气、排气。减荷阀的开启压力可分别通过调节减荷阀上弹簧的调节螺母以及负荷调节器上的调节螺套来实现。

拉动负荷调节器上的拉环手柄，通过拉杆可使弹簧压缩，从而打开阀芯，接通减荷阀实现手动调节。

当储气罐中的压力高于标定值时，储气罐中的压缩空气经管路进入负荷调节器，推动阀芯，打开通向减荷阀的通路，使压缩空气经接管进入减荷阀的活塞缸，推动小气缸的活塞上行，使双层阀芯向上移动与阀体密切贴合，隔断空气进入一级气缸的通路，空压机处于空转状态而不再排气。

操作减荷阀上的手轮，推动活塞上移，使阀芯与阀体贴合，关闭进气口，可人工空载启动空压机；启动完毕，再反转手轮把阀打开，进入正常运转。

知识点四、气阀调节法

气阀调节法是利用压开装置，将进气阀强行打开，使从进气行程吸入的空气在活塞中由进气阀排出。没有压缩过程，此时压缩机泄漏量最大，排气量为零。

若在活塞部分行程压开进气阀，排气量则由进气阀被强制压开的时间而定。通过改变压缩机泄漏量来实现调节排气量，可实现连续或分级调节。

知识点五、余隙调节法

余隙调节法就是使气缸和补助容积（余隙缸或余隙阀）连通，加大余隙容积，气缸吸气时余隙中的残留气体膨胀，导致工作容积减少，降低排气量。若补助容积的大小可连续变化，排气量也可连续调节。若补助容积为若干固定容积，则可分级调节。分级调节装置的示意如图 4-25 所示。

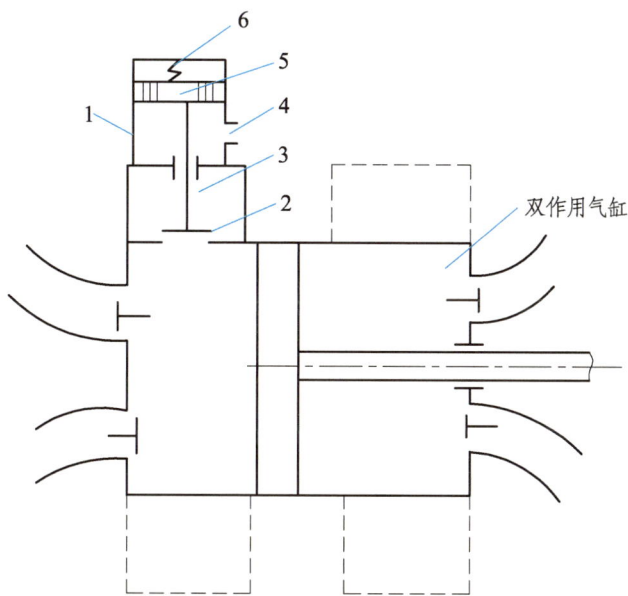

分级调节装置的示意图

1—卸荷器；2—阀；3—补助容器腔室；4—进气管；5—小活塞；6—弹簧。

图 4-25　分级调节装置的示意

在双作用气缸上设置 4 个容积相等的补助容器和卸荷器。当储气罐中的压力增加到一定值时，压缩空气经调节器（图 4-25 中未画出）由进气管 4 进入卸荷器 1 内，推动小活塞 5 将阀 2 打开，此时补助容器腔室 3 与气缸连通，一部分压缩空气进入腔室中，加大了余隙容积。当排气完毕后，补助容器腔室 3 中的压缩空气与气缸中的余气一起膨胀，因此进气量减少，相应的排气量也减少了。

任务实战

自行车维修店使用的空压机时而运转、时而停止,你认为该空压机采用的是哪种调节方法。

_____

_____

_____

_____

任务评价

本任务学习后,请学生根据自身学习体会,结合作任务评价表所列内容进行评价。

任务评价表

姓　名		组　别		班　级			
日　期		综合评价等级					
评价指标	评价标准		分值	评价方式			
				自我评价（30%）	小组评价（30%）	教师评价（40%）	单项得分
课前预学	课前预习本任务相关知识,查找相关资料		5				
	完成任务引导题目		5				
课堂参与	认真听讲和练习		10				
	积极参与小组讨论,并有详细笔记		10				
课堂互动	积极回答教师问题		5				
	和小组成员有效合作,尊重他人		5				
	小组活动中能围绕主题发表自己的观点		10				
自主探究	独立思考、自主学习,会发现问题		10				
	主动寻求解决问题的方法		10				
	善于观察、分析、思考,能提出创新观点		5				
综合素养	具有一定的安全意识、责任意识、规范意识		5				
	具有吃苦耐劳的精神和严谨认真的学习态度		5				
学习成果	在规定时间内完成本人的分工任务		10				
	完成拓展任务		5				

任务引导

引导问题 1：空压机润滑油温度异常升高的原因有哪些？

_____

_____

_____

引导问题 2：空压机活塞内进水的原因有哪些？

_____

_____

_____

引导问题 3：进排气阀同时打开会出现什么问题？

_____

_____

_____

引导问题 4：活塞环磨损过快的原因有哪些？

_____

_____

_____

_____

相关知识

空压机的故障主要由机件的自然磨损、零部件选料不当或加工精度误差、安装误差以及操作失误、维修维护不到位等因素造成。

空压机常见的故障，大致分为润滑系统故障、冷却系统故障、压力异常、排气温度过高、机件破坏、异常声响以及示功图显示的故障。

知识点一、润滑系统故障

1. 油压突然降低

油压突然降低的原因及检修方法主要包括：

（1）油池油量不足，需要加油。

（2）油压表失灵，应更换油压表。

（3）管路堵塞，需要清洗管路。

（4）油泵机械故障，需要检修油泵。

2. 油压逐渐降低

油压逐渐降低的原因及检修方法主要包括：

（1）压油管漏油，需要检修管路。

（2）过滤器堵塞，需要清洗过滤器。

（3）连杆、油泵等机械磨损，需要检修更换。

（4）油液性能不符，需要更换油液。

3. 润滑油温度过高

润滑油温度过高的原因及检修方法主要包括：

（1）润滑油供应不足，需要加油、检查。

（2）润滑油性能差，需要更换。

（3）运动机构磨损或配合过紧，需要检修。

（4）冷却系统故障，需要检修。

4. 润滑油消耗量过大

润滑油消耗量过大的原因及检修方法主要包括：

（1）润滑部位漏油，需要检修。

（2）注油器供油过多，需要调节。

（3）刮油效果差，需要检修或更换刮油环。

知识点二、冷却系统故障

1. 冷却水温正常，排气温度过高

冷却水温正常，排气温度过高的原因及检修方法主要包括：

（1）供水不足、漏水，应调整供水，检修管路。

（2）管路积垢，应清洗管路。

（3）冷却器效率低，应检修冷却器。

2. 出水温度高，冷却效果差

出水温度高，冷却效果差的原因及检修方法主要包括：

（1）供水不足、漏水，应调整供水检修管路。

（2）进水温度高，应控制供水温度。

3. 气缸内有水

气缸内有水的原因及检修方法主要包括：

（1）气缸密封垫片破裂，应检修气缸。

（2）中间或后冷却器密封不严或管子破裂，应检修冷却器。

知识点三、压力异常

1. 排气压力过高

排气压力过高的原因及检修方法主要包括：

（1）负荷调节器失灵或调整不当，应吹洗检修调整。

（2）减荷阀失灵，应吹洗检修调整。

2. 排气压力过低

排气压力过低的原因及检修方法主要包括：

（1）安全阀故障，应检修或更换安全阀。

（2）气阀座泄漏或活塞环磨损，应检修气阀或更换活塞环。

（3）空气过滤器严重堵塞，应检修吹洗空气过滤器。

3. 进气阀和排气阀漏气

（1）阀片断裂或启闭异常。

阀片断裂或启闭异常的原因及检修方法主要包括：

① 弹簧折断、阀片受力不均，应检修阀片，更换弹簧。

② 弹簧不垂直或同一阀片上弹簧的弹力相差过大，应检修或更换。

③ 弹簧弹力过小，使阀片受到较大冲击，应检修或更换弹簧。

④ 阀片材料或制造质量不良，应检修或更换阀片。

⑤ 润滑油过多，影响阀片正常启闭，同时容易积碳结垢，使阀片脏污。检修或更换阀片。

（2）阀片与阀座密封不严。

阀片与阀座密封不严的原因及检修主要包括：

① 阀片与阀座密封结合面不平，应研磨结合面。

② 进气不清洁，积尘结垢，应清洗研磨结合面。

③ 阀片支撑面密封损坏，应更换密封环。

4. 压力分配失调

压力分配失调的原因及检修方法主要包括：

（1）一级进气阀或排气阀漏气，应检修进排气阀。

（2）二级进排气阀漏气，应检修进排气阀。

知识点四、异常声响和过热

1. 运动部件异常声响

运动部件异常声响的原因及检修方法主要包括：

（1）气缸内有异物，应检修气缸。

（2）气缸进水，应检修气缸。

（3）活塞或气缸磨损，应修配气缸或活塞。

（4）活塞和活塞杆的紧固螺栓松动，应紧固螺栓。

（5）活塞杆与十字头的紧固螺母松动，应紧固螺母。

（6）连接销与销孔配合不当，应调整间隙。

（7）曲轴连杆或活塞组件机械损伤，应修配或更换。

（8）带轮、飞轮不平衡，应检查调整。

2. 工作摩擦面过热

工作摩擦面过热的原因及检修方法主要包括：

（1）供油不足、油脏、油质不好、油中含水过多。应检修润滑系统，换油。

（2）摩擦面拉毛，应修磨摩擦面。

（3）连杆大头轴瓦抱得太紧，应加垫片调整间隙。

3. 空压机过热

空压机过热的原因及检修方法主要包括：

（1）冷却不良、气阀故障或缸内积炭严重，应检修冷却系统和气阀、气缸。

（2）运动部件之间间隙太小，造成摩擦阻力大，应调整间隙。

（3）润滑油被吸入气缸而燃烧，应检修密封，调整供油。

（4）润滑油不合规定或供油不足，应换油，调整供油。

知识点五、安全阀故障

1. 安全阀不能适时开启

安全阀不能适时开启的原因及检修方法主要包括：

（1）阀内有脏物，应清洗吹除脏物。

（2）弹簧压力调整不合适，应调整。

2. 阀芯密封不严

阀芯密封不严的原因及检修方法主要包括：

（1）阀内有脏物，应清洗吹除脏物。

（2）阀芯磨损，应研磨或更换。

3. 安全阀开启后压力持续升高

安全阀开启后压力持续升高的原因主要是阀内有脏物或开启度不够，应拆卸清洗，重新调整。

知识点六、主要零部件损坏

1. 活塞环磨损过快

活塞环磨损过快的原因及检修方法主要包括：

（1）材质硬度不够、硬度不均匀，应更换活塞环。

（2）润滑油质量不符合要求，应换油。

（3）供油量不足或过多形成积炭结垢，应清洗积炭，调整供油量。

（4）吸入空气不干净，灰尘进入气缸，应清洗空气过滤器。

（5）活塞环或气缸壁表面粗糙度变差，加剧磨损，应检修气缸。

2. 连杆与连杆螺栓损坏、断裂

连杆与连杆螺栓损坏、断裂的原因及检修方法主要包括：

（1）预紧力过大，应调整。

（2）连杆螺栓松动导致大小头轴瓦严重松动损坏，应拧紧螺栓、更换大小头轴瓦。

（3）精度差或装配不当而承受不均匀载荷，应检修调整精度或重新装配。

（4）大头瓦温度过高引起螺栓膨胀伸长，应检修调整大头瓦，更换螺栓。

（5）活塞在缸内卡死或超负荷运转，使螺栓承受过大应力，应检修气缸。

（6）经长时间运转后疲劳强度下降，一律更换。

（7）轴瓦间隙过大、磨损过大或损坏，应调整更换轴瓦。

3. 活塞咬死或损坏

活塞咬死或损坏的原因及检修方法主要包括：

（1）气缸内断油或油质太差，吸入空气含有杂质，积炭太多，应换油、防尘。

（2）因冷却水量不足，气缸过热，润滑油氧化分解，应改善冷却环境。

（3）过热的气缸采用强行制冷使气缸急剧收缩，但活塞还没有冷却收缩，致使气缸突然咬死，应修配。

（4）安装时运动机构未校正使活塞卡死，应检修活塞。

（5）气缸与活塞的间隙过小，应修配气缸。

（6）活塞环磨损过大或断裂，应更换活塞环。

（7）缸内有异物，应检修气缸。

（8）活塞和气缸材料不符合线性膨胀要求及硬度要求，应更换活塞和气缸材料。

任务实战

一台活塞式空压机排气压力达不到额定压力，试分析其原因。

_____

_____

_____

完成本任务学习后，根据自身学习体会，结合任务评价表的内容进行评价。

任务评价表

姓　名		组　别		班　级			
日　期		综合评价等级					
评价指标	评 价 标 准		分值	评价方式			
				自我评价（30%）	小组评价（30%）	教师评价（40%）	单项得分
课前预学	课前预习本任务相关知识，查找相关资料		5				
	完成任务引导题目		5				
课堂参与	认真听讲和练习		10				
	积极参与小组讨论，并有详细笔记		10				
课堂互动	积极回答教师问题		5				
	和小组成员有效合作，尊重他人		5				
	小组活动中能围绕主题发表自己的观点		10				
自主探究	独立思考、自主学习，会发现问题		10				
	主动寻求解决问题的方法		10				
	善于观察、分析、思考，能提出创新观点		5				
综合素养	具有一定的安全意识、责任意识、规范意识		5				
	具有吃苦耐劳的精神和严谨认真的学习态度		5				
学习成果	在规定时间内完成本人的分工任务		10				
	完成拓展任务		5				

任务五　螺杆式空压机检修

任务引导

引导问题1：叙述螺杆式空气压缩机的工作原理。

_____

_____

_____

_____

_____

引导问题2：螺杆式空压机的气路系统工作流程是什么？

_____

_____

_____

_____

引导问题3：螺杆式空压机的油路系统工作流程是什么？

_____

_____

_____

_____

_____

引导问题4：螺杆式空压机主机由两个_____、_____、_____、机体构成，起压缩气体作用。

引导问题5：常用压缩空气净化设备的种类有_____、_____、过滤器等三种。

相关知识

知识点一、螺杆式空压机的工作原理

1. 工作原理

螺杆式空压机通过电机传动主机的转动压缩空气。螺杆空压机的核心部件是压缩主机，属于容积式压缩机的一种。空气压缩是在压缩腔内由高速旋转的阴阳转子空间变化而产生的。电机通过联轴器传动，由变速齿轮增速后驱动阳转子，再由阳转子带动阴转子，旋转的空间变化而产生的（一般阴转子的齿数大于阳转子的）。

螺杆式压缩机的主动转子节圆外具有凸齿，从动转子节圆内具有凹齿。如果将阳转子的齿当作活塞，阴转子的齿槽视为气缸（齿槽与机体内圆柱面及端壁面共同构成工作容积称为基元容积），这就如同活塞式压缩机的工作过程，随着一对螺杆旋转啮合运动，转子的基元容积由于阴、阳转子的相继侵入而发生改变。在吸气端设置同步齿轮，由厚齿和薄齿叠合在一起，通过调整厚齿和薄齿的相对位置，可以调整阴、阳转子间的啮合间隙，保障阴、阳转子即使在反转时也不接触，减少了磨损，提高了使用寿命。

干式（无油润滑）螺杆式压缩机为了保障转子间必不可少的间隙，通常采用同步齿轮。干式螺杆压缩机中阳转子（主动转子）靠同步齿轮带动阴转子（从动转子），转子啮合过程中互不接触，依靠有一定间隙的一对螺杆高速旋转，达到密封气体和压缩气体的目的。干式螺杆压缩机的气缸上带有冷却水套，用来冷却被压缩的气体。螺杆式空气压缩机的基本结构包括气缸、阴转子、阳转子、同步齿轮、轴承、密封装置以及气量调节装置等主要部件。具有优良的可靠性、质量轻、震动小、噪声低、运行效率高。

喷油式螺杆压缩机通过喷油对压缩腔进行高温冷却和润滑，压缩腔内的压缩空气和润滑油的混合气体经过两道粗、精分离，将压缩空气中的机油分离出来，得到相对较洁净的压缩空气。喷入压缩腔内的机油与空气混合，在转子齿槽间被有效地压缩。机油在转子齿槽间和腔壁形成一层油膜，避免金属与金属之间的直接接触，密封转子各部分的间隙并且吸收产生的大部分热量。螺杆式空压机工作过程如图 4-26 所示。

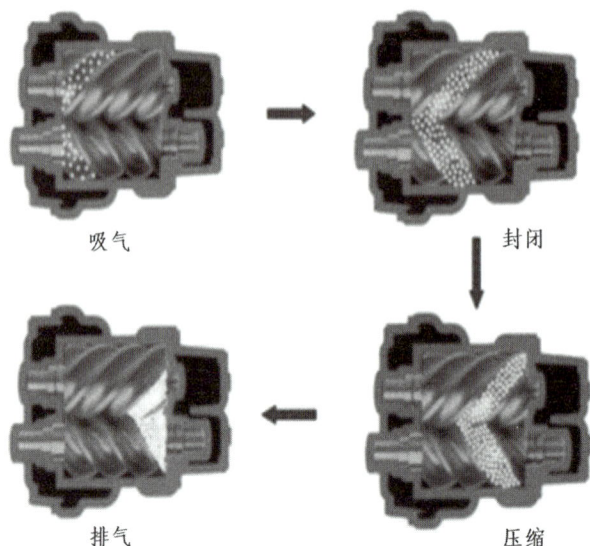

图 4-26　螺杆式空压机工作过程

与往复式压缩机相比，螺杆式压缩机具有以下特点：

（1）结构简单，运动部件少，没有往复式压缩机需要经常维修的气阀、活塞环、填料密封等零部件，维护简单，费用较低，使用寿命较长。

（2）减少或消除了气流脉动。

（3）能压缩湿气体以及含有液滴的气体。

（4）在有冷却润滑剂连续流动的情况下，允许的单级压力可高达 20～30 MPa，并且排气温度较低。

（5）由于不存在往复惯性力，可在高转速、高压比下工作。特别是喷油或喷液的螺杆式压缩机，由于压缩气体内冷效果好于往复式压缩机的外部冷却，因而功率利用充分。

（6）转子型线复杂，加工要求高，不适于用作高压压缩机。特别是干式螺杆压缩机，为了减少内部温度的上升，必须用增速齿轮提高其转数，因此机械损耗大，运行中气流噪声较大。

2. 工作过程

（1）吸气过程。

如图 4-26 所示，螺杆式空压机的进气侧吸气口，压缩室必须能够充分地吸气。螺杆式压缩机无进气阀组和排气阀组，进气只靠减荷阀的开启、关闭来进行调节。当转子转动时，转子的齿沟空间在转至进气端壁开口时，其空间最大，此时转子的齿沟空间与进气口的自由空气相通，因此在排气时齿沟空气被全数排出。排气完成后，齿沟处于真空状态。当转子转至进气口时，外界空气即被吸入，沿轴向流入阴阳转子的齿沟内。当空气充满整个齿沟时，转子进气侧端面转离机壳进气口，在齿间空气即被封闭。

（2）封闭及输气过程。

排气时齿沟空气被全数排出，排气完成后齿沟处于真空状态。当转子转至进气口时，外界空气被吸入，沿轴向流入阴阳转子的齿沟内。当空气充满整个齿沟时，转子进气侧端面转离机壳进气口，齿间空气被封闭。

（3）压缩及喷油过程。

在输送过程中，啮合面逐渐向排气端移动，即啮合面与排气口间的间隙（空间）逐渐被减小，齿沟内空气逐渐被压缩，压力提高，此过程称为压缩过程。在压缩的同时，润滑油因压力差的作用而喷入压缩室内与空气混合，此过程称为喷油过程。

（4）排气过程。

当转子的啮合端面转到与机壳排气口相通时，压缩气体的压力最高。被压缩的气体开始从齿隙排出，直至齿顶与齿沟的啮合面移至排气端面，此时两转子的啮合面与机壳排气口齿沟空间为零，完成排气过程。同时，转子啮合面与机壳进气口之间的齿沟长度达到最长，开始吸气过程。

知识点二、螺杆式空压机系统组成

1. 气路系统

（1）系统运行流程。

如图 4-27 所示，环境空气经由空气过滤器 1 除尘后，经卸荷阀 2 进入压缩机主机 3 的压缩室进行压缩，同时与喷入压缩腔内的润滑油混合，与油混合的压缩空气经排气单向阀 4 进入油气分离器 5 进行油和气的分离，经过分离后的压缩空气通过最小压力阀 6 后进入后冷却器 7、自动疏水的水气分离器 8，然后由供气阀送入用户使用系统中。

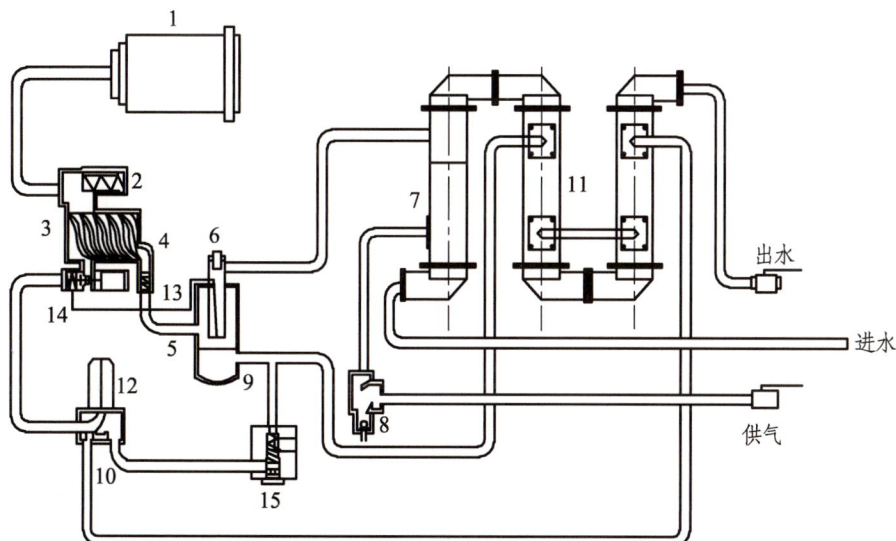

1—空气过滤器；2—卸荷阀；3—主机；4—单向阀；5，9，10—油气分离器；6—最小压力阀；
7—后冷却器；8—自动疏水的水气分离器；11—油冷却器；12—油过滤器；
13—回油管；14—断油阀；15—温控阀

图 4-27 螺杆式空压机系统流程

（2）气路系统各组件功能。

空气过滤器为干式纸制过滤器，过滤纸细孔度为 10 μm，通常每 500～1 000 h 应进行清洁，清洁方法是使用低压空气由内向外吹。

机组处于空载运行时，卸荷阀处于关闭状态；机组处于负载运行时，高压空气克服卸荷阀的弹簧力，使卸荷阀处于开启状态。

主机由两个螺杆、轴承、电机、机体构成，起压缩气体作用。

单向阀是为了防止停机时油气分离器中的压缩空气倒流回机体内，造成转子反转。

油气分离器的滤芯由多层细密的玻璃纤维等材料组成，压缩空气中所含的雾状油气经过滤芯后几乎可以被完全滤除，含油量可低于 $5×10^{-6}$。正常情况下滤芯的使用寿命为 4 000 h。

最小压力阀是为了保证设备运行启动时优先建立起润滑所需的循环压力，确保机组的润滑；在压力达到 0.4 MPa 之后最小压力被打开，可降低流过精油气分离器的空气流速，确保油气分离的效果，保护油气分离器滤芯不会因压差过大而损坏。

水冷却机组的后气冷却器为管壳式结构，利用冷却水来冷却压缩空气，其排气温度在 40 ℃ 以下（冷却水入口水温最高不得超过 35 ℃）。水冷型空压机对环境温度条件不敏感，容易控制排气温度。若冷却水质太差，则冷却器易结垢堵塞，水的 pH 值很低（即酸度较高），应使用特殊铜材质。

水气分离器除去因空气冷却后所冷凝出来的水分、油滴及杂质等。压缩空气经过水气分离器后送出设备，设浮球阀可自动排水。

安全阀在压力开关调节不当或失灵而使油气分离器内压力比设定排气压力高出 0.1 MPa 以上时自动打开，使压力降至设定排气压力以下。

自动放空阀在压缩机卸载或停机时自动打开，使油气分离器与大气相通，放气泄压。

2. 油路系统

（1）系统运行流程。

如图 4-27 所示，油气分离器 9 内压力将润滑油压入油冷却器 11，在油冷却器 11 内冷却后，经油过滤器 12 除去润滑油中的杂质颗粒等，再经过断油阀 14，然后分成两路，一路由主机 3 下端喷入压缩室冷却压缩空气，另一路通过机体的两端用来润滑轴承组和传动齿轮，然后各部分润滑油聚集于压缩室的底部，随着压缩空气排出。

与油混合的压缩空气经过单向阀 4 进入油气分离器 5，先通过机械式旋风与撞击分离掉大部分油，其余含油雾空气再经过油气分离器 5 的滤芯，滤除剩余的油，干净的压缩空气经过最小压力阀 6 进入后冷却器 7 冷却后，送至使用系统。

（2）各组件功能。

油过滤器 12 与气冷却器的冷却方式相同。

油过滤器 12 是一种纸质的过滤器，可以除去油中的杂质，如金属颗粒、油劣化物等，过滤精度为 10～15 μm，对轴承和转子具有保护作用。过滤器的更换周期最好不要超过设备的运行时间 1 500 h。

断油阀 14 在主机开机时开启，停机时关闭。断油阀在停机时迅速切断油路，避免油气分离器 5 内的油继续喷入压缩机内，导致润滑油由进气口喷出。断油阀 14 是重要零部件之一，一旦发生故障则会导致压缩机主机因失油而损坏。

油气分离器在油路系统和气路系统中的作用相同。

当机组正常工作时，其排气温度最好高于环境温度 40～50 ℃，因为过低的排气温度会影响压缩机的正常使用。机组的排气温度不低于 70 ℃，可以有效地提高机组的可靠性、延长机组的使用寿命。温控阀 15 的内腔有一个旁通阀门，此门是敞开的，当温度低于 70 ℃时润滑油经旁通阀门、旁通油管、油过滤器 12、断油阀 14 直接进入主机 3 的工作腔，此时润滑油未经冷却。

3. 冷却系统

冷却水水质不能低于一般工业用水标准，尽量避免使用地下水，若水质差则冷却水塔必须定期加清洗剂来清洗沉积物，以免影响冷却器的效率或使用寿命。

冷却水水质必须满足：

（1）冷却水接近中性，即氢离子浓度的 pH 应在 6.5～9.5 之间；

（2）有机物质和悬浮机械杂质应小于 25 mg/L，含油量小于 5 mg/L；

（3）暂时硬度不超过 10°（硬度 1°相当于是 1 L 水中含有 10 mg CaO，或 7.19 mg MgO）；

（4）冷却水温度不超过 30 ℃，若高于 30 ℃则气冷系统和水冷系统应各自设置进出水管，不能串联；

（5）进水压力不低于 0.2 Mpa 且小于 0.5 MPa。

4. 压缩空气净化设备的作用

经空气压缩机排出的压缩空气含有一定的水分、微量的杂质和微量的油分，压缩空气净化设备的作用就是对压缩空气进行净化处理，去除压缩空气中的其他杂质、水分、油分，因此也称为压缩空气后处理设备。

常用压缩空气净化设备的种类包括储气罐、干燥机（吸附式和冷冻式）、过滤器等三种。

知识点三、螺杆式空压机的检修

1. 空压机无法正常启动

（1）空压机无法正常启动的原因包括：

① 保险丝烧断；

② 启动电器故障；

③ 启动按钮接触不良；

④ 电路接触不良；

⑤ 电压过低；

⑥ 主电机故障；

⑦ 主机故障（主机有异常声，局部发烫）；

⑧ 电源缺相；

⑨ 风扇电动机过载（风冷式）。

（2）检测方法包括：检修电气线路或更换相关材料。

2. 运行电流高、空压机自动停机（主电机过热报警）

运行电流高、空压机自动停机（主电机过热报警）的原因及检修方法主要包括：

（1）电压太低，应检查供电及电路。

（2）排气压力过高，应检查或调整压力参数。

（3）油气分离器堵塞，应清洗检查。

（4）压缩机主机故障，应拆机检查。

（5）电路故障，应检查电路。

3. 排气温度低于正常要求

排气温度低于正常要求的原因及检修方法主要包括：

（1）温控阀失灵则检修、清洗或更换阀芯。

（2）空载过久，则加大用气量或停机。

（3）排气温度传感器失灵，则检查、更换。

（4）进气阀失灵，吸气口未全打开，则清洗、检修。

4. 排气温度过高、空压机自动停机（排气温度过高报警）

排气温度过高、空压机自动停机（排气温度过高报警）的原因及检修方法主要包括：

（1）润滑油量不足，则检查加油。

（2）润滑油规格/型号不对，则换油。

（3）油过滤器堵塞，则清洗。

（4）油冷却器堵塞或表面污垢严重，则清洗。

（5）温度传感器故障，则检查清洗或更换。

（6）温控阀失控，则检查更换。

5. 排出气体含油量大

排出气体含油量大的原因及检修方法主要包括：

（1）油气分离器破损，则更换新件。

（2）单向回油阀堵塞，则清洗。

（3）润滑油过量，则放出部分油。

6. 空压机排气量低于正常要求

空压机排气量低于正常要求的原因及检修方法主要包括：

（1）空气滤清器堵塞，则清除杂质或更换新件。

（2）油气分离器堵塞，则清洗。

（3）电磁阀漏气，则检修或更换。

（4）气管路元件泄漏，则检修或更换。

（5）进气阀不能完全打开，则检修或更换。

7. 停机后从空气滤清器吐油

停机后从空气滤清器吐油的原因及检修主要包括：进气阀内的单向阀弹簧失效或单向阀密封圈损坏，则更换损坏的元件。

8. 安全阀动作喷气

安全阀动作喷气的原因及检修方法主要包括：

（1）安全阀使用时间长、弹簧疲劳，则更换或重新调整。

（2）油气分离器堵塞，则清洗。

（3）压力控制失灵、工作压力高，则检查重新调定。

任务实战

一台螺杆式空压机排气量低于额定流量，试分析原因。

_____

_____

_____

_____

任务评价

完成本任务学习后，根据自身学习体会，结合任务评价表的内容进行评价。

任务评价表

姓 名		组 别		班 级		
日 期		综合评价等级				
评价指标	评 价 标 准	分值	评价方式			
			自我评价（30%）	小组评价（30%）	教师评价（40%）	单项得分
课前预学	课前预习本任务相关知识，查找相关资料	5				
	完成任务引导题目	5				
课堂参与	认真听讲和练习	10				
	积极参与小组讨论，并有详细笔记	10				
课堂互动	积极回答教师问题	5				
	和小组成员有效合作，尊重他人	5				
	小组活动中能围绕主题发表自己的观点	10				
自主探究	独立思考、自主学习，会发现问题	10				
	主动寻求解决问题的方法	10				
	善于观察、分析、思考，能提出创新观点	5				
综合素养	具有一定的安全意识、责任意识、规范意识	5				
	具有吃苦耐劳的精神和严谨认真的学习态度	5				
学习成果	在规定时间内完成本人的分工任务	10				
	完成拓展任务	5				

练习思考题

1. 判断题

（1）余隙调节是利用增大空压机余隙来减少进气量。 （ ）

（2）活塞杆与活塞的连接有圆柱凸肩和锥面连接两种方式。 （ ）

（3）连杆体内有贯穿大小头的油孔，该孔把润滑油输送到十字头，使曲柄销和连杆、连杆和十字头销之间的相对运动部分得到润滑。 （ ）

（4）二级进排气阀漏气不会导致压力分配失调，应检修进排气阀。 （ ）

（5）为了保证气缸的冷却，气缸水套内必须有足够的冷却水流通，冷却水一般从上部进、下部出。 （ ）

（6）活塞式空压机排气量达到最大时的活塞极限位置叫作外止点。 （ ）

（7）滑动轴承一般都制成整体式。 （ ）

（8）若在活塞部分行程压开进气阀，排气量则由进气阀被强制压开的时间而定。通过改变压缩机泄漏量来实现调节排气量，可实现连续或分级调节。 （ ）

（9）运转时，机体要承受活塞与气体的作用力和运动部件的惯性力，并将这些力和自身重力传到基础上。 （ ）

（10）中间或后冷却器密封不严、管子破裂都会导致气缸内有水，应检修冷却器。 （ ）

2. 填空题

（1）空压机的理论工作循环_____图中工作循环所包围的面积愈小，则所消耗的理论功愈少。

（2）L型空压机一级气缸为____列，另一级气缸为____列，两气缸呈L形布置。

（3）L型空压机运动机构的润滑通过_____泵进行。

（4）当负荷调节器失灵，排气压力超过规定的安全压力时，_____就自动开启，排出过量气体而释压，当压力降到规定值时则自动关闭，保证了空压机的正常运行。

（5）实际应用中，常将两级压缩空压机安全阀的开启压力规定为：一级在排气压力值的基础上增加_____、二级增加_____；一、二级的关闭压力都为额定排气压力值。

（6）气阀原理是利用气阀两侧的_____差，加上弹簧的作用力使阀片及时自动地开启和关闭，让空气能顺利地吸入和排出气缸。

（7）进气阀与排气阀结构的不同之处在于_____阀只能向气缸内开启，_____阀只能向气缸外开启。

（8）空压机的_____传递电动机的扭矩给连杆。

（9）_____是连接连杆与活塞杆的零件，按其与连杆的连接方式的不同，可分为开式和闭式两种。

（10）自由状态下，_____环的外径大于气缸的内径，环的内径小于活塞外径。

3. 单项选择题

（1）关于活塞式空压机实际工作循环示功图，叙述错误的是（ ）。

A. 一次工作循环中除吸气、压缩和排气过程外，还有膨胀过程（剩余气体的膨胀降压）

B. 吸气过程压力值低于名义吸气压力线，排气过程压力值高于名义排气压力线，且吸气、排气过程线呈波浪形

C. 压缩、膨胀过程曲线的指数值是恒定不变的

D. 理论与实际示功图差别较大，是因为压缩机在实际工作过程中受到余隙容积、压力损失、气流脉动、空气泄漏及热交换等多种因素的影响

（2）关于空压机的停转调节，叙述错误的是（　　　）。

A. 空压机不可以采用压力调节继电器实现停转调节

B. 由于启停电动机频繁，故停转调节多用于需长时间停止工作，并由电动机驱动的微型和少数小型空压机

C. 多机运转的压缩空气站，也用启、停部分空压机的方法进行调节

D. 压力调节继电器与储气罐相连，并控制排气阀的开闭

（3）空压机润滑油消耗量过大的故障分析处理不包括（　　　）。

A. 润滑部位漏油，需要检修

B. 注油器供油过多，需要调节

C. 连杆、油泵等机械磨损，需要检修更换

D. 刮油效果差，需要检修或更换刮油环

（4）空压机润滑油消耗量过大的故障分析处理不包括（　　　）。

A. 润滑部位漏油，需要检修

B. 注油器供油过多，需要调节

C. 连杆、油泵等机械磨损，需要检修更换

D. 刮油效果差，需要检修或更换刮油环

（5）L型空压机中间冷却器不包括（　　　）。

A. 负荷调节器　　　　B. 外壳　　　　　C. 冷却水管芯　　D. 油水分离器

（6）下面关于安全阀叙述错误的是（　　　）。

A. 当负荷调节器失灵，排气压力超过规定的安全压力时，安全阀就自动开启，排出过量气体而释压。当压力降到规定值时则自动关闭，保证了空压机的正常运行

B. 安全阀是空压机上唯一的安全保护装置

C. 安全阀常用的有弹簧式

D. 安全阀常用的有重锤式

（7）下面关于气阀叙述正确的是（　　　）。

A. 利用气阀进口侧的气压差，加上液压力使阀片及时自动地开启和关闭，让空气能顺利地吸入或排出气缸

B. 气阀按其功能只有进气阀一种

C. 环状进气阀与排气阀结构的不同之处在于进气阀只能向气缸内开启，排气阀只能向气缸外开启

D. 环状阀一般采用多个小螺钉均匀地布置在阀片上，在安装和维修时要注意同组阀乃至同级阀上所有螺钉的高度一致

（8）下面关于环装阀的叙述错误的是（　　　）。

A. 环状阀的特点是结构复杂，制造困难

B. 改变阀片环数，就能改变排气量，而不受压力和转速的限制

C. 由于阀片是分开的，各弹簧的弹力不一致，阀片启闭时就不易同步、及时和迅速，从而降低气体流量，影响压缩机的工作效率

D. 弹簧在阀片上只有几个作用点，使阀片在气体作用力下产生附加弯曲应力，这都将加速阀片和凸台的磨损

（9）关于空压机的轴承叙述正确的是（   ）。

A. 轴承只有滑动轴承一类

B. 压缩机一般用 C 级轴承

C. 滑动轴承一般都制成可分式

D. 轴瓦按相对壁厚，又分为厚壁瓦和超厚壁瓦

（10）十字头与活塞杆的连接形式不包括（   ）。

A. 螺纹连接　　　　　B. 联接器连接　　　C. 法兰连接　　　　D. 皮带连接

4. 多项选择题

（1）空压机过热的故障分析处理包括（   ）。

A. 冷却不良、气阀故障或缸内积碳严重，应检修冷却系统和气阀或气缸

B. 运动部件之间间隙太小，造成摩擦阻力大，应调整间隙

C. 润滑油被吸入气缸而燃烧，应检修密封，调整供油

D. 润滑油不合规定或供油不足，应换油、调整供油

（2）大型空压机的冷却系统包括（   ）。

A. 水池　　　　　　　　　　　　　B. 水泵

C. 中间冷却器和后冷却器　　　　　D. 润滑油冷却器

（3）空压机活塞环磨损过快的原因及处理包括（   ）。

A. 材质硬度不够、硬度不均匀，应更换活塞环

B. 润滑油质量不符合要求，应换油

C. 供油量不足或过多形成积炭结垢，应清洗积炭，调整供油量

D. 吸入空气不干净，灰尘进入气缸，应清洗空气过滤器

（4）下面关于空压机冷却系统叙述正确的是（   ）。

A. 有风冷、水冷、油冷、电制冷四种方式

B. 风冷式主要由散热风扇（用曲轴经带轮驱动）和中间冷却器等组成

C. 水冷式主要由各级气缸水套、中间冷却器、阀门等组成

D. 系统中通过冷风带走压缩空气和运动部件所产生的热量

（5）空压机操纵控制系统包括（   ）。

A. 减荷阀　　　　　　　　　　　　B. 卸荷阀

C. 曲轴　　　　　　　　　　　　　D. 负荷（压力）调节器

（6）空压机润滑系统油压突然降低的原因包括（   ）。

A. 油池油量过多　　　　　　　　　B. 油压表失灵

C. 管路堵塞　　　　　　　　　　　D. 油泵机械故障

（7）空压机润滑系统油压逐渐降低的原因包括（   ）。

A. 压油管漏油   B. 过滤器没有堵塞

C. 连杆、油泵等机械磨损   D. 油液性能不符

（8）空压机冷却水温正常，排气温度过高的原因包括（   ）。

A. 油温过高   B. 供水不足、漏水

C. 管路积垢   D. 冷却器效率低

（9）空压机出水温度高，冷却效果差的原因包括（   ）。

A. 供水不足、漏水   B. 进水温度高

C. 供水过多   D. 负荷过小

（10）空压机气缸内有水的原因包括（   ）。

A. 供水过多   B. 气缸密封垫片破裂

C. 中间或后冷却器密封不严或管子破裂

D. 负荷过低。

5. 简答题

（1）空压机冷却系统中备用泵的作用是什么？

（2）空压机后冷却器和润滑冷却器的作用是什么？

（3）空压机停转调节的原理是什么？

（4）空压机负荷调节器是如何工作的？

（5）空压机余隙调节法的原理是什么？

（6）活塞式空气压缩机异响的原因有哪些？

（7）简述活塞式空压机排气压力过高的可能原因及排除方法。

（8）简述活塞式空压机排气压力过低的可能原因及排除方法。

（9）简述活塞式空压机进、排气阀漏气的原因及排除方法。

（10）简述活塞式空压机安全阀不能及时开启的原因及排除方法。

参考文献

[1]　刘庆才，陈淑荣. 城市轨道交通通用机械设备维护[M]. 成都：西南交通大学出版社，2018.

[2]　窦金平，周广. 通用机械设备[M]. 2 版. 北京：北京理工大学出版社，2019.

[3]　高敏. 新版天车工培训教程[M]. 北京：机械工业出版社，2019.

[4]　文豪，秦义校，钱勇，等. 起重机械[M]. 北京：机械工业出版社，2021.

[5]　赵明，许廖. 工厂电气控制设备[M]. 2 版. 北京：机械工业出版社，2005.

[6]　续魁昌，王洪强，盖京方. 风机手册[M]. 2 版. 北京：机械工业出版社，2011.

[7]　张庭祥. 通用机械设备[M]. 2 版. 北京：冶金工业出版社，2007.

[8]　徐永生. 液压与气动[M]. 2 版. 北京：高等教育出版社，2007.

[9]　曹根基. 通用机械设备[M]. 北京：机械工业出版社，2011.